Imasugu Tsukaeru Kantan Series

今すぐ使えるかんたん

ジンドゥー

改訂6版

無料で作るホームページ

ジンドゥークリエイター対応

Jimdo

技術評論社

本書の使い方

- 画面の手順解説（赤い矢印の部分）だけを読めば、操作できるようになる！
- もっと詳しく知りたい人は、左側の「補足説明」を読んで納得！
- これだけは覚えておきたい操作を厳選して紹介！

特長1

目的や操作ごとに
まとまっているので、
「やりたいこと」が
すぐに見つかる！

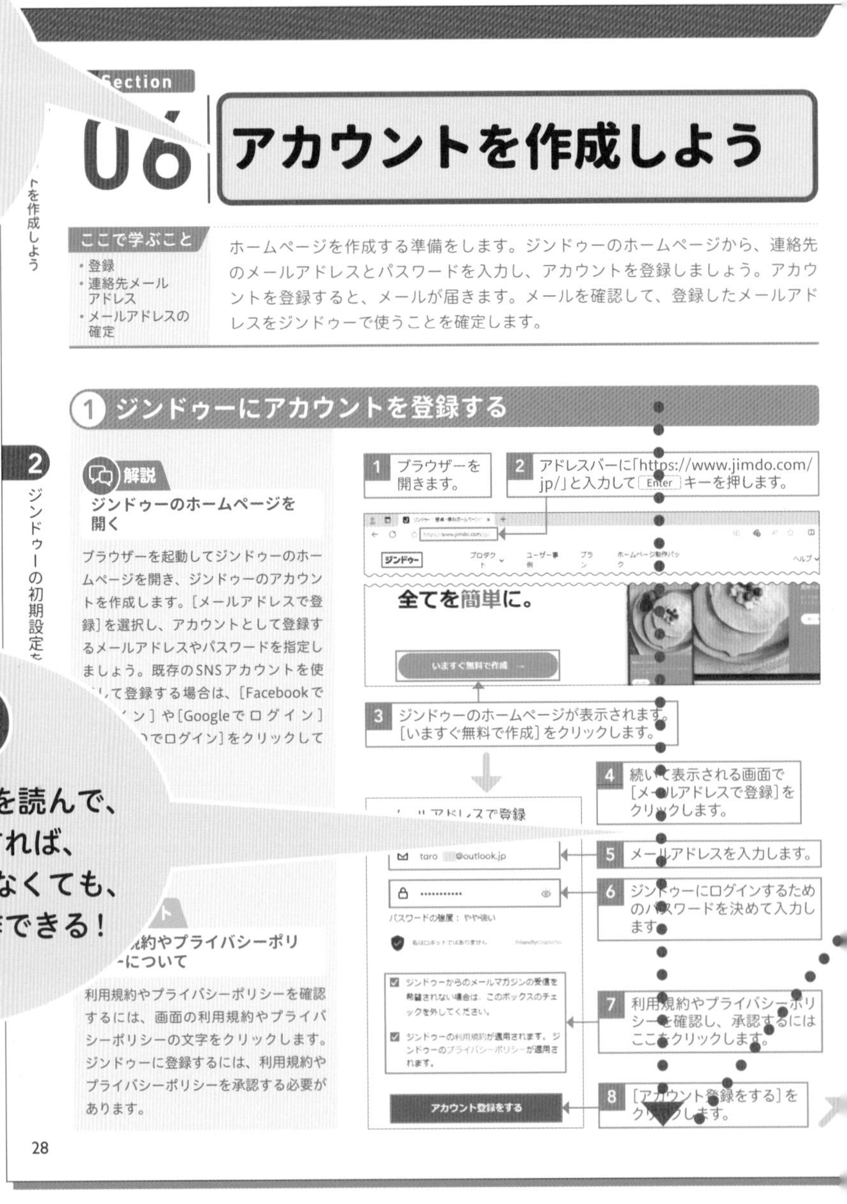
Section 06

アカウントを作成しよう

ここで学ぶこと
・登録
・連絡先メールアドレス
・メールアドレスの確定

ホームページを作成する準備をします。ジンドゥーのホームページから、連絡先のメールアドレスとパスワードを入力し、アカウントを登録しましょう。アカウントを登録すると、メールが届きます。メールを確認して、登録したメールアドレスをジンドゥーで使うことを確定します。

1 ジンドゥーにアカウントを登録する

解説
ジンドゥーのホームページを開く

ブラウザーを起動してジンドゥーのホームページを開き、ジンドゥーのアカウントを作成します。[メールアドレスで登録]を選択し、アカウントとして登録するメールアドレスやパスワードを指定しましょう。既存のSNSアカウントを使って登録する場合は、[Facebookでログイン]や[Googleでログイン]…でログイン]をクリックして

規約やプライバシーポリシーについて

利用規約やプライバシーポリシーを確認するには、画面の利用規約やプライバシーポリシーの文字をクリックします。ジンドゥーに登録するには、利用規約やプライバシーポリシーを承認する必要があります。

1 ブラウザーを開きます。
2 アドレスバーに「https://www.jimdo.com/jp/」と入力して Enter キーを押します。
3 ジンドゥーのホームページが表示されます。[いますぐ無料で作成]をクリックします。
4 続いて表示される画面で[メールアドレスで登録]をクリックします。
5 メールアドレスを入力します。
6 ジンドゥーにログインするためのパスワードを決めて入力します。
7 利用規約やプライバシーポリシーを確認し、承認するにはここをクリックします。
8 [アカウント登録をする]をクリックします。

2 ジンドゥーの初期設定を

28

特長2

赤い矢印の部分だけを読んで、
パソコンを操作すれば、
難しいことはわからなくても、
あっという間に操作できる！

特長3

やわらかい上質な紙を使っているので、開いたら閉じにくい！

● 補足説明（側注）

操作の補足的な内容を側注にまとめているので、よくわからないときに活用すると、疑問が解決！

解説	ヒント	重要用語	応用技
追加解説	便利な機能	用語解説	応用操作
ショートカットキー	補足	注意	時短
タッチ操作	補足説明	注意事項	時短操作

ヒント

ページをお気に入りに登録する

ジンドゥーのページ（28ページの手順2参照）をお気に入りに登録しておくと、あとでジンドゥーのページを開くときに、お気に入りの一覧からかんたんに開けます。お気に入りの登録方法は、お使いのブラウザーによって異なります。

9 次の画面が表示されます。

10 指定したメールアドレスにメールが届きます。

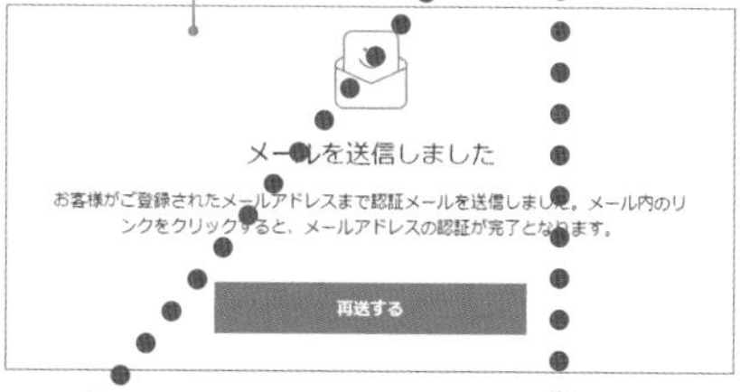
メールを送信しました
お客様がご登録されたメールアドレスまで認証メールを送信しました。メール内のリンクをクリックすると、メールアドレスの認証が完了となります。
再送する

2 登録確認メールを見る

ヒント

連絡先メールアドレスについて

ジンドゥーへアカウントを登録すると、連絡先メールアドレスにメールが届きます。メールを確認してジンドゥーのアカウントとして指定したメールアドレスを確定します。

ヒント

画面が異なる場合

ジンドゥーのサービスの内容や設定などは、変更されることもあります。画面の表記などが異なる場合は、ジンドゥーのサポートページを見てみましょう。設定方法などがわかりやすく記載されています。
https://www.jimdo.com/jp/

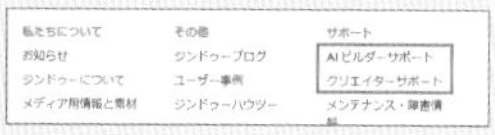

注意

メールが来ない場合

ジンドゥーからの登録確認メールは、迷惑メールフォルダーに振り分けられている場合もあります。受信メールにメールが届かない場合は、迷惑メールフォルダーを確認してみましょう。

1 メールアプリを起動し、ジンドゥーのアカウントとして登録したメールを確認し、ジンドゥーから届いたメールを開きます。

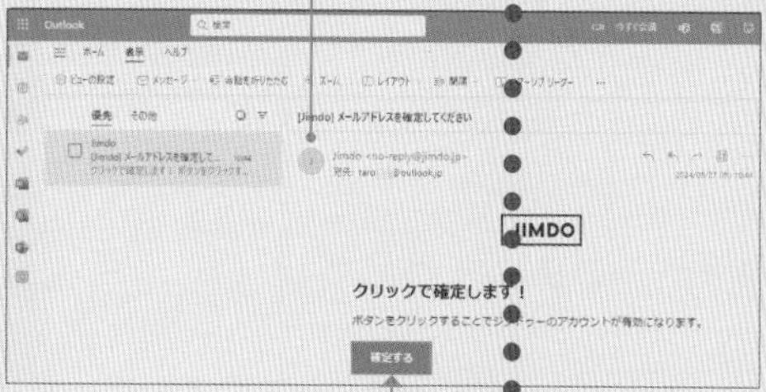
Outlook
JIMDO
クリックで確定します！
確定する

2 ［確定する］をクリックします。

3 ブラウザーでジンドゥーのサービスを選択する画面が表示されます。

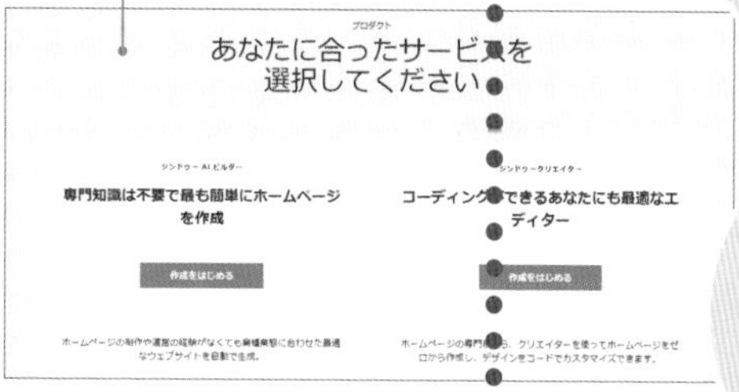
あなたに合ったサービスを選択してください
専門知識は不要で最も簡単にホームページを作成
作成をはじめる
コーディングできるあなたにも最適なエディター
作成をはじめる

4 続けてホームページを作成するには、31ページの手順3に進みます。

特長4

大きな操作画面で該当箇所を囲んでいるのでよくわかる！

目次

本書の使い方 …… 2

第1章 ジンドゥークリエイター入門

Section 01 **ホームページについて** …… 12
ホームページについて／ホームページを作成するには

Section 02 **ジンドゥーのサービスとプランについて** …… 14
サービスの違いについて／最新情報を確認する

Section 03 **ジンドゥーについて** …… 16
かんたんに始められる／直観的に操作ができる／多彩なデザインを利用できる／スマートフォンにも対応／ジンドゥーのスマートフォンアプリについて

Section 04 **ホームページ作成手順** …… 20
ホームページ作成の準備をする／ホームページを運営する

Section 05 **ホームページ作成の準備** …… 22
ホームページの画面構成について／ホームページの構成を決める／写真を準備する／写真を小さくする／そのほかの素材について／カラーについて

第2章 ジンドゥーの初期設定をしよう

Section 06 **アカウントを作成しよう** …… 28
ジンドゥーにアカウントを登録する／登録確認メールを見る

Section 07 **ホームページを作成しよう** …… 30
ジンドゥーにログインする／ホームページを作成する準備をする／レイアウトやプランを選択する／ホームページを作成する

Section 08 **ホームページ一覧の画面を確認しよう** …… 34
ダッシュボードに切り替える／ホームページ一覧を表示する

Section 09 **ページの構成を知ろう** …… 36
編集画面に切り替える／ページの表示イメージを見る

Section 10 **管理メニューの構成を知ろう** …… 38
管理メニューを表示する／メニューを選択する／表示・非表示を切り替える

第3章 ページを作ろう

Section 11 ホームページのタイトルを付けよう …… 42
見出しを選択する／文字を入力する

Section 12 見出しを追加しよう …… 44
見出しを追加する／見出しの内容を指定する

Section 13 テキストの入力と編集をしよう …… 46
文章を追加する／文章を入力する

Section 14 箇条書きの項目を入力しよう …… 48
箇条書き項目を入力する／箇条書きのレベルを設定する

Section 15 文字の配置を指定しよう …… 50
文字を中央に配置する／文字を字下げする

Section 16 文字に飾りを付けよう …… 52
文字を太字・斜体にする／文字に色をつける

Section 17 リンクを作成しよう …… 54
リンクを設定する／リンク先に移動する／リンクを解除する

Section 18 ナビゲーションの編集をしよう …… 56
ナビゲーションの編集画面を表示する／ページの名前を入力する／ページを削除する

Section 19 下の階層のメニューを作成しよう …… 58
ページを追加する／ページの階層を下げる

Section 20 メニューの表示順を指定しよう …… 60
ページを上に移動する／ページを下に移動する

Section 21 ページタイトルを付けよう …… 62
設定画面を表示する／ページタイトルを指定する

Section 22 ページにパスワードを設定しよう …… 64
設定画面を表示する／パスワード保護領域を指定する

Section 23 ログインパスワードを変更しよう …… 66
設定画面を表示する／ログインパスワードを変更する／ログアウトする

第4章 コンテンツを追加しよう

Section 24 コンテンツを追加・削除しよう …… 70
コンテンツを追加する／内容を保存する／コンテンツをコピーする／
コンテンツを削除する

Section 25 コンテンツを移動しよう ……… 74
ドラッグ操作で移動する／ほかのページに移動する

Section 26 表を作成しよう ……… 76
表を追加する／表に文字を入力する／行や列を追加・削除する／罫線を表示する

Section 27 水平線や余白を追加しよう ……… 80
水平線を追加する／余白を追加する

Section 28 Googleマップを表示しよう ……… 82
Googleマップを追加する／地図の表示場所を指定する

Section 29 ファイルのダウンロードボタンを設置しよう ……… 84
ダウンロードボタンを追加する／ファイルを指定する

Section 30 Googleカレンダーを表示しよう ……… 86
Googleカレンダーを指定する／Googleカレンダーを表示する準備をする／Googleカレンダーを表示する／Googleカレンダーの表示を確認する

Section 31 Instagramの写真を表示しよう ……… 90
Instagramフィードを追加する／コードを貼り付ける／アカウントにサインインする／続きの設定をする／Instagramに接続する／設定を完了する／Instagramの写真を確認する

Section 32 いろいろなアドオンを使おう ……… 98
アドオンを追加する／アドオンを選ぶ／コードをコピーする／コードを貼り付ける

Section 33 コンテンツを横並びに表示しよう ……… 102
カラムを追加する／列にコンテンツを追加する

Section 34 ブログを作ってみよう ……… 104
ブログの設定をする／ブログのテーマを設定する／記事を作成する／ブログの記事を表示する

第5章 ホームページに写真を掲載しよう

Section 35 画像を追加しよう ……… 110
画像を追加する／画像を表示する

Section 36 写真の大きさや配置を変更しよう ……… 112
画像の大きさを変更する／画像の配置を変更する

Section 37 画像付き文章を配置しよう ……… 114
画像付き文章を追加する／文章を入力する／画像を追加する／画像の配置や大きさを変更する

Section 38 フォトギャラリーを設置しよう ……… 118
フォトギャラリーを追加する／画像をアップロードする／
画像の表示順を変更する／画像を削除する

Section 39 プレビュー画面で画像を見よう ……… 122
画像を表示する／画像を切り替えて表示する

Section 40 画像をタイル状に並べて表示しよう ……… 124
表示比率を変更する／表示の大きさを変更する

Section 41 表示スタイルを変更しよう ……… 126
画像をくっつけて表示する／太枠で囲って表示する

Section 42 画像にキャプションをつけよう ……… 128
画像をリスト表示にする／キャプションを入力する

Section 43 画像にリンクを貼ろう ……… 130
リンク画面を表示する／リンクを設定する／リンクを削除する

Section 44 コマ送り表示にしよう ……… 132
コマ送り表示にする／表示間隔などを指定する／コマ送り表示を確認する

第6章 ページをカスタマイズしよう

Section 45 ホームページの雰囲気を変更するには ……… 136
レイアウトを変更する／プリセットで色合いを選択する／ロゴを変更する／
スタイルを変更する／背景を変更する

Section 46 レイアウトを変更しよう ……… 140
レイアウトの一覧を表示する／レイアウトを選択する

Section 47 ホームページの色合いを変更しよう ……… 142
レイアウトの一覧を表示する／プリセットを選択する

Section 48 ロゴ画像を変更しよう ……… 144
ロゴ画像を表示する準備をする／画像を選択する

Section 49 背景にオリジナル画像を表示しよう ……… 146
背景に画像を表示する準備をする／画像を選択する

Section 50 背景画像の表示方法を変更しよう ……… 148
背景の中心位置を指定する／背景をすべてのページに表示する

Section 51 画像が切り替わるようにしよう ……… 150
背景画像をスライド表示にする／表示を確認する

Section 52 画像の順番や切り替えのタイミングを指定しよう ……… 152
表示順を変更する／切り替えの早さを指定する

Section 53 背景の色を変更しよう ……… 154
スタイルを変更する画面を表示する／色を選択する
Section 54 全体のスタイルを変更しよう ……… 156
スタイルの設定画面を表示する／見出しやテキストのフォントを指定する
Section 55 見出しや本文のフォントを変更しよう ……… 158
見出しを選択する／見出しのスタイルを変更する
Section 56 ナビゲーションやリンクの文字の色を変更しよう ……… 160
リンクが設定された箇所を選択する／文字の色を変更する

第7章 ホームページに集客しよう

Section 57 ホームページ作成後にすることを知ろう ……… 164
ページを確認する／代替テキストを指定する
Section 58 Facebookの「いいね！」ボタンを設置しよう ……… 166
「いいね！」ボタンを設定する／ボタンの表示方法を指定する
Section 59 Xのポストをホームページに表示しよう ……… 168
フォローボタンを設定する／表示方法を指定する／Xのポストを表示する／
ウィジェットを追加する
Section 60 YouTubeの動画を配置しよう ……… 172
YouTubeでログインする／動画をアップする／動画を表示する
Section 61 Googleビジネスプロフィールで宣伝しよう ……… 176
登録画面を表示する／登録内容を指定する／そのほかの情報を指定する／
連絡先情報などを指定する
Section 62 Googleに自分のホームページを登録しよう ……… 180
アカウントを取得する／登録内容を入力する／続きを入力する／
アカウント情報を確認する／Google Search Consoleを表示する／
ホームページを登録する
Section 63 どのページが人気があるのか調べよう（アクセス解析） ……… 186
アクセス解析画面を表示する／Google アナリティクスの設定を始める／
プロパティを作成する／ストリームを作成する／Googleタグをコピーする／
ジンドゥー側の設定を行う／Googleアナリティクスの画面を進める／
続きの設定をする／測定IDやGoogleタグをあとから確認する

第8章 スマートフォンから更新しよう

Section 64 スマートフォンアプリでできること …… 196
ホームページを編集できる／ホームページの構成を変更できる
Section 65 ジンドゥーのアプリをスマートフォンにインストールしよう …… 198
アプリをインストールする／アプリを起動する
Section 66 アプリの画面を確認しよう …… 200
アプリの画面を確認する／ページを切り替える
Section 67 スマートフォンでホームページの内容を編集しよう …… 202
既存のコンテンツを編集する／コンテンツを追加する／コンテンツを移動する／コンテンツを削除する
Section 68 スマートフォンから写真を更新しよう …… 206
写真を選択する／写真を変更する
Section 69 スマートフォンからブログを更新しよう …… 208
記事を追加する／記事を作成する／記事を確認する

第9章 こんなときどうする？

Section 70 有料プランのコースについて知りたい！ …… 212
無料プランと有料プラン／プランの詳細について
Section 71 有料プランで独自ドメインを取得したい！ …… 214
ドメイン名と独自ドメインについて／プランをアップグレードする
Section 72 パスワードを忘れてしまった！ …… 216
パスワードを再設定する準備をする／パスワードを再設定する
Section 73 ホームページを削除したい！ …… 218
ホームページを削除する準備をする／ホームページを削除する
Section 74 アカウントを削除したい！ …… 220
アカウントの削除の画面を開く／アカウントを削除する

索引 …… 222

ご注意：ご購入・ご利用の前に必ずお読みください

- 本書に記載された内容は、情報の提供のみを目的としています。したがって、本書を用いた運用は、必ずお客様自身の責任と判断によって行ってください。これらの情報の運用の結果について、著者および技術評論社はいかなる責任も負いません。
- ソフトウェアやWebサービスに関する記述は、特に断りのない限り、2024年8月現在での最新バージョンをもとにしています。ソフトウェアやWebサービスはアップデートされる場合があり、本書での説明とは機能内容や画面図などが異なってしまうこともあり得ます。あらかじめご了承ください。
- インターネットの情報については、URLや画面などが変更されている可能性があります。ご注意ください。
- 本書は、以下の環境での動作を確認しています。ご利用時には、一部内容が異なることがあります。あらかじめご了承ください。

  パソコンのOS：Windows 11
  ブラウザ：Microsoft Edge
  iPhoneのOS：iOS 17.5.1
  AndroidのOS：Android 14

以上の注意事項をご承諾いただいた上で、本書をご利用願います。これらの注意事項をお読みいただかずに、お問い合わせいただいても、技術評論社は対応しかねます。あらかじめご承知おきください。

第1章

ジンドゥークリエイター入門

Section 01　ホームページについて
Section 02　ジンドゥーのサービスとプランについて
Section 03　ジンドゥーについて
Section 04　ホームページ作成手順
Section 05　ホームページ作成の準備

Section

01 ホームページについて

ここで学ぶこと

- インターネット
- ホームページ
- ジンドゥー

本書では、ジンドゥーを使ってホームページを作成する方法を紹介します。「ホームページなんて一度も作ったことない」という人でもジンドゥーを利用すれば、かんたんに作成できますので心配はいりません。まずこの章では、ホームページを作る前の基本知識を紹介します。

1 ホームページについて

解説

ホームページとは

ホームページとは、インターネット上に公開する情報ページです。ホームページを作成すれば、多くの人に自分の会社やお店の情報などを正確に伝えることができます。また、ホームページを通じて、ホームページに興味を持ってくれた人とコミュニケーションをとることなどもできます。

ジンドゥーを使えば、
ホームページをかんたんに作成できます。

ヒント

ブログとホームページについて

ブログとは、インターネット上に公開する日記のページです。日常起きたことや感想などを書き記していくと、時系列に記事が追加されていきます。ブログは、ブログサービス会社に登録すればすぐに作成することができて便利ですが、自分の会社やお店の情報をわかりやすく整理してその入り口のページを用意するには、ブログよりホームページの方が作りやすく有利な面もあります。両者の利点を活用するには、ホームページとブログを併用するとよいでしょう。

ブログ機能も利用できます。

② ホームページを作成するには

ホームページを作成するには、次のようにいくつかの方法があります。このうち、自分でホームページを作成するには、ホームページを作成するサイトを利用したり、ホームページ作成ソフトを使用する方法などがあります。ただし、はじめてホームページを作成するときは、どの方法を選べばよいのか迷ってしまうことでしょう。本書では、ホームページ作成サイトジンドゥーを使ってホームページを作成する方法を紹介します。ジンドゥーでは、ホームページ作成に関する知識がなくても、かんたんにホームページを作成できます。

● ジンドゥーを利用する方法

ジンドゥーにアカウントを登録 → ジンドゥーにログインしてホームページのアドレスなどを指定 → ホームページの土台が完成・公開 → ホームページの内容を編集

ジンドゥーのホームページ編集画面例

● 製作会社に依頼する方法

ホームページ作成を依頼 → 制作会社と打ち合わせ → 制作会社がホームページ作成・公開

● レンタルサーバーを利用する方法

サービス提供会社との契約 → 自分でホームページを作る → 完成したホームページを指定の場所に転送・公開

● プロバイダーサービスを利用する方法

プロバイダーとの契約 → 自分でホームページを作る → 完成したホームページを指定の場所に転送・公開

解説

ジンドゥーを利用する

ジンドゥーを利用すると、ジンドゥーにアカウントを登録してホームページのアドレスなどを指定するだけでホームページの土台が完成します。あとは、インターネット上でホームページを編集できます。ジンドゥーのアカウントにはいくつか種類がありますが、無料で利用できるものもあります(212ページ参照)。なお、ホームページを公開するサーバーは、ジンドゥーによって提供されます。自分でサーバーを用意したり、サーバーの設定をする手間はありません。また、逆に自分で用意したサーバーで、ジンドゥーの機能を使用してホームページを作成することはできません。

ヒント

制作会社に依頼する

ホームページ製作会社に依頼する方法です。この場合、思い通りのホームページになる期待ができますが、もちろん費用がかかります。また、更新に時間がかかったり、更新費用がかかったりする場合もあります。

ヒント

レンタルサーバーを利用する

レンタルサーバー提供会社に登録して、ホームページを公開する方法です。自分でホームページを作成するには、さまざまな知識が必要になる場合もあります。ホームページ開設に必要な費用は、レンタサーバー提供会社によって異なります。

Section

02 ジンドゥーのサービスとプランについて

ここで学ぶこと

- ジンドゥー
- 2つのサービス
- アップグレード

ジンドゥーには、大きく分けて「ジンドゥーAIビルダー」「ジンドゥークリエイター」の2つのサービスがあり、それぞれ複数のプランが用意されています。本書では、主に、「ジンドゥークリエイター」の無料版のFREEを使用してホームページを作成する操作を紹介します。

1 サービスの違いについて

解説 サービスの選択について

ホームページを作成して情報を公開するだけなら、「ジンドゥーAIビルダー」や「ジンドゥークリエイター」のいずれを選んでもかんたんに実現できます。無料のプランでも充分活用できます。ホームページに手を加えて、より個性的なページに仕上げたい場合は、「ジンドゥークリエイター」を選択するとよいでしょう。なお、ジンドゥーのひとつのアカウントで「ジンドゥーAIビルダー」や「ジンドゥークリエイター」のホームページを複数作成することもできます。よくわからない場合は、両方を試しに作ってみるものよいでしょう。

補足 ネットショップの利用

ホームページで商品を販売するネットショップ機能を利用するには、「ジンドゥークリエイター」を選択します。「ジンドゥークリエイター」で利用するプランによって、登録できる商品数などが異なります。

ジンドゥーAIビルダー

画面からの質問に答えていくだけでホームページを作成できます。スマートフォンでホームページをかんたんに作成することもできます。すぐにホームページを完成させたい場合に利用すると便利です。また、自分のSNSアカウントと関連付けると、SNSの画像を選択して表示させることもできます。かんたんにホームページを作成できる反面、ホームページに手を加える場合には、若干の制限があります。

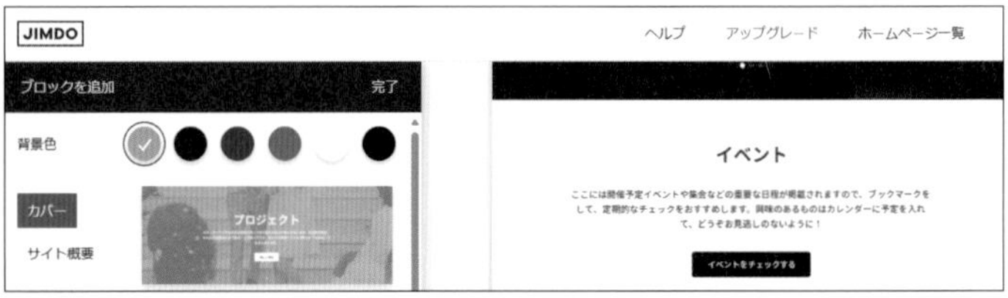

ジンドゥークリエイター

ホームページの土台を作成した後、ホームページを自分で作り上げることができます。ジンドゥーAIビルダーより自由にホームページをカスタマイズできます。もちろん、専門的な知識がなくても大丈夫です。本書では、主にジンドゥークリエイターのFREEプランを使用して、ホームページを作成する方法を紹介しています。なお、本書では紹介しませんが、ジンドゥークリエイターでは、HTMLやCSSなどの、ホームページの内容や見た目を指定するための言語を使ってホームページに手を加えることも可能です。

② 最新情報を確認する

解説

ジンドゥークリエイターの種類

ジンドゥークリエイターを選択すると、ホームページをより自分好みにカスタマイズすることができます。ジンドゥークリエイターにはいくつか種類があります。SEOツールやデザインアドバイスのツールを使用するかどうかなどを検討して種類を選択しましょう。

解説

ホームページのアドレス

無料のジンドゥーの場合、ホームページのアドレス(ドメイン)を自由に決めることはできません。たとえば、「ジンドゥーAIビルダー」の場合は「https:＋「自分で指定したアドレス」＋「jimdosite.com」(例：https://XXXX.jimdosite.com)になります。「ジンドゥークリエイター」の場合は「https:＋「自分で指定したアドレス」＋「jimdofree.com」(例：https://XXXX.jimdofree.com)になります。「自分で指定したアドレス」(例：example.com)を使うには、ジンドゥーの有料プランを利用しましょう。

応用技

サービスやプランの変更について

「ジンドゥーAIビルダー」で作成したホームページから「ジンドゥークリエイター」のサービスに変更したり、逆に「ジンドゥークリエイター」で作成したホームページから「ジンドゥーAIビルダー」のサービスに変更したりすることはできません。同じサービスでプランをアップグレードすることは可能です(215ページ参照)。

1 アドレスバーに「https://www.jimdo.com/jp/」と入力して Enter キーを押します。

2 [プラン]をクリックします。

3 サービスの種類をクリックします。

4 各プランが表示されます。

5 画面をスクロールします。

6 プランの説明が表示されます。

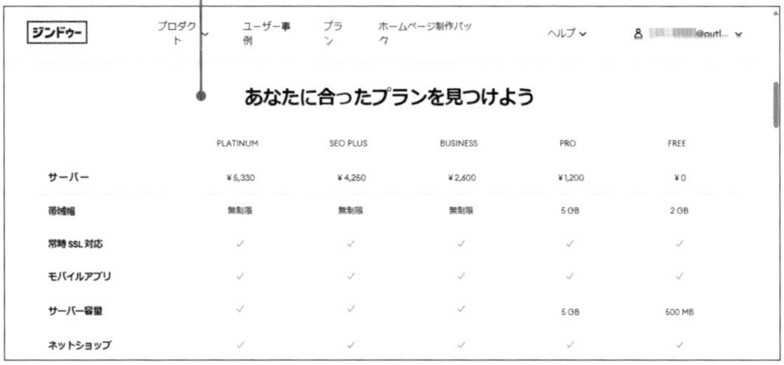

Section

03 ジンドゥーについて

ここで学ぶこと

- ホームページ
- ジンドゥー
- スマートフォン

本書で紹介するジンドゥークリエイター無料版のFREEの特徴を、もう少し詳しく見てみましょう。ホームページを簡単に作成したり、更新したりできます。パソコンのブラウザーやスマートフォンでも編集ができます。スマートフォンにも対応したホームページも作成できます。

1 かんたんに始められる

解説

ホームページがかんたんに作成できる

ジンドゥーなら、アカウントを登録してホームページのアドレスなどを指定するだけでホームページの土台がすぐに完成します。ホームページ全体の構成や内容は、自由に変更できます。

ヒント

使用環境について

パソコンを使って、ジンドゥーでホームページを作成するときは、ブラウザーを使います。次のようなブラウザーを利用できます。いずれも、最新バージョンのものを推奨しています。特に、「Google Chrome」「Mozilla Firefox」の使用が推奨されています。

- **Google Chrome**
- **Mozilla Firefox**
- **Apple Safari**
- **Microsoft Edge**

アカウントを登録します。

JIMDO
メールアドレスで登録
@outlook.jp
パスワードの強度： 強い
私はロボットではありません
FriendlyCaptcha
ジンドゥーからのメールマガジンの受信を希望されない場合は、このボックスのチェックを外してください。
ジンドゥーの利用規約が適用されます。ジンドゥーのプライバシーポリシーが適用されます。
アカウント登録をする

サービスを選択すると、
ホームページを作成できます。

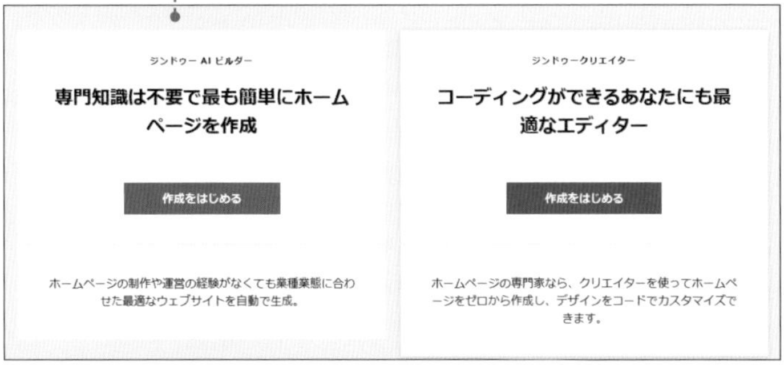
ジンドゥー AI ビルダー
専門知識は不要で最も簡単にホームページを作成
作成をはじめる
ホームページの制作や運営の経験がなくても業種業態に合わせた最適なウェブサイトを自動で生成。
ジンドゥークリエイター
コーディングができるあなたにも最適なエディター
作成をはじめる
ホームページの専門家なら、クリエイターを使ってホームページをゼロから作成し、デザインをコードでカスタマイズできます。

② 直観的に操作ができる

解説

ホームページを編集する

ジンドゥーでは、パソコンのブラウザーやスマートフォンで、ジンドゥーにログインし、自分のホームページを表示するだけで、ホームページの編集ができます。自分のパソコンでホームページを作成してそのファイルを指定された場所へ転送する必要などはありません。本書では、主に、「ジンドゥークリエイター」の無料版のFREEを使用して、ホームページの作成例を紹介しています。

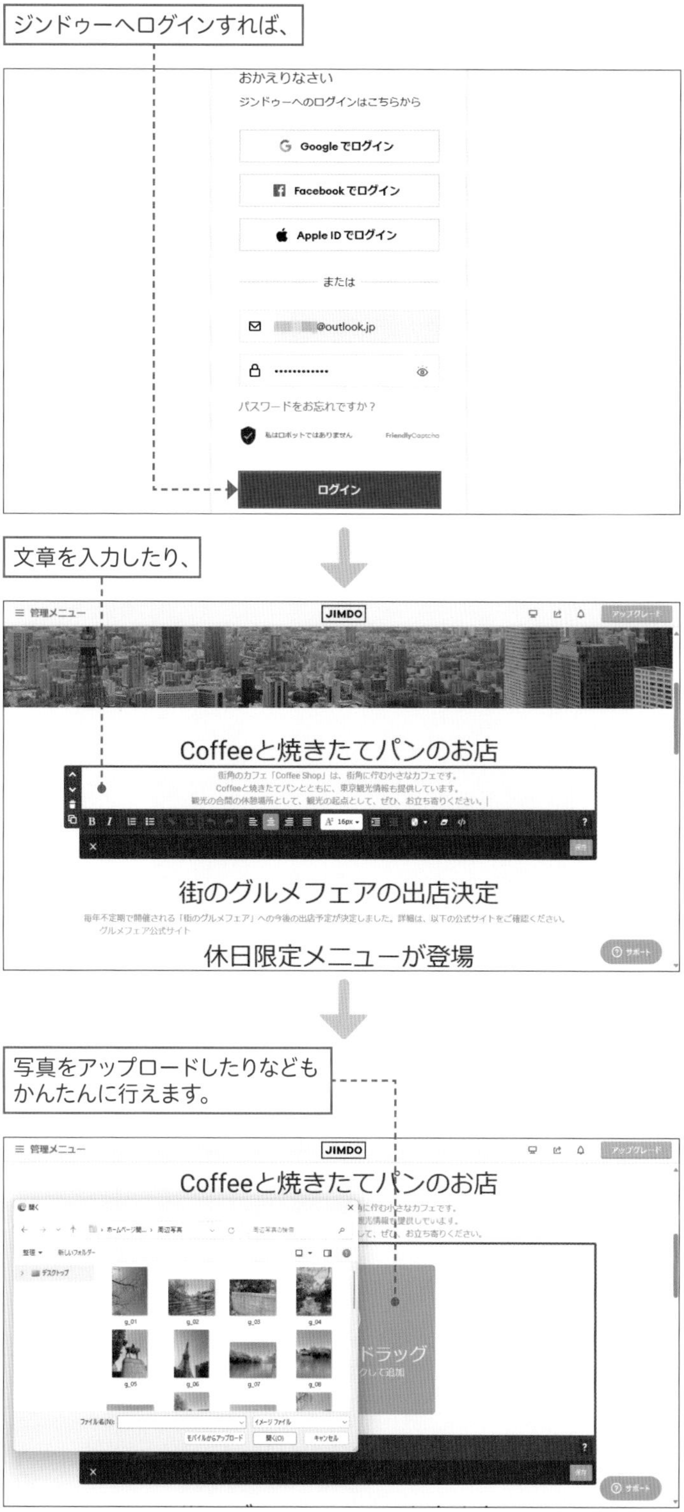

応用技

ホームページを作成するソフト

ブラウザーでホームページを作成・編集できるようにする方法のひとつに、ホームページをブラウザーで更新するソフトを使用する方法もあります。その場合は、レンタルサーバー提供会社と契約をし、ソフトを指定した場所にインストールする手間が発生する場合もあります。ジンドゥーでは、そうした手間はなく、かんたんにホームページを作成・編集できます。

ヒント

期間限定サイト作成などにも便利

ジンドゥーを利用すればかんたんにホームページを作成できますので、イベントサイトやキャンペーンサイトなど、期間限定サイトを素早く用意したい場合などにも便利です。会社やお店のホームページなどがすでにある場合でも、ジンドゥーを便利に利用できます。

③ 多彩なデザインを利用できる

ヒント

選べるデザイン

ジンドゥーでは、たくさんのデザインの中から気に入ったデザインを選択して利用できます。お洒落なデザインが揃っていますので、誰でもかんたんにすてきなホームページを作成できます。

ヒント

ホームページ作成サービス

ジンドゥーでは、有料でホームページ制作を任せられる「ホームページ制作パック」のサービスもあります。詳細は、P.15のジンドゥーのホームページ上部の「ホームページ制作パック」をクリックすると確認できます。

ヒント

ホームページを見ながらスタイルを変更できる

ジンドゥーでは、ホームページを見て変更したい部分を選択して、見出しの色などのスタイルを変更できます。ワープロソフトで文書を編集するような感覚でホームページを編集できます。

レイアウトを選択するだけで、
さまざまなデザインを利用できます。

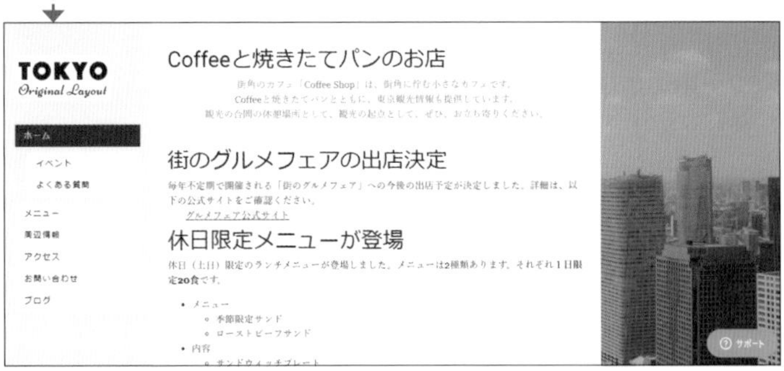

④ スマートフォンにも対応

解説

スマートフォンでも見られる

ジンドゥーで作成したホームページは、スマートフォンでも見ることができます。スマートフォン用にホームページを作成する必要はありません。

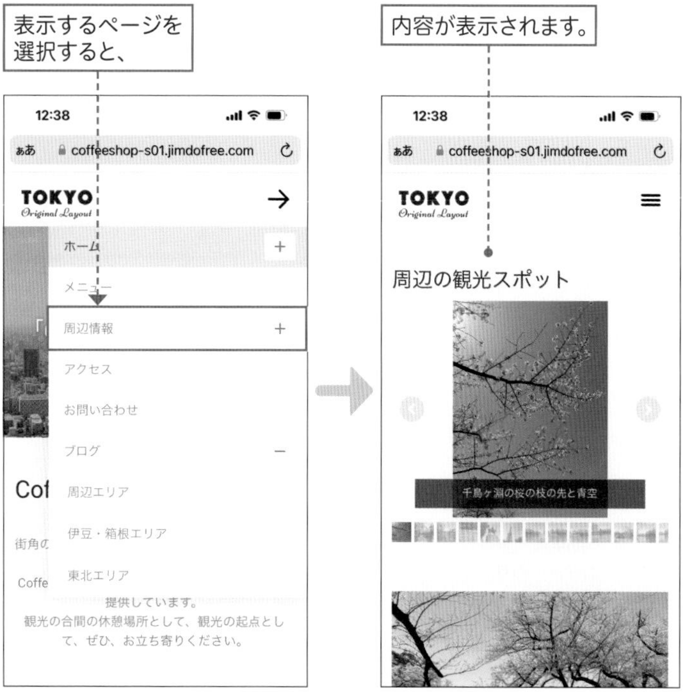

⑤ ジンドゥーのスマートフォンアプリについて

解説

スマートフォンから編集する

ジンドゥーのアプリを利用すると、ジンドゥークリエイターのサービスを使って作成したホームページをスマートフォンなどから編集できます。ジンドゥーのアプリについては、8章で紹介しています。

ヒント

アプリのダウンロードについて

iOS用の「Jimdo」アプリはAppleのApp Store、Android用の「Jimdo」アプリはGoogleのGoogle Playストアでダウンロードできます。

Section
04 ホームページ作成手順

ここで学ぶこと

- ホームページ
- 作成手順
- デザイン

ジンドゥーを使ってホームページを作成するときの具体的な手順を知りましょう。また、ホームページは、作成した後も情報を更新したり、内容を充実させたりしてホームページに人が集まるように工夫する必要があります。ホームページ作成後に行う内容についても知っておきましょう。

1 ホームページ作成の準備をする

解説

ホームページがあっという間にできる

ジンドゥーでは、アカウントを登録してホームページのアドレスなどを指定するだけで、すぐに自分のホームページができます。ホームページの編集は、パソコンのブラウザーやスマートフォンで行えます。また、ホームページのデザインの一部を変更することなどもできます。

ジンドゥーにアカウントを登録
ジンドゥーにアカウントを登録します。

→

ジンドゥーにログインしてホームページアドレスなどを指定
ホームページの種類やアドレスなどを指定すると、ホームページの土台が完成します。

→

ホームページ作成の準備をする
ホームページの構成を決めたり、必要な画像などを準備します。

↓

ホームページのカスタマイズをする
必要に応じて、ホームページの見た目を自分の好みに合わせて変更しましょう。

→

ホームページの編集をする
ホームページの内容を入力します。必要な情報をホームページに盛り込みましょう。

ヒント

概要や方針について

ホームページを作成すると、フッターという領域に、ホームページの概要や、プライバシーポリシーという個人情報の取り扱いに関する説明、Cookieポリシーという Cookie利用に関する説明、などを示す文字が表示されます。これらの内容は、必要に応じて編集します（37ページのヒント参照）。

ヒント **ホームページの内容について**

ジンドゥーでは、文字や写真、表やGoogleマップなど、さまざまな内容をホームページにかんたんに追加できます。追加できる内容については、71ページを参照してください。

ヒント ホームページのスタイルについて

ホームページ全体のデザインは、レイアウトの一覧から選択できます（32、140ページ参照）。選択したレイアウトによって見出しの色などが変わりますが、スタイル機能を使用して書式の内容をまとめて変更することもできます。スタイルを変更する箇所をクリックしてかんたんにスタイルの内容を指定できますので、工夫次第で個性的なホームページに仕上げられます。

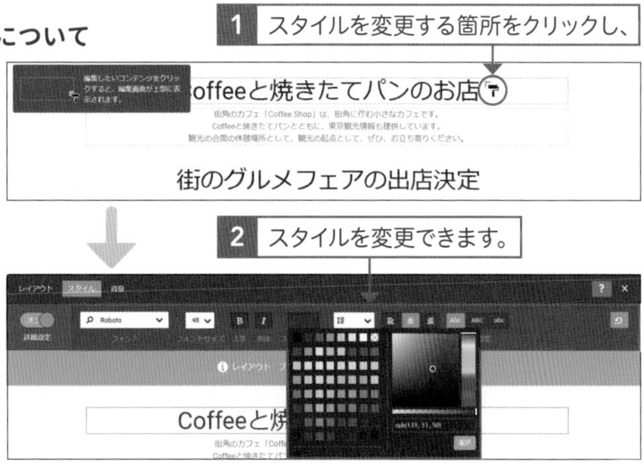

1 スタイルを変更する箇所をクリックし、
街のグルメフェアの出店決定
2 スタイルを変更できます。

② ホームページを運営する

解説 ホームページを運営する

ホームページを作ったらそれでおしまいというわけではありません。ホームページには、常に最新の情報が掲載されているように情報を更新する必要があります。また、ホームページ内にブログを設置している場合は、積極的に更新し、ホームページを見に来てくれた人が楽しめるように努めましょう。

応用技 集客しよう

ホームページ作成後は、ホームページに多くの人を集める工夫をしましょう。たとえば、検索サイトで検索を行ったときに自分のホームページが上位に表示されるように試行錯誤を重ねます。また、アクセス解析を行い、どのページが人気か、ホームページ訪問者がどこからきているか、どのような検索キーワードが使われているかなどを知り、自分のホームページの改善点を見つけて修正するなどします。

- **情報を更新する**
  常に最新の情報を提供できるように、情報を更新しましょう。
- **集客への対策をする**
  ホームページ作成後は、ホームページに人が集まるようにホームページを宣伝しましょう。
- **アクセス解析をする**
  自分のホームページのアクセス情報を客観的に認識して改善点を見出します。

応用技 SNSを活用しよう

SNS（ソーシャルネットワークサービス）を通じて情報を発信することも、ホームページに人を集めるきっかけになるでしょう。ジンドゥーでは、ホームページにFacebookの「いいね！」ボタンやXに投稿した内容、Instagramに投稿した写真などを表示したりもできます。

POWR
あなた自身のInstagram Feedを作成してください - 無料で！

Section

05 ホームページ作成の準備

ここで学ぶこと

- ホームページの構成
- 素材
- カラー（色）

実際にホームページを作成する前に、これから作るホームページの構成を決めておきましょう。ホームページの入り口になるトップページはもちろん、そのほかのページをどのように構成するかを決めましょう。また、画像や動画などホームページに盛り込む素材も準備しておきましょう。

1 ホームページの画面構成について

解説

ホームページの画面構成を確認する

ホームページは、いくつかの要素が集まって1つのページになっています。ホームページの画面構成について知っておきましょう。

ヒント

レイアウトによって異なる

ジンドゥーで作成するホームページでは、選択するレイアウトによって、ホームページの画面構成は異なります。

ヒント

目的を明確にしよう

ホームページを開設する目的を明確にしておきましょう。「○○に対して○○を伝えたい」「商品を購入してもらいたい」など目的が明確になれば、ホームページのコンセプトや必要な情報が見えてきます。対象者がはっきりしていれば、デザインを選ぶときの参考になります。

ナビゲーションメニュー
ページの一覧が表示されます。ページタイトルをクリックすると各ページに切り替えられます。全ページに表示されます。
ヘッダー
ページ上部のタイトルやロゴなどが表示される領域です。全ページに表示されます。
サイドバー
ページの左や右側に表示される領域です。全ページに表示されます。
ホーム メニュー 周辺情報 アクセス お問い合わせ ブログ
TOKYO
Original Layout
街角のカフェ
「Coffee Shop」へようこそ！
Coffeeと焼き立てパンのお店
街角のカフェ「Coffee Shop」は、街角に佇む小さなカフェです。
Coffeeと焼き立てパンとともに、東京観光情報も提供しています。
観光の合間の休憩場所として、観光の起点として、ぜひ、お立ち寄りください。
Coffee Shop
〒123-4567
東京都●●●●●●
TEL：03-0000-XXXX
街のグルメフェアの出店決定
このテキストは、サンプルのテキストです。これらのテキストを書き換えて、コンテンツを作成することも可能です。
このテキストは、サンプルのテキストです。これらのテキストを書き換えて、コンテンツを作成することも可能です。
このテキストは、サンプルのテキストです。これらのテキストを書き換えて、コンテンツを作成することも可能です。
このテキストは、サンプルのテキストです。これらのテキストを書き換えて、コンテンツを作成することも可能です。
KDDI JIMDO
コンテンツ部分
各ページの内容が表示される領域です。
フッター
ページの下部に表示される領域です。全ページに表示されます。

② ホームページの構成を決める

解説

構成を決める

ホームページで公開する情報をメモしておきましょう。1つのページに200以上のコンテンツ（71ページ参照）は追加できないしくみです。必要な情報を見つけやすいようにテーマごとにページを分けます。本書では、カフェの情報を伝えるホームページを作成します。

ホーム
カフェの概要やニュース、リンク情報などを表示します。

メニュー
お店で提供しているメニューなどを表示します。

周辺情報
カフェ周辺の情報や写真などを表示します。

アクセス
カフェの場所や地図などを表示します。

お問い合わせ
お問い合わせ先の情報などを表示します。

ブログ
ブログの記事を表示します。

イベント
開催予定のイベント情報などをまとめて表示します。

よくある質問
よくある質問を表示します。

動画ギャラリー
カフェ周辺の様子を動画で表示します。

③ 写真を準備する

ヒント

画像について

お店の外観やメニューなどは、画像を使えば具体的なイメージを瞬時に伝えられます。スマートフォンやデジカメなどで、ホームページに表示する画像を撮影して用意しておきましょう。

写真

ホームページに表示する画像を準備します。

ヒント

画像ファイルについて

ホームページで利用できる画像の種類には、次のようなものがあります。写真はJPEGやPNGというファイルの形式で用意しておくとよいでしょう。

画像形式	最大色数
JPEG	1677万色
PNG-24	1677万色
PNG-8	256色
GIF	256色

ヒント **写真や画像のサイズについて**

スマートフォンやデジカメなどで撮影した写真は、ホームページに掲載するにはファイルサイズが大きすぎる場合があります。そのため、写真や画像を使う場合は、画像加工ソフトなどで写真や画像の大きさを縮小するなどしてファイルサイズを数KB～数百KB程度に小さくしましょう（24ページ参照）。画像のファイルサイズは、小さい方が、一般的に、ホームページの表示が早く、使用するサーバーの容量も節約できます。ファイルサイズは、写真や画像にマウスカーソルを合わせると表示されます。また、ファイルを表示するエクスプローラーのウィンドウでサイズを確認するには、[表示] から [詳細] を選択します。列見出しに [サイズ] 欄が表示されない場合は、列見出し部分を右クリックして [サイズ] を選択します。

④ 写真を小さくする

解説

ペイントで写真を縮小する

Windowsに付属する画像加工ソフトの「ペイント」でも、写真を小さくして写真のサイズを小さくできます。[サイズ変更] から操作します。

重要用語

px（ピクセル）

デジタル画像は、色のついたマス目が集まって1つの画像になっています。この小さなマス目をpx（ピクセル）と言います。画像加工ソフトの多くは、サイズを指定するときにpx（ピクセル）単位で指定できます。

解説

写真を加工したり画像を作成する

写真を思い通りに加工したり、ロゴマークなどの画像を作成したりするには、画像加工ソフトを使用する方法があります。画像加工ソフトにはさまざまなものがあり、写真を取り込んで加工したり文字やロゴを重ねたりして画像を作成したりできます。また、オンライン上で画像の加工ができるサービスを利用する方法もあります。写真をアップロードして文字やロゴなどを重ねて画像を作成できます。

1 ペイントを起動して画像を開きます。

2 [サイズ変更と傾斜] をクリックします。

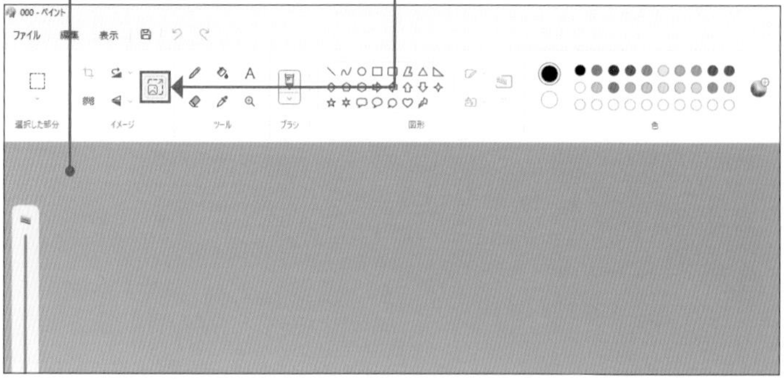

3 [サイズ変更と傾斜] 画面で [単位] を指定します。

4 [水平方向] と [垂直方向] のサイズを指定します。ここでは、25パーセントを指定しています。

5 [OK] をクリックします。

6 画像のサイズが変わります。あとは、名前を付けてファイルを保存します。

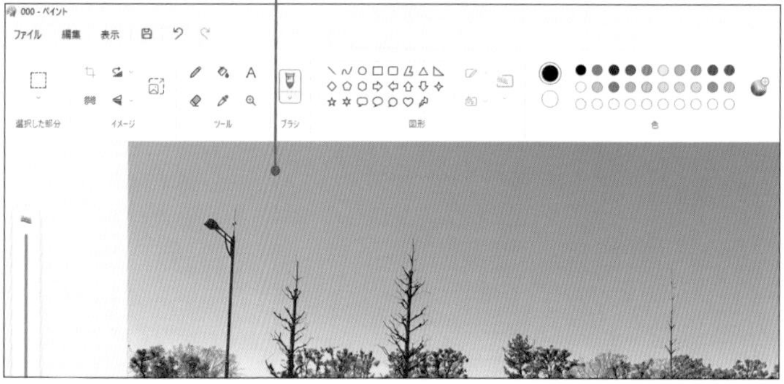

5 そのほかの素材について

解説

ロゴについて

ジンドゥーで作成するホームページでは、ほとんどのレイアウトでオリジナルのロゴを追加できます。ロゴを追加するには、ロゴの画像を用意します（144ページ参照）。

ロゴ

ヒント

バナーについて

バナーとは、ほかのページへ移動するリンクを表示するときに、リンク先のイメージがわかりやすいように用いる画像のことです。広告サイトへのリンクを設置するときや、ほかのサイトへのリンクを作成するときに利用します。自分のホームページに、広告サイトやほかのサイトへ移動するバナーを貼る場合は、リンク先のホームページで提供されているバナーを利用します。使用条件などを確認してから使用しましょう。

バナー

応用技

動画について

ホームページに動画を表示するには、YouTubeにアップした動画を表示する方法があります（172ページ参照）。

動画

6 カラーについて

解説

色の選択方法について

色を指定するには、色の一覧から色を選択したり、ドラッグして指定する方法、RGB値やカラーコードを指定する方法などがあります。

ヒント

色の指定について

文字や表などを強調するために色を指定するとき、そのときに気に入った色をむやみに選択してしまうと、デザインに統一感がなくなってしまいます。色を使うときは、特定の色を決めてそれを使うとよいでしょう。前に指定した色と同じ色を指定する場合はRGB値やカラーコードで指定することをお勧めします。使用する色の値をメモして利用しましょう。

ヒント

RGB値やカラーコードについて

色を指定するには、赤、緑、青の強さの値を組み合わせて指定するRGB値という値（例：「rgb(255,255,0)」）や、カラーコード（例：「#ffff00」）などで指定する方法があります。

一覧から選択する

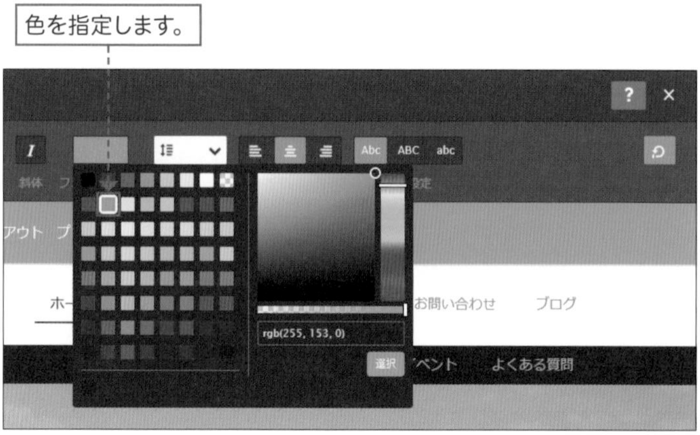

ドラッグして選択する

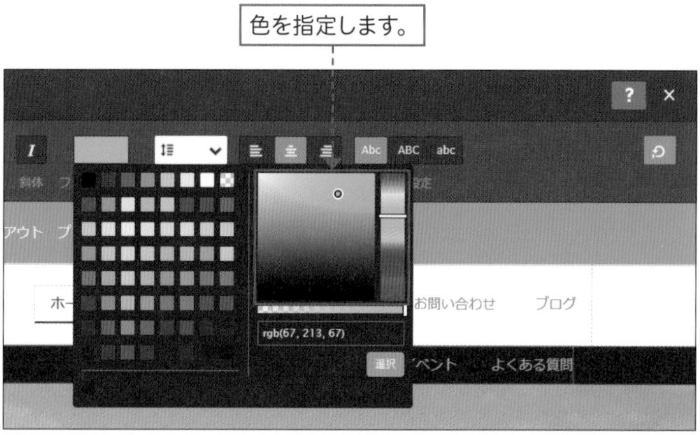

RGB値で指定する

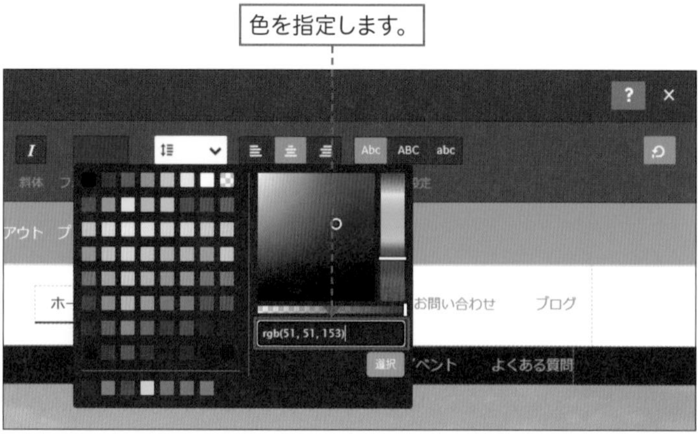

第 2 章

ジンドゥーの初期設定をしよう

Section 06 アカウントを作成しよう
Section 07 ホームページを作成しよう
Section 08 ホームページ一覧の画面を確認しよう
Section 09 ページの構成を知ろう
Section 10 管理メニューの構成を知ろう

Section

06 アカウントを作成しよう

ここで学ぶこと

- 登録
- 連絡先メールアドレス
- メールアドレスの確定

ホームページを作成する準備をします。ジンドゥーのホームページから、連絡先のメールアドレスとパスワードを入力し、アカウントを登録しましょう。アカウントを登録すると、メールが届きます。メールを確認して、登録したメールアドレスをジンドゥーで使うことを確定します。

1 ジンドゥーにアカウントを登録する

解説

ジンドゥーのホームページを開く

ブラウザーを起動してジンドゥーのホームページを開き、ジンドゥーのアカウントを作成します。[メールアドレスで登録]を選択し、アカウントとして登録するメールアドレスやパスワードを指定しましょう。既存のSNSアカウントを使用して登録する場合は、[Facebookでログイン]や[Googleでログイン][Apple IDでログイン]をクリックして操作します。

1 ブラウザーを開きます。

2 アドレスバーに「https://www.jimdo.com/jp/」と入力して Enter キーを押します。

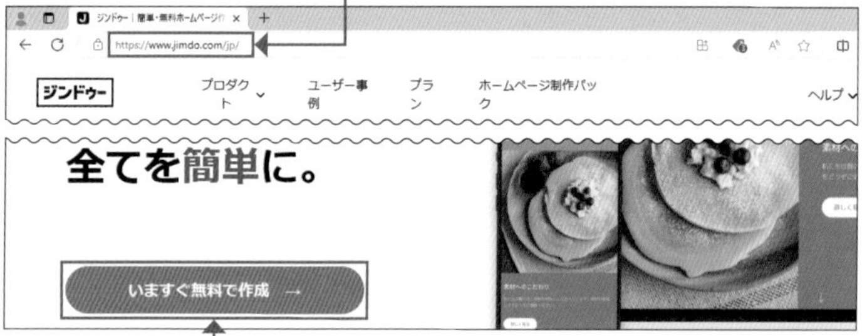

3 ジンドゥーのホームページが表示されます。[いますぐ無料で作成]をクリックします。

4 続いて表示される画面で[メールアドレスで登録]をクリックします。

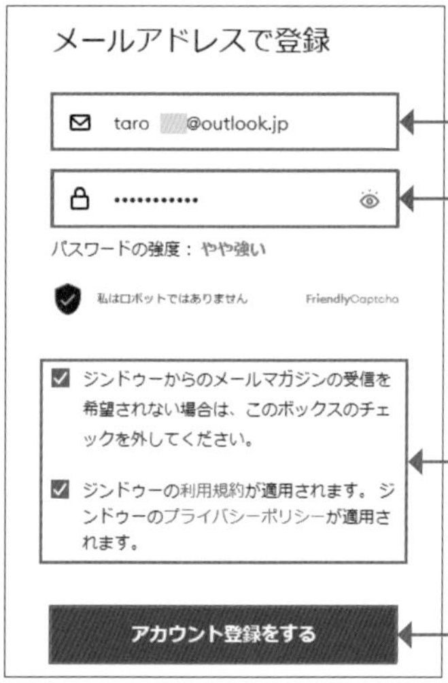

5 メールアドレスを入力します。

6 ジンドゥーにログインするためのパスワードを決めて入力します。

7 利用規約やプライバシーポリシーを確認し、承認するにはここをクリックします。

8 [アカウント登録をする]をクリックします。

ヒント

利用規約やプライバシーポリシーについて

利用規約やプライバシーポリシーを確認するには、画面の利用規約やプライバシーポリシーの文字をクリックします。ジンドゥーに登録するには、利用規約やプライバシーポリシーを承認する必要があります。

ヒント

ページをお気に入りに登録する

ジンドゥーのページ（28ページの手順**2**参照）をお気に入りに登録しておくと、あとでジンドゥーのページを開くときに、お気に入りの一覧からかんたんに開けます。お気に入りの登録方法は、お使いのブラウザーによって異なります。

9 次の画面が表示されます。

10 指定したメールアドレスにメールが届きます。

2 登録確認メールを見る

ヒント

連絡先メールアドレスについて

ジンドゥーへアカウントを登録すると、連絡先メールアドレスにメールが届きます。メールを確認してジンドゥーのアカウントとして指定したメールアドレスを確定します。

ヒント

画面が異なる場合

ジンドゥーのサービスの内容や設定などは、変更されることもあります。画面の表記などが異なる場合は、ジンドゥーのサポートページを見てみましょう。設定方法などがわかりやすく記載されています。

https://www.jimdo.com/jp/

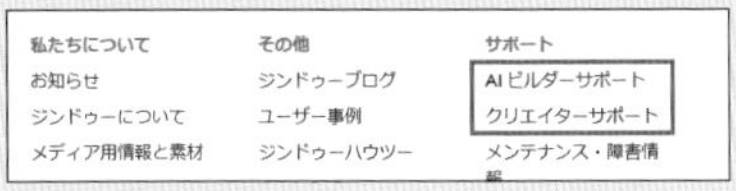

注意

メールが来ない場合

ジンドゥーからの登録確認メールは、迷惑メールフォルダーに振り分けられている場合もあります。受信メールにメールが届かない場合は、迷惑メールフォルダーを確認してみましょう。

1 メールアプリを起動し、ジンドゥーのアカウントとして登録したメールを確認し、ジンドゥーから届いたメールを開きます。

2 ［確定する］をクリックします。

3 ブラウザーでジンドゥーのサービスを選択する画面が表示されます。

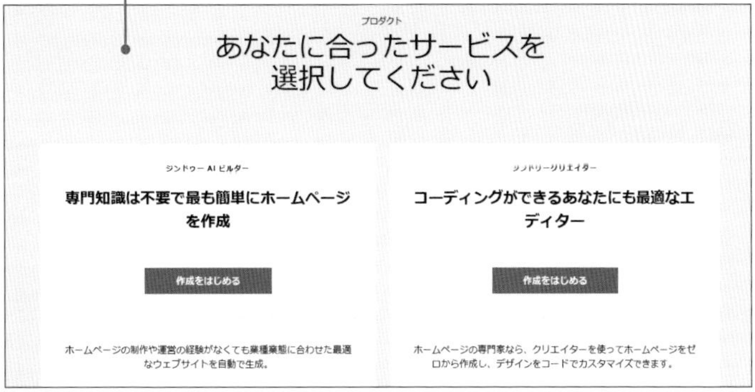

4 続けてホームページを作成するには、31ページの手順**3**に進みます。

Section

07 ホームページを作成しよう

ここで学ぶこと

- ログイン
- ホームページアドレス
- ホームページ一覧

ホームページを編集するには、ジンドゥーにログインする必要があります。ホームページを作成していない場合は、ホームページ一覧の画面からホームページを作成します。ジンドゥークリエイターでは、ホームページのアドレスは、「希望するホームページ名.Jimdofree.com」のように指定できます。

1 ジンドゥーにログインする

解説

次回以降のホームページの開き方

ここでは、ジンドゥーのページからログインしてホームページを作成しますが、次回以降は、ブラウザーのアドレスバーに自分のホームページのアドレスを入力してホームページを開けます。ホームページの右下の［ログイン］をクリックしてログインして編集画面を表示できます。

1 ブラウザーを開きます。

2 アドレスバーに「https://www.jimdo.com/jp/」と入力して Enter キーを押します。

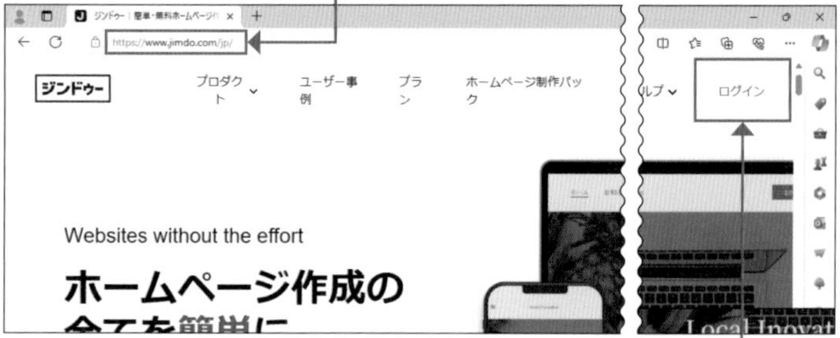

3 ジンドゥーのホームページが表示されます。［ログイン］をクリックします。

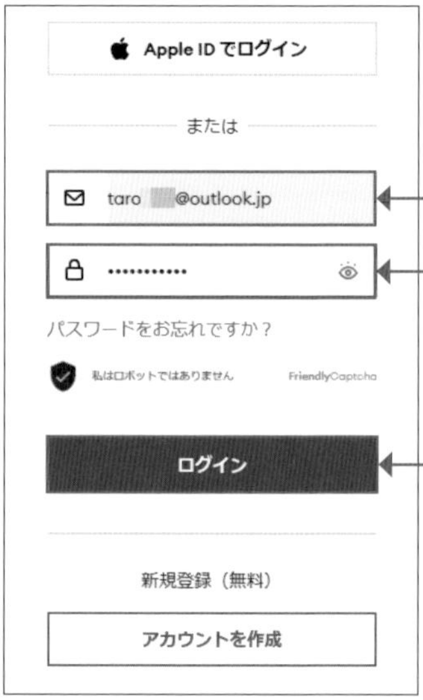

4 メールアドレスを入力します。

5 28ページで指定したジンドゥーのパスワードを入力します。

6 ［ログイン］をクリックします。

ヒント

既にログインしている場合

既にログインしている場合は、画面の右上にメールアドレスが表示されます。その場合は、右上のメールアドレスにマウスポインターを移動して［ダッシュボード］をクリックするとダッシュボードが表示されます。

② ホームページを作成する準備をする

1 ホームページ一覧の画面が表示されます。

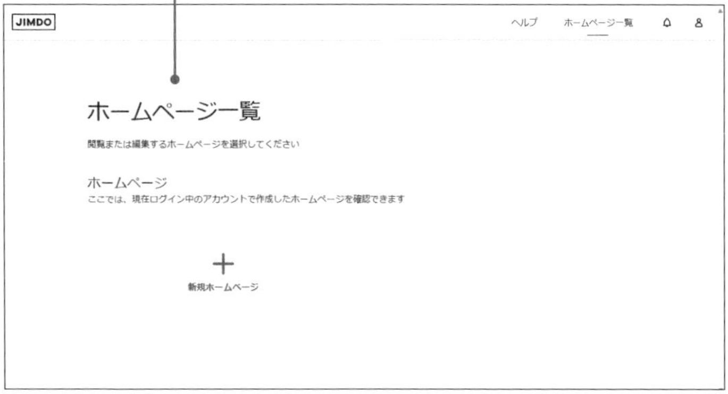
JIMDO
ヘルプ
ホームページ一覧
ホームページ一覧
閲覧または編集するホームページを選択してください
ホームページ
ここでは、現在ログイン中のアカウントで作成したホームページを確認できます
新規ホームページ

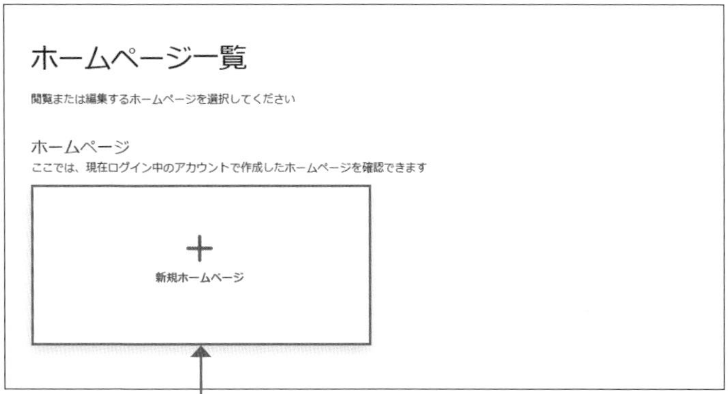
ホームページ一覧
閲覧または編集するホームページを選択してください
ホームページ
ここでは、現在ログイン中のアカウントで作成したホームページを確認できます
新規ホームページ

2 ［新規ホームページ］をクリックします。

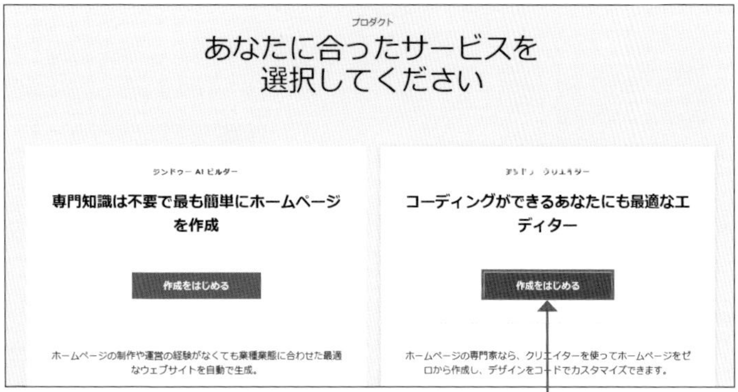
プロダクト
あなたに合ったサービスを選択してください
ジンドゥー AI ビルダー
専門知識は不要で最も簡単にホームページを作成
作成をはじめる
ホームページの制作や運営の経験がなくても業種業態に合わせた最適なウェブサイトを自動で生成。
コーディングができるあなたにも最適なエディター
作成をはじめる
ホームページの専門家なら、クリエイターを使ってホームページをゼロから作成し、デザインをコードでカスタマイズできます。

3 利用するサービス（ここでは［ジンドゥークリエイター］）の［作成を始める］をクリックします。

ヒント

ホームページ一覧

ホームページ一覧には、登録したアカウントで作成したホームページの一覧が表示されます（35ページ参照）。

解説

ジンドゥーAIビルダー

ジンドゥーAIビルダーを利用してホームページを作成する場合は、［ジンドゥーAIビルダー］を選択して操作します。

補足

すでにホームページを作成している場合

ホームページを作成している場合は、ホームページ一覧にホームページが表示されます。編集するホームページを選択して編集画面を表示できます（36ページ参照）。

ヒント

プロフィールの設定について

ホームページ一覧の画面で右上の［アカウント］をクリックして［アカウントの設定］をクリックすると、プロフィールを編集したり、パスワードを変更したりできます。

③ レイアウトやプランを選択する

1 ホームページの種類をクリック（ここでは［まだ決めていない］）します。

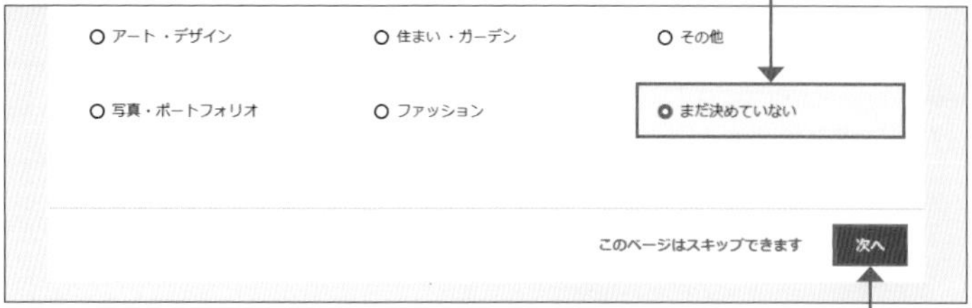

2 ［次へ］をクリックします。

3 レイアウトを選択する画面が表示されます。

4 画面をスクロールして用意されているレイアウトを見てみましょう。

5 気に入ったレイアウトにマウスポインターを移動して、［このレイアウトにする］をクリックします。

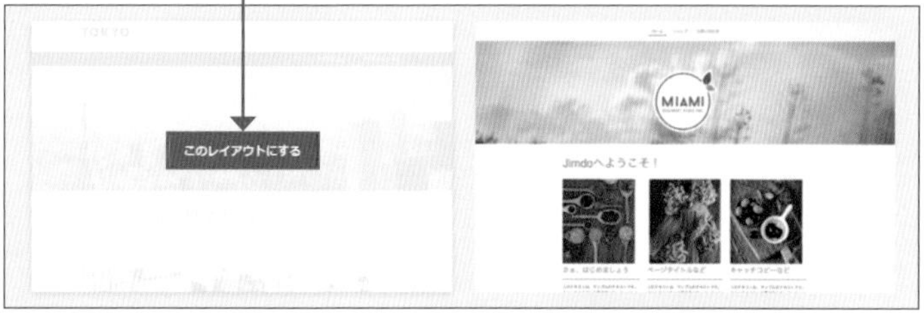

6 クリエイターのプランが表示されます。

7 ［このプランにする］をクリックします。ここでは、無料のプランを選択します。

解説

レイアウトとは

レイアウトとは、ホームページのデザインを含むホームページ全体の構成です。選択したレイアウトによって、ホームページのメニューが表示される場所やロゴマークが表示される場所などが変わります。レイアウトは、あとから変更することもできます。

注意

ホームページの公開について

このSectionの操作を行い、ホームページを作成すると、指定したホームページのアドレスで自動的にホームページが公開されます。公開されているホームページをほかの人に見られたくない場合は、ページにパスワードを設定する方法もあります（64ページ参照）。

ヒント

プランについて

ここでは、無料で利用するプランのFREEを選択しています。FREEでは、ホームページのアドレスは、「○○○.jimdofree.com/」になります。「○○○」の部分は、この後の操作で指定できます。有料プランとの違いは、212ページを参照してください。

4 ホームページを作成する

解説

アドレスの文字数

FREEプランの場合、ホームページのアドレスは「希望するホームページ名.jimdofree.com」です。ホームページのアドレスは、3-30字以内の半角英数字などを使って指定します。特殊文字や日本語は使用できません。

補足

メッセージが表示されたら

すでに登録されているホームページと同じアドレスを指定している場合は、メッセージが表示されます。その場合には、ほかのアドレスを指定しましょう。

ヒント

180日以上放っておくと…

ジンドゥーの無料プランの場合、ホームページを作成後、180日以上放っておくと、ホームページが削除されることがあります。ホームページを運営していくためには、定期的に自分のホームページにログインしてホームページを更新しましょう。

ヒント

ログインの表示を非表示にする

ジンドゥークリエイターの有料プランをお使いの場合は、ホームページの［ログイン］の表示を非表示にすることもできます。設定は、管理メニュー（38ページ参照）の［基本設定］－［共通項目］－［フッター編集］－［フッターエリアの項目］の［ログインリンク］をオフにします。

1 ホームページのアドレスを入力します。

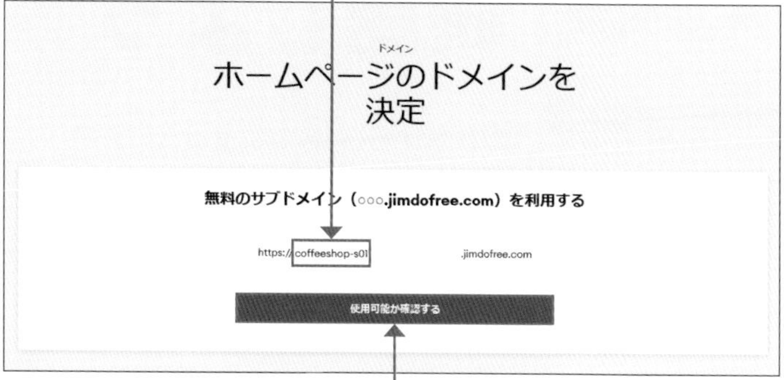

2 ［使用可能か確認する］をクリックします。

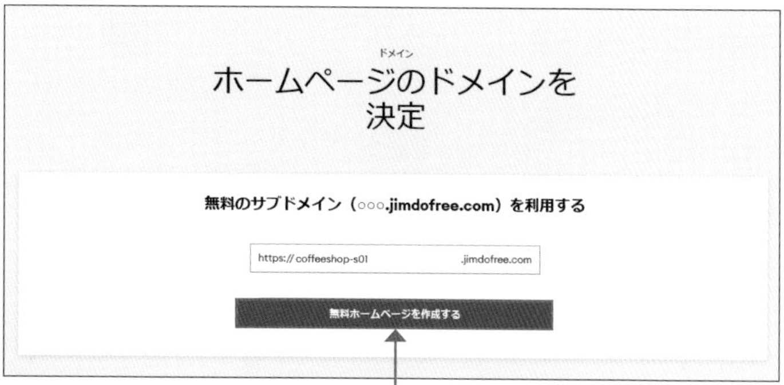

3 ［無料ホームページを作成する］をクリックします。

4 ホームページが表示されました。

Section

08 ホームページ一覧の画面を確認しよう

ここで学ぶこと

- ログイン
- ホームページ一覧
- ダッシュボード

ジンドゥーでは、ジンドゥーに登録したひとつのアカウントで、複数のホームページを作成できます。ホームページ一覧の画面には、登録したアカウントで作成したホームページの一覧が表示されます。ジンドゥーで作業を行うときの入り口の画面です。

1 ダッシュボードに切り替える

解説

ホームページ一覧

ジンドゥーでは、ひとつのアカウントで複数のホームページを作成できます。ホームページ一覧には、作成したホームページの一覧が表示されます。ジンドゥーAIビルダー、ジンドゥークリエイターのどちらで作成したホームページも同じ画面に表示されます。また、作成したホームページの項目の下には、プランが表示されます。ジンドゥーAIビルダーの無料版は[Play（無料プラン）]、ジンドゥークリエイターの無料版は[Free]と表示されます。

ヒント

2つ目のホームページを作成する

複数のホームページを作成する場合、ホームページ一覧の画面で[新規ホームページ]をクリックします。すると、新しいホームページを作成する画面が表示されます（31ページ参照）。ジンドゥーAIビルダーとジンドゥークリエイターのどちらを使用してホームページを作成するか選択できます。

1 30ページの方法で、ジンドゥーにログインします。

2 ジンドゥーで作成しているホームページの一覧が表示されます。

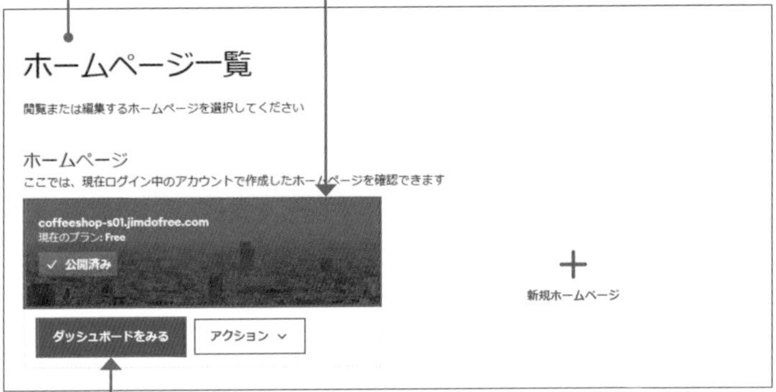

3 ホームページの[ダッシュボードを見る]をクリックします。

4 選択したホームページのダッシュボードの画面が表示されます。

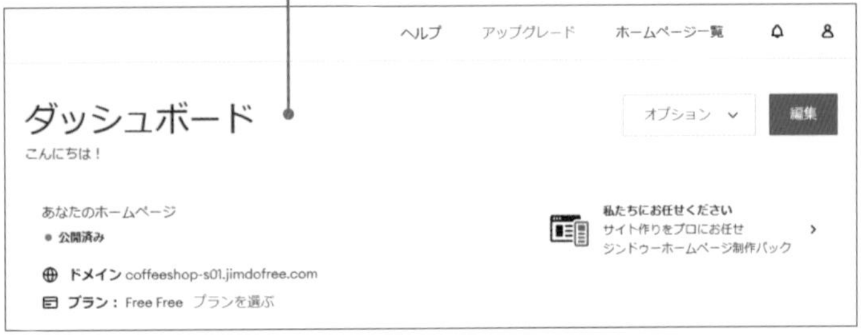

2 ホームページ一覧を表示する

解説

ホームページ一覧とダッシュボード

ホームページ一覧の画面は、作成したホームページの一覧が表示される画面です。ダッシュボードは、ホームページごとに用意された管理画面です。各ホームページには、編集用の画面と、表示イメージを確認するプレビュー画面があります。また、実際にホームページを見に来る人が表示するのは、閲覧表示の画面です。ジンドゥーでホームページを作成する過程では、目的に応じて画面を切り替えて操作します。ホームページ一覧とダッシュボードの切り替え方法を覚えておきましょう。編集画面やプレビュー画面、閲覧表示の画面の切り替え方法は、次のセクションで紹介します。

ヒント

ダッシュボードの画面

ダッシュボードの左側には、メニューが表示されます。ジンドゥーAIビルダーとジンドゥークリエイターのホームページでは、メニューの内容は異なります。

ヒント

名前の設定について

ホームページの一覧の画面で右上の［アカウント］をクリックして［アカウントの設定］をクリックすると、名前などのプロフィールを編集できます。名前を指定すると、メールアドレスの代わりに名前が表示されたり、ダッシュボードに名前が表示されたりします。

1 ［ホームページ一覧］をクリックします。

2 ホームページ一覧の画面に戻ります。

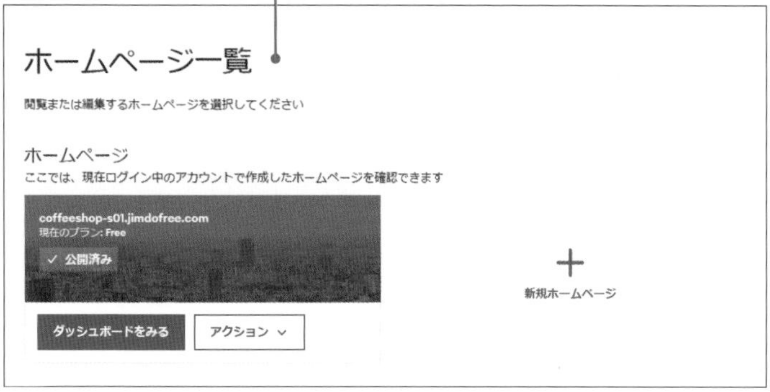

ヒント ［アクション］ボタンについて

ホームページ一覧の画面で、各ホームページの下の［アクション］をクリックすると1、選択したホームページで行う項目が表示されます。［編集］をクリックすると2、ホームページの編集画面に移動します。編集画面からダッシュボードに戻るには、管理メニューをクリックし3、ダッシュボードをクリックします4。

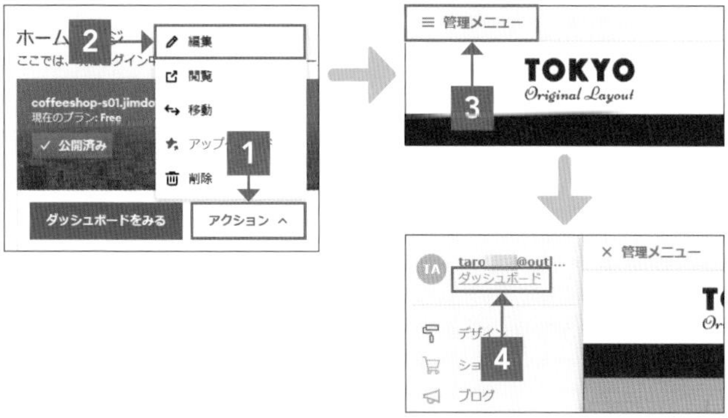

Section

09 ページの構成を知ろう

ここで学ぶこと

- プレビュー
- 編集
- ナビゲーション

ジンドゥーに登録してホームページを作成すると、すでに複数のページを含むホームページの土台が完成しています。ホームページを編集する画面と、プレビュー画面の切り替え方法を知り、どのようなページが作成されているか確認してみましょう。

1 編集画面に切り替える

解説

編集画面に切り替える

ここでは、ホームページ一覧の画面からホームページの編集画面を表示しています。ジンドゥーにログインすると、前に編集していたホームページのダッシュボードが表示されます。編集するホームページのダッシュボードが表示されている場合は、右上の［編集］をクリックしても、編集画面に切り替えられます。

1 30ページの方法で、ジンドゥーにログインし、ホームページ一覧の画面を表示しておきます。

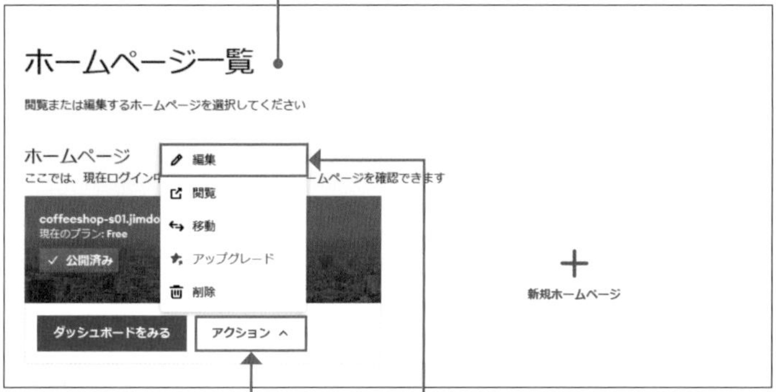

2 表示するホームページの［アクション］クリックします。

3 ［編集］をクリックします。

4 ページの内容にマウスカーソルを合わせます。

5 操作のボタンが表示されます。

ヒント

ジンドゥーの広告について

無料プランの場合は、ホームページにジンドゥーの広告が表示されます。広告を表示したくない場合は、有料プランの使用を検討しましょう。

② ページの表示イメージを見る

解説

プレビュー画面と編集画面の切り替え

ホームページの編集画面の、[プレビュー]をクリックすると、ホームページがプレビュー画面に切り替わります。プレビュー画面で をクリックすると、パソコンの表示イメージ、スマートフォンの表示イメージなどを確認できます。また、プレビュー画面の上の[閲覧]をクリックすると、閲覧表示に切り替わり、作成中のホームページの実際の表示イメージを確認できます。

ヒント

フッターについて

フッターには、[概要][プライバシーポリシー][Cookieポリシー]、ショップ機能に関する説明などが表示されます。フッターの内容は、管理メニュー(38ページ参照)の[基本設定]の[プライバシー・セキュリティ]や[共通項目]の[フッターの編集]などで編集できますが、ジンドゥーのプランによって編集できる内容は異なります。

重要用語

Cookie

Cookieとは、ホームページを見たときに、ユーザー側のパソコンに保存されるユーザーの情報を含む小さいファイルのことです。ホームページ側では、Cookieを利用することで、ユーザーがそのホームページを便利に閲覧できるような工夫ができます。一方、Cookieを悪用されたときには、第3者による情報の不正利用などの問題が発生する可能性があります。そのため、国によっては、Cookieの使用時には、ユーザーにそれを伝える決まりになっています。Cookieバナーについては、72ページを参照してください。

1 右上の[プレビュー]をクリックします。

2 プレビュー画面に切り替わります。

3 ナビゲーション(56ページ参照)の項目をクリックしてほかのページを見てみましょう。

4 [編集画面に戻る]をクリックすると編集できる状態に戻ります。

Section
10 管理メニューの構成を知ろう

ここで学ぶこと

- 管理メニュー
- 管理メニューを閉じる
- 編集

ホームページのさまざまな設定を変更するには、画面左に表示されている管理メニューを使います。ここでは、管理メニューの扱い方や表示されている項目の意味を紹介します。管理メニューは折りたたんで表示することもできます。表示の切り替え方法も知りましょう。

1 管理メニューを表示する

1 ［管理メニュー］をクリックします。

2 管理メニューが表示されます。

3 ［デザイン］をクリックします。

ヒント

元の画面に戻る

管理メニューの各項目をクリックすると、メニューが切り替わります。切り替わったメニューの一番上の［←戻る］をクリックすると、元の管理メニューに戻ります。

ヒント

［←戻る］が表示されない

［サポート］や［ポータル］などの項目をクリックしたときは、管理メニューの横に内容が表示され、管理メニューそのものの項目は変わりません。そのまま別の項目を選択できます。また、管理メニューを閉じるには、表示された画面の右上の［×］をクリックします。

2 メニューを選択する

ヒント

レイアウトの設定をキャンセルする

レイアウトを設定する画面で誤ってレイアウトをクリックしてしまった場合は、[やり直す]をクリックして手順❸の操作を行います。

1 [レイアウト]をクリックします。

2 設定画面が表示されます。

3 [閉じる]をクリックします。

応用技 管理メニューについて

管理メニューには、次のような項目があります。

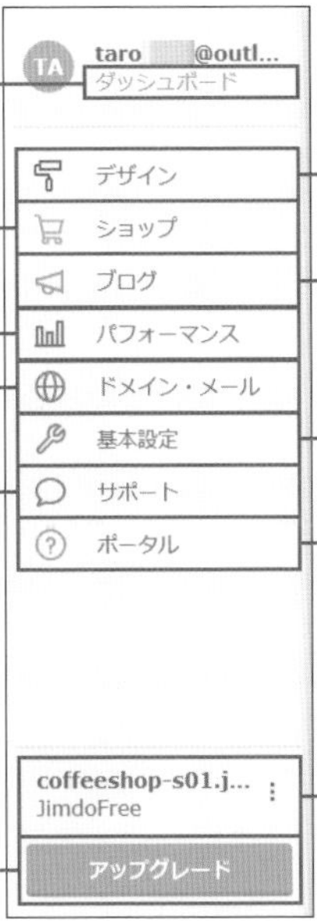

ダッシュボードを表示します（34ページ参照）。

ネットショップを作成するとき、注文内容を処理するときに使用します。

SEO対策に関する設定を確認したり変更する画面が表示されます。

ドメインやメールアカウントの設定や管理をするときに使用します（有料プランで使用できます）。

ジンドゥーに関する情報や操作に関するヘルプのページ（サポートセンター）を表示します。わからないことがあれば、ここから調べられます。

ここからジンドゥーのプランのアップグレードができます。

ホームページのレイアウトやスタイルを設定するメニューが表示されます（136ページ参照）。

ブログの記事の一覧が表示されます。ここから記事を編集したり削除したりできます（104ページ参照）。

ホームページに関するさまざまな設定を確認したり変更する画面が表示されます。

ジンドゥーに関するさまざまなお知らせなどが表示されます。

ジンドゥーのプランが表示されます。[通知センター]をクリックすると、通知センターを表示します。通知センターでは、ジンドゥーからのお知らせ、ショップの注文情報、ブログへのコメントなどさまざまな重要な情報が表示されます。通知センターは、ジンドゥーの編集画面右上の[🔔]をクリックして確認することもできます。

③ 表示・非表示を切り替える

解説

管理メニューを隠す

管理メニューが操作の邪魔になるときは、管理メニューを折りたたんで表示しましょう。また、管理メニューが表示されているとき、編集画面内をクリックすると、管理メニューが自動的に隠れます。

補足

管理メニューが表示されない

ホームページにログインしていない場合や、プレビュー画面では、管理メニューは表示されません。管理メニューが表示されない場合は、ログインをしているかどうか編集画面を表示しているかを確認しましょう（36ページ参照）。

ヒント

ホームページの削除

無料プランを使用している場合、ホームページを削除するには、ホームページ一覧の画面で削除できます（218ページ参照）。

注意

基本的にやり直しはできない

ホームページの作成している途中で、ホームページの作成をリセットしてはじめから作成し直すことはできません。無料プランを使用している場合、ホームページをはじめから作成するには、新規にホームページを作成して別のホームページのアドレスを指定して作成する方法があります。

1 管理メニューが開いているとき、ここをクリックします。

2 管理メニューが非表示になります。

3 ここをクリックします。

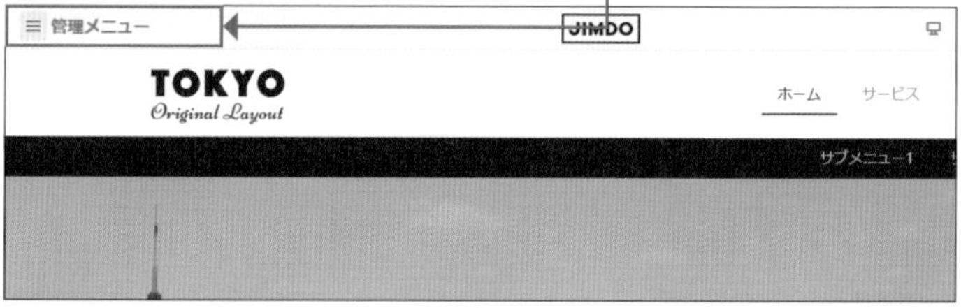

4 管理メニューが再表示されました。

第3章

ページを作ろう

Section 11 ホームページのタイトルを付けよう
Section 12 見出しを追加しよう
Section 13 テキストの入力と編集をしよう
Section 14 箇条書きの項目を入力しよう
Section 15 文字の配置を指定しよう
Section 16 文字に飾りを付けよう
Section 17 リンクを作成しよう
Section 18 ナビゲーションの編集をしよう
Section 19 下の階層のメニューを作成しよう
Section 20 メニューの表示順を指定しよう
Section 21 ページタイトルを付けよう
Section 22 ページにパスワードを設定しよう
Section 23 ログインパスワードを変更しよう

Section

11 ホームページのタイトルを付けよう

ここで学ぶこと

- タイトル
- 見出し
- 保存

ホームページのタイトルを付けましょう。ここでは、ヘッダーにあるページのタイトルの文字を変更して表示します。なお、選択したレイアウトによってページのタイトルの位置などは異なります。ページのタイトルが無い場合は、44ページの方法で見出しを追加してタイトルを入力します。

1 見出しを選択する

解説

ホームページのタイトルの位置

ほとんどのレイアウトでは、ホームページのページタイトルやロゴを入れる場所があります。ロゴやページタイトルを入れる位置は選択しているレイアウトによって異なります。

ヒント

改行する

文字を入力中に改行するには、Enter キーを押します。

1 タイトルの部分をクリックします。

2 カーソルが表示されます。

2 文字を入力する

ヒント

ページのタイトルの文字の大きさを変更する

ページのタイトルの文字の大きさなど、文字の書式を変更するには、スタイル機能を使用します。

注意

保存について

文字を入力したあと、[閉じる]や[保存しない]をクリックすると、文字の入力画面が非表示になり、[保存されていません]と表示されます。入力した文字を保存するには、見出しをクリックして[保存]をクリックします。[保存しない]をクリックした場合、[確定]をクリックすると、変更は保存されません。

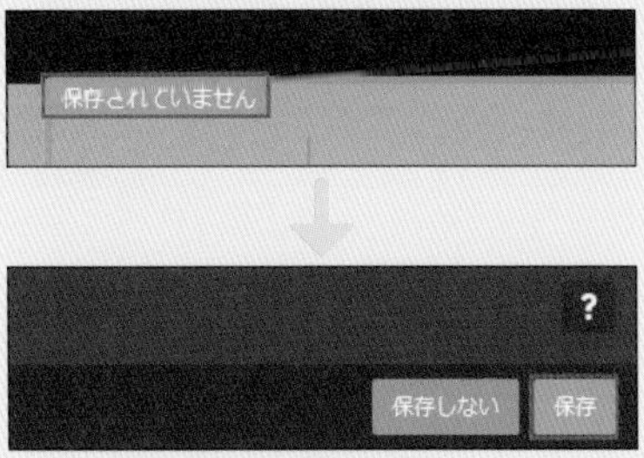

1 文字を入力します。

2 [保存]をクリックします。

3 文字が入力されました。

Section
12 見出しを追加しよう

ここで学ぶこと

- コンテンツを追加
- 見出し
- 表示順

ホームページに追加できる内容には、文字や表、写真付き記事などさまざまな種類があります。それらの内容を整理してわかりやすく表示するには、見出しを設定するとよいでしょう。見出しは、レベルを指定できます。ここでは、大見出しを追加します。

1 見出しを追加する

重要用語

見出し

見出しとは、ページに追加する文章や表、写真などの内容に対するタイトルのことです。見出しの種類には、大、中、小があります。内容を複数の階層にわけて表示する場合などは、見出しの種類を使い分けましょう。

解説

さまざまなコンテンツ

ジンドゥーでは、ページに文章や写真、表などさまざまなコンテンツを追加できます。[コンテンツを追加]をクリックすると追加できるコンテンツの一覧が表示されます。

1 見出しを追加する箇所にマウスカーソルを移動します。

2 [コンテンツを追加]と表示されたらクリックします。

3 追加できる項目の一覧が表示されます。

4 [見出し]をクリックします。

2 見出しの内容を指定する

1 見出しを入力する画面が表示されます。

2 見出しの内容を入力します。

Coffeeと焼きたてパンのお店
大
中
小
Jimdoで簡単ホームページ作成！
Jimdoで、世界でたったひとつ、あなただけのホームページをつくりましょう。
クリック&タイプ操作で、画像やフォームなどのコンテンツ追加、編集が驚くほど簡単にでき

3 見出しのレベルを選びクリックします。

4 [保存]をクリックします。

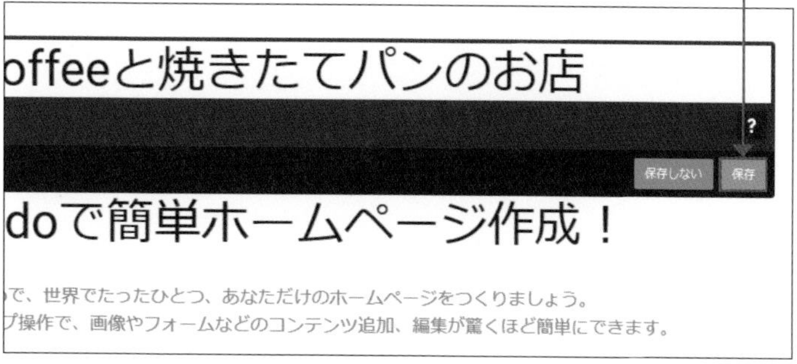
offeeと焼きたてパンのお店
?
保存しない
保存
doで簡単ホームページ作成！
で、世界でたったひとつ、あなただけのホームページをつくりましょう。
プ操作で、画像やフォームなどのコンテンツ追加、編集が驚くほど簡単にできます。

5 見出しが表示されました。

Coffeeと焼きたてパンのお店
Jimdoで簡単ホームページ作成！
Jimdoで、世界でたったひとつ、あなただけのホームページをつくりましょう。
クリック&タイプ操作で、画像やフォームなどのコンテンツ追加、編集が驚くほど簡単にできます。

ヒント

コンテンツの表示場所を移動する

コンテンツの表示順を変更するには、コンテンツの左右いずれかに表示される[コンテンツを上に移動][コンテンツを下に移動]をクリックします。また、ドラッグ操作で移動することもできます(74ページ参照)。

ヒント

見出しを編集する

見出しの文字を変更するには、見出しをクリックして編集画面を表示します。文字を修正して[保存]をクリックすると文字が変更されます。

ヒント

見出しの書式について

見出しの文字の色や背景の色などは、選択しているレイアウトによって異なります。見出しの文字の書式を変更する方法については、159ページで紹介します。

ヒント

既存のコンテンツを削除する

不要なコンテンツは、削除できます(73ページ参照)。

Section

13 テキストの入力と編集をしよう

ここで学ぶこと

- コンテンツを追加
- 文章
- 文字の入力

［文章］のコンテンツを追加して文字を入力します。適当なところで改行を入れながら文字を入力して保存しましょう。文章の内容はいつでも編集できます。編集する場合は、［文章］のコンテンツに入力されている文字をクリックして編集画面を表示します。

1 文章を追加する

重要用語

文章

［文章］は、文字を入力するときに使います。文字は、改行しながら入力することができます。

ヒント

既存のコンテンツを使う

ホームページを作成すると、さまざまなコンテンツを含むホームページが表示されます。文章のコンテンツが既にある場合は、文章内をクリックして文字を変更して保存するだけで文章のコンテンツを指定できます。

ヒント

写真の横に文字を入力する

写真を表示してその横に文章を表示する場合は、手順3の画面で［画像付き文章］を選択します（114ページ参照）。

1 文章を追加する場所にマウスカーソルを合わせます。

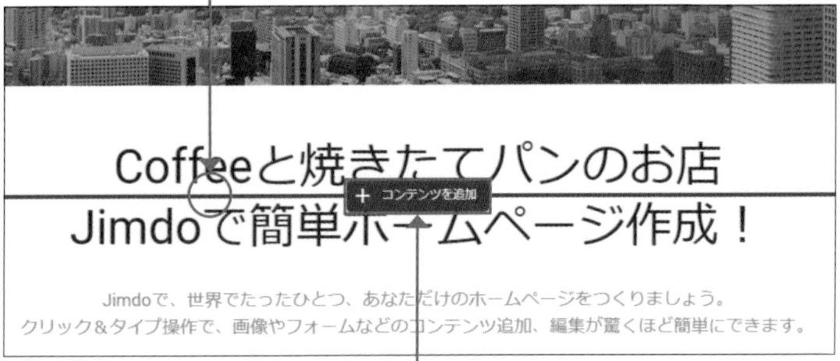
Coffeeと焼きたてパンのお店
＋ コンテンツを追加
Jimdoで簡単ホームページ作成！
Jimdoで、世界でたったひとつ、あなただけのホームページをつくりましょう。
クリック&タイプ操作で、画像やフォームなどのコンテンツ追加、編集が驚くほど簡単にできます。

2 ［コンテンツを追加］と表示されたらクリックします。

3 追加できる項目の一覧が表示されます。

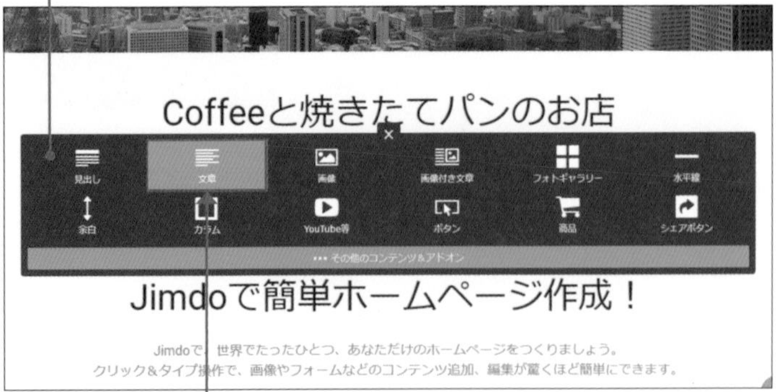
Coffeeと焼きたてパンのお店
見出し
文章
画像
画像付き文章
フォトギャラリー
水平線
余白
カラム
YouTube等
ボタン
商品
シェアボタン
••• その他のコンテンツ&アドオン
Jimdoで簡単ホームページ作成！
Jimdoで、世界でたったひとつ、あなただけのホームページをつくりましょう。
クリック&タイプ操作で、画像やフォームなどのコンテンツ追加、編集が驚くほど簡単にできます。

4 ［文章］をクリックします。

2 文章を入力する

ヒント

編集を途中でやめる

文章の編集を途中でやめるには、[閉じる]をクリックします1。すると、編集画面が非表示になります。文章の編集内容を反映させるには、[保存]をクリックします。

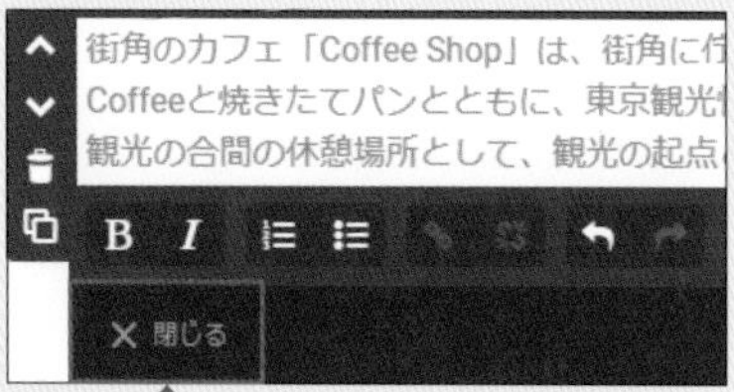
街角のカフェ「Coffee Shop」は、街角に
Coffeeと焼きたてパンとともに、東京観光
観光の合間の休憩場所として、観光の起点
B I
閉じる

1 クリックします。

ヒント

文章を修正する

文章の内容をあとから変更するには、文章をクリックします。すると、編集画面が表示されます。内容を入力して[保存]をクリックすると、変更内容が保存されます。

1 文章を入力する画面が表示されます。

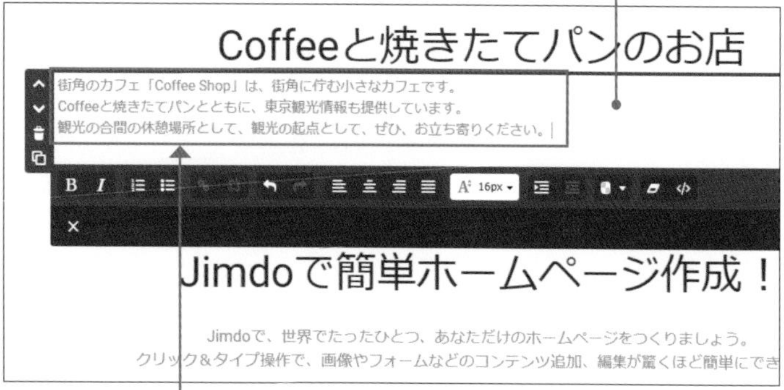
Coffeeと焼きたてパンのお店
街角のカフェ「Coffee Shop」は、街角に佇む小さなカフェです。
Coffeeと焼きたてパンとともに、東京観光情報も提供しています。
観光の合間の休憩場所として、観光の起点として、ぜひ、お立ち寄りください。
B I
16px
Jimdoで簡単ホームページ作成！
Jimdoで、世界でたったひとつ、あなただけのホームページをつくりましょう。
クリック&タイプ操作で、画像やフォームなどのコンテンツ追加、編集が驚くほど簡単にでき

2 文章の内容を入力します。

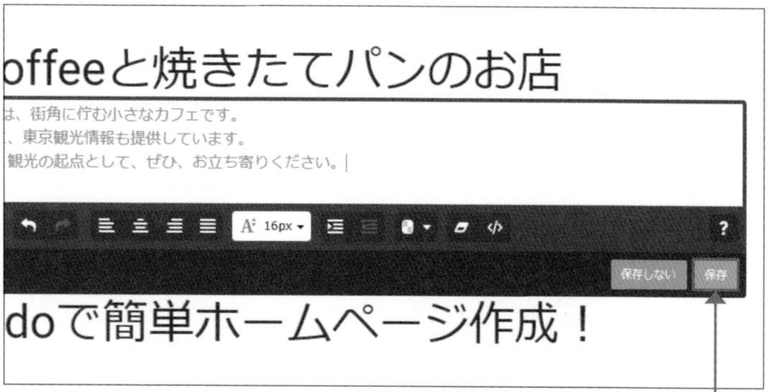
offeeと焼きたてパンのお店
は、街角に佇む小さなカフェです。
、東京観光情報も提供しています。
観光の起点として、ぜひ、お立ち寄りください。
16px
保存しない
保存
doで簡単ホームページ作成！

3 [保存]をクリックします。

4 文章が表示されました。

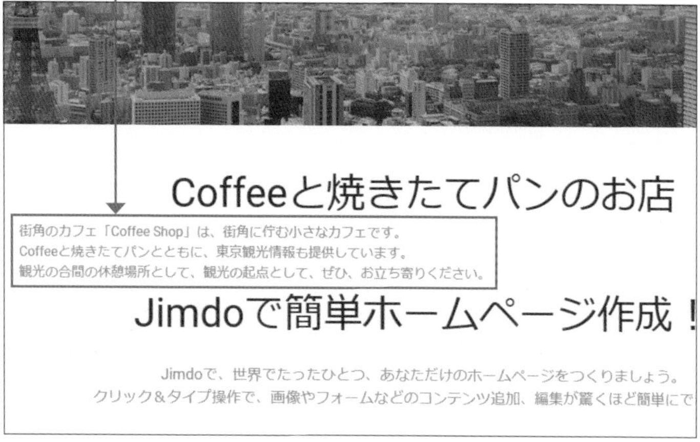
Coffeeと焼きたてパンのお店
街角のカフェ「Coffee Shop」は、街角に佇む小さなカフェです。
Coffeeと焼きたてパンとともに、東京観光情報も提供しています。
観光の合間の休憩場所として、観光の起点として、ぜひ、お立ち寄りください。
Jimdoで簡単ホームページ作成！
Jimdoで、世界でたったひとつ、あなただけのホームページをつくりましょう。
クリック&タイプ操作で、画像やフォームなどのコンテンツ追加、編集が驚くほど簡単にで

Section 14

箇条書きの項目を入力しよう

ここで学ぶこと

- 箇条書き
- 番号なしリスト
- 番号付きリスト

箇条書きの項目を入力しましょう。箇条書きでは、項目の区切りが明確になるように行の先頭に記号をつけておくとよいでしょう。また、手順や順番を列記するときは、行の先頭に番号を振っておくとわかりやすくなります。［番号なしリスト］や［番号付きリスト］の書式を設定します。

1 箇条書き項目を入力する

1 44～47ページの方法で、［見出し］や［文章］などを追加します。

2 46～47ページの方法で、［文章］を追加して文字を入力します。

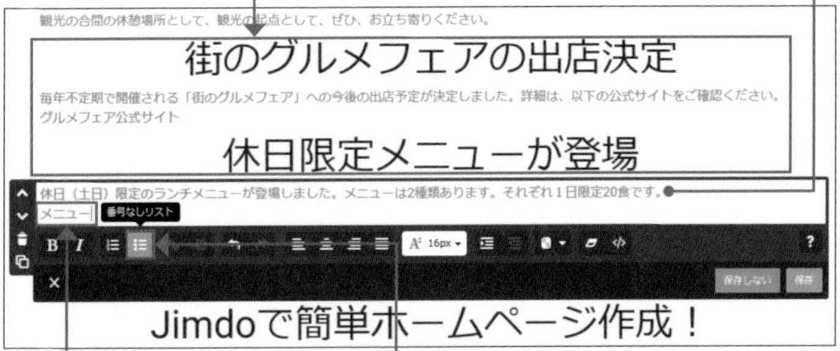
観光の合間の休憩場所として、観光の起点として、ぜひ、お立ち寄りください。
街のグルメフェアの出店決定
毎年不定期で開催される「街のグルメフェア」への今後の出店予定が決定しました。詳細は、以下の公式サイトをご確認ください。
グルメフェア公式サイト
休日限定メニューが登場
休日（土日）限定のランチメニューが登場しました。メニューは2種類あります。それぞれ1日限定20食です。
メニュー
番号なしリスト
Jimdoで簡単ホームページ作成！

3 箇条書きにする段落をクリックします。

4 ［番号なしリスト］をクリックします。

5 行頭に記号が付きます。

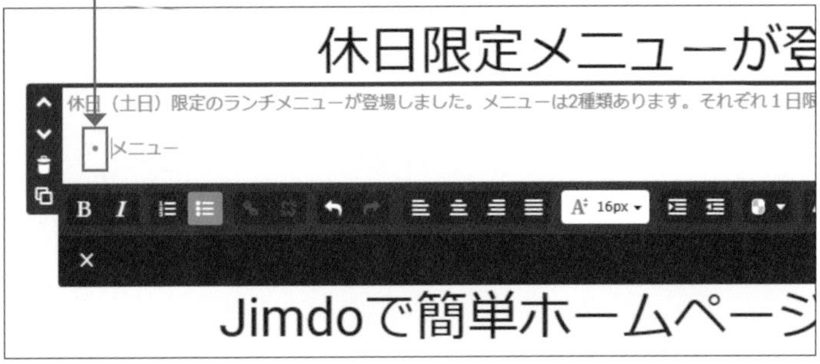
休日限定メニューが登
休日（土日）限定のランチメニューが登場しました。メニューは2種類あります。それぞれ1日限
• メニュー
Jimdoで簡単ホームページ

ヒント

先頭に番号を付ける

項目の先頭に番号を振るには、番号を振る段落を選択して［番号付きリスト］をクリックします**1**。番号は、１から順に振られます。

休日（土日）限定のランチメニューが登場しまし
メニュー
番号付きリスト

1 クリックします。

ヒント

先頭の記号をなしにする

［番号なしリスト］の設定を解除するには、先頭に記号がついている項目をクリックして［番号なしリスト］をクリックします**1**。［番号付きリスト］の設定を解除する場合は、［番号付きリスト］をクリックします。

休日（土日）限定のランチメニューが登場しまし
• メニュー
番号なしリスト

1 クリックします。

② 箇条書きのレベルを設定する

解説

箇条書きにレベルを設定する

箇条書きの項目には、レベルを設定できます。[インデント]をクリックするとレベルが下がり、[インデント解除]をクリックするとレベルが上がります。

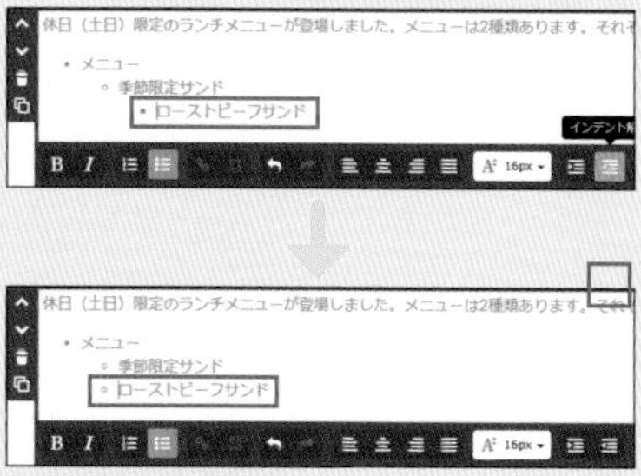
休日（土日）限定のランチメニューが登場しました。メニューは2種類あります。
メニュー
季節限定サンド
ローストビーフサンド
インデント

ヒント

レベルを下げすぎた場合は

箇条書きのレベルは、複数レベルにわたって設定できます。[インデント]をクリックするたびにレベルが下がります。レベルを下げすぎてしまった場合は、[インデント解除]をクリックしてレベルを元に戻します。

ヒント

複数の項目をまとめて下げる

複数の項目のレベルをまとめて下げるには、項目全体をドラッグ操作で選択したあと**1**、[インデント]をクリックします**2**。

1 ドラッグして選択します。

休日（土日）限定のランチメニューが登場しました。メニューは2種類あります。
メニュー
季節限定サンド
ローストビーフサンド
インデント

2 クリックします。

1 行の末尾をクリックして、Enter キーを押します。

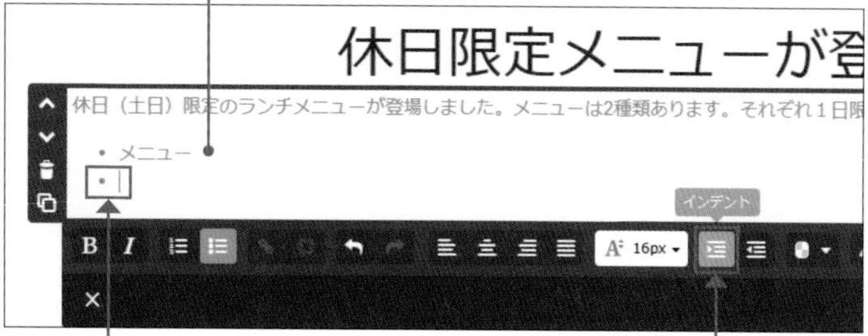
休日限定メニューが登
休日（土日）限定のランチメニューが登場しました。メニューは2種類あります。それぞれ１日限
メニュー
インデント
16px

2 先頭に記号が付きます。

3 [インデント]をクリックします。

4 レベルが下がります。

5 Enter キーで改行しながら項目を入力します。

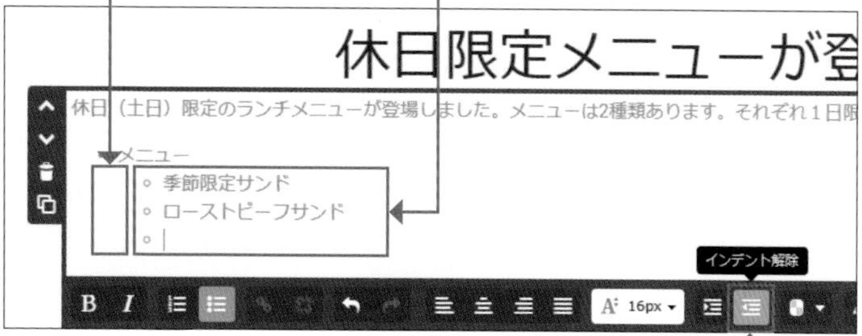
休日限定メニューが登
休日（土日）限定のランチメニューが登場しました。メニューは2種類あります。それぞれ１日限
メニュー
季節限定サンド
ローストビーフサンド
インデント解除
16px

6 行頭にカーソルがある状態で[インデント解除]をクリックします。

7 箇条書きのレベルが上がりました。

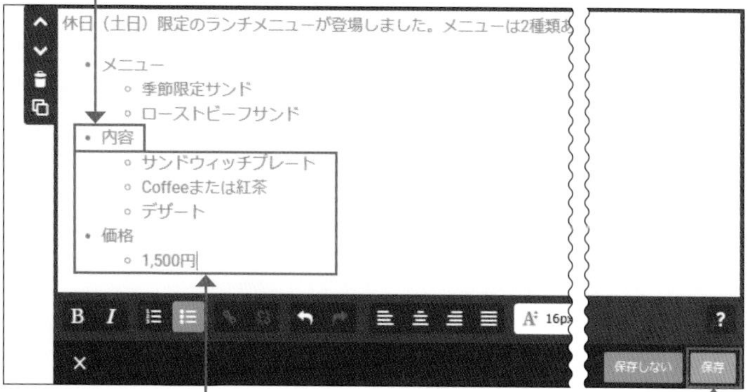
休日（土日）限定のランチメニューが登場しました。メニューは2種類あ
メニュー
季節限定サンド
ローストビーフサンド
内容
サンドウィッチプレート
Coffeeまたは紅茶
デザート
価格
1,500円
16px
保存しない
保存

8 [インデント解除]をクリックしてレベルを上げたり、[インデント]をクリックして下げたりしながら残りの項目を入力します。

9 [保存]をクリックします。

Section

15 文字の配置を指定しよう

ここで学ぶこと

- 文字の配置
- 中央
- インデント

[文章]を追加して文字を入力すると、文字が左から表示されます。文字の配置は、中央揃えや右揃えなどに変更できます。また、[インデント]をクリックして少しずつ字下げすることもできます。文字の配置を変更する方法を知りましょう。

1 文字を中央に配置する

解説

文字を右に配置する

文字を右に揃える場合は[右寄せ]をクリックします。

ヒント

[中央]がない場合は

[中央]が表示されていない場合は、[オプション]をクリックして表示します。

ヒント

配置を元に戻すには

中央に配置した文字を元に戻すには、もう一度[中央]をクリックします。

1 中央揃えにする段落をクリックします。

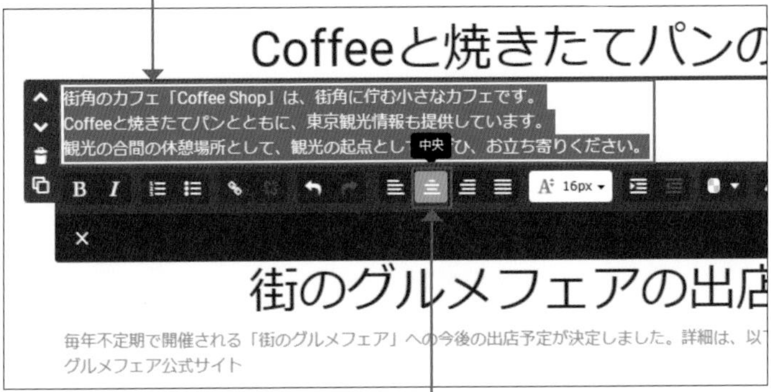
Coffeeと焼きたてパンの
街角のカフェ「Coffee Shop」は、街角に佇む小さなカフェです。
Coffeeと焼きたてパンとともに、東京観光情報も提供しています。
観光の合間の休憩場所として、観光の起点として ひ、お立ち寄りください。
中央
16px
街のグルメフェアの出店
毎年不定期で開催される「街のグルメフェア」への今後の出店予定が決定しました。詳細は、以
グルメフェア公式サイト

2 [中央]をクリックします。

3 文字が中央に揃いました。

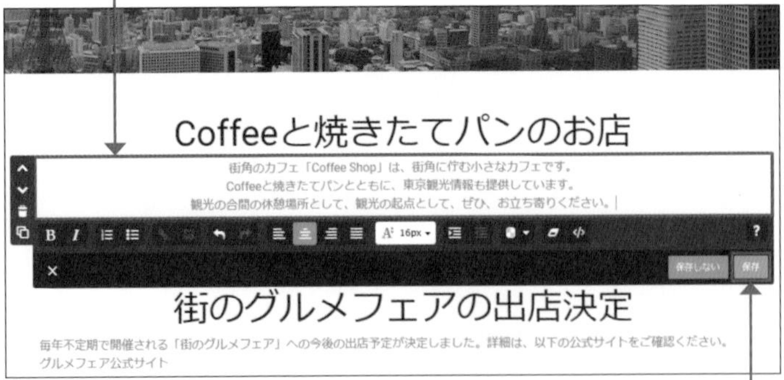
Coffeeと焼きたてパンのお店
街角のカフェ「Coffee Shop」は、街角に佇む小さなカフェです。
Coffeeと焼きたてパンとともに、東京観光情報も提供しています。
観光の合間の休憩場所として、観光の起点として、ぜひ、お立ち寄りください。
16px
街のグルメフェアの出店決定
毎年不定期で開催される「街のグルメフェア」への今後の出店予定が決定しました。詳細は、以下の公式サイトをご確認ください。
グルメフェア公式サイト

4 [保存]をクリックします。

② 文字を字下げする

重要用語

インデント

インデントとは、文字の先頭位置を少し下げることです。[インデント]と[インデント解除]で文字の先頭位置を調整できます。

ヒント

インデントを解除する

インデントを解除するには、[インデント解除]をクリックします。[インデント解除]をクリックするたびに文字の先頭位置が左にずれます。

1 文字の先頭位置を下げる段落をクリックします。

街のグルメフェアの出
毎年不定期で開催される「街のグルメフェア」への今後の出店予定が決定しました。詳細は、以
グルメフェア公式サイト
インデント
16px
休日限定メニューが

2 [インデント]をクリックします。

3 文字の先頭位置が右に移動しました。

街のグルメフェアの出
毎年不定期で開催される「街のグルメフェア」への今後の出店予定が決定しました。詳細は、以
グルメフェア公式サイト
インデント
16px
休日限定メニューが

4 もう一度[インデント]をクリックします。

5 文字がさらに右に移動しました。

街のグルメフェアの出
毎年不定期で開催される「街のグルメフェア」への今後の出店予定が決定しました。詳細は、以
グルメフェア公式サイト
インデント解除
16px
休日限定メニューが

6 [インデント解除]をクリックします。

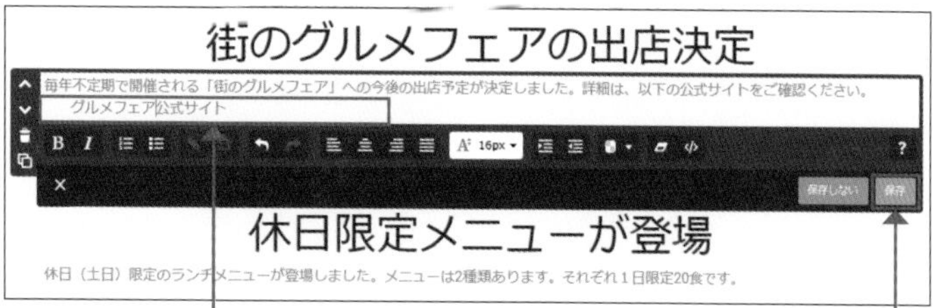
街のグルメフェアの出店決定
毎年不定期で開催される「街のグルメフェア」への今後の出店予定が決定しました。詳細は、以下の公式サイトをご確認ください。
グルメフェア公式サイト
16px
保存しない
保存
休日限定メニューが登場
休日（土日）限定のランチメニューが登場しました。メニューは2種類あります。それぞれ1日限定20食です。

7 文字の位置が左に移動しました。

8 [保存]をクリックします。

Section

16 文字に飾りを付けよう

ここで学ぶこと

- 太字
- 斜体
- 文字の色

文字に飾りをつけて文字を強調します。文字に色を付けたり、文字を太字にしたり、斜体にしたりしてみましょう。文字に飾りを付けるには、対象となる文字を選択してから設定する飾りの種類を選択します。飾りを解除するには、文字を選択して解除する飾りのボタンをクリックします。

1 文字を太字・斜体にする

1 文字をドラッグして選択します。

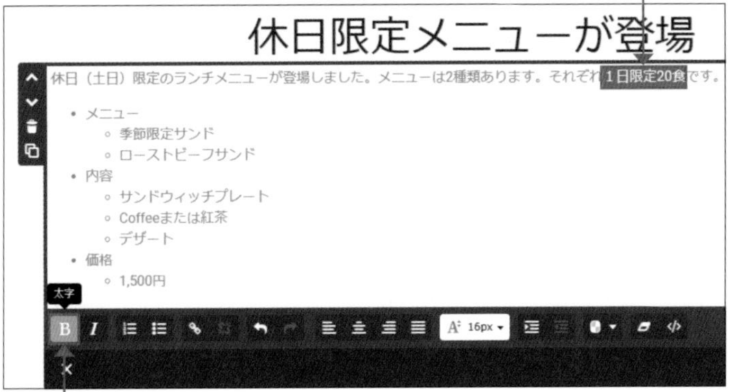
休日限定メニューが登場
休日（土日）限定のランチメニューが登場しました。メニューは2種類あります。それぞれ1日限定20食です。
メニュー
季節限定サンド
ローストビーフサンド
内容
サンドウィッチプレート
Coffeeまたは紅茶
デザート
価格
1,500円
太字
16px

2 ［太字］をクリックします。

3 文字が太字になりました。

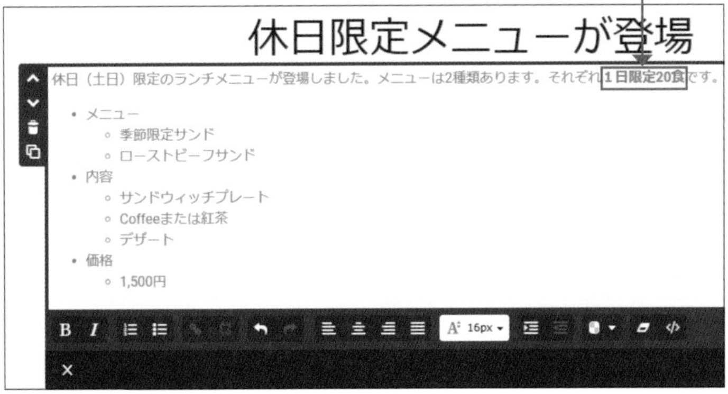
休日限定メニューが登場
休日（土日）限定のランチメニューが登場しました。メニューは2種類あります。それぞれ1日限定20食です。
メニュー
季節限定サンド
ローストビーフサンド
内容
サンドウィッチプレート
Coffeeまたは紅茶
デザート
価格
1,500円
16px

ヒント

文字を斜体にする

文字を斜体にするには、文字を選択して、［斜体］をクリックします。

ヒント

太字を解除するには

文字に設定した太字を解除するには、文字を選択してもう一度［太字］をクリックします。

ヒント

本文のフォントを変更する

本文のフォントは、スタイル設定で指定できます（157ページ参照）。

2 文字に色をつける

ヒント

同じ色を設定する

同じコンテンツ内で前に選択した色と同じ色を別の文字に設定するには、色を選ぶ必要はありません。文字を選択して1、[テキストカラー]をクリック2するだけで、色を付けられます。

1 文字を選択して、

テキストカラー
16px

2 クリックします。

ヒント

ほかの色を選ぶ

色の一覧に設定したい色が見つからなかった場合は、色のバーをドラッグし、色を選択することもできます(26ページ参照)。

ヒント

複数の飾りをまとめて解除する

太字や斜体、文字の色など複数の飾りを一度に解除するには、飾りのついた文字を選択して1、[設定解除]をクリックします2。

1 文字を選択して、

設定解除
16px

2 クリックします。

1 文字をドラッグして選択します。

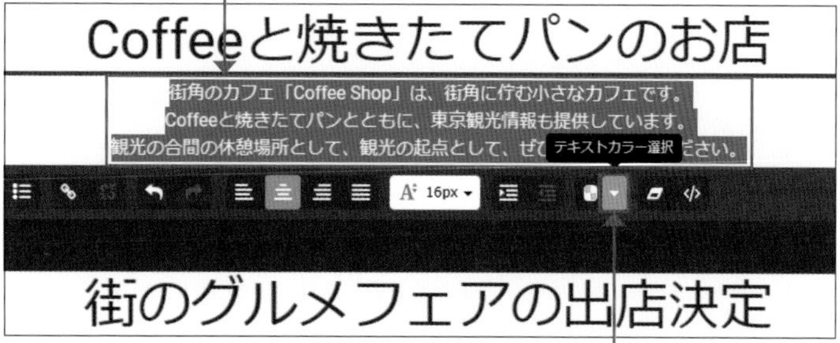
Coffeeと焼きたてパンのお店
街角のカフェ「Coffee Shop」は、街角に佇む小さなカフェです。
Coffeeと焼きたてパンとともに、東京観光情報も提供しています。
観光の合間の休憩場所として、観光の起点として、ぜひ
テキストカラー選択
16px
街のグルメフェアの出店決定

2 [テキストカラー]の横の ▼ をクリックします。

3 色の一覧から色を選んでクリックします。

4 選択した文字以外の箇所をクリックします。

16px
rgb(121, 132, 134)
キャンセル
色を選んでください

5 文字の色が変わりました。

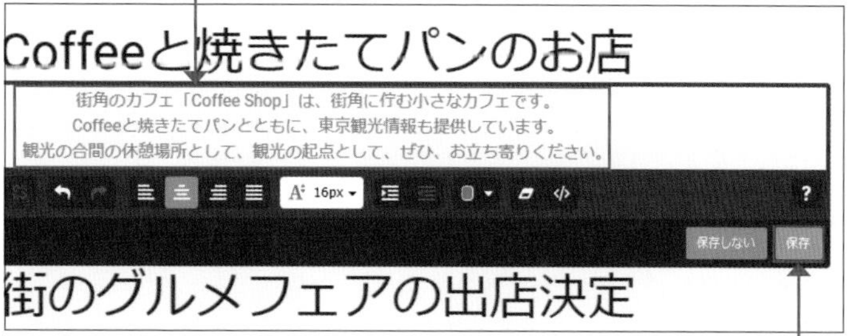
Coffeeと焼きたてパンのお店
街角のカフェ「Coffee Shop」は、街角に佇む小さなカフェです。
Coffeeと焼きたてパンとともに、東京観光情報も提供しています。
観光の合間の休憩場所として、観光の起点として、ぜひ、お立ち寄りください。
16px
保存しない
保存
街のグルメフェアの出店決定

6 [保存]をクリックします。

Section

17 リンクを作成しよう

ここで学ぶこと

- リンク
- リンクの挿入／編集
- リンクの解除

文字や画像などをクリックしたときに、ほかのページに移動するしくみを作りましょう。それには、文字や画像にリンクを設定します。移動先は、自分のホームページ内、ブログの記事、ほかのホームページなど指定できます。ここでは、ほかのホームページのアドレスを指定します。

1 リンクを設定する

重要用語

リンク

文字や画像をクリックしたときにほかのページに移動するしくみのことをハイパーリンク（リンク）といいます。リンクが設定されているところにマウスカーソルを合わせるとマウスカーソルの形が変わります。

ヒント

リンクが設定された文字

リンクが設定された文字は、文字の色が変わったり下線が付いたりしてリンクが設定されていることがわかりやすくなります。リンクが設定された箇所の文字の書式は、指定することもできます（160ページ参照）。

1 リンクを設定する文字を選択します。

街のグルメフェアの出店
毎年不定期で開催される「街のグルメフェア」への今後の出店予定が決定しました。詳細は、以
グルメフェア公
リンク
16px

2 ［リンク］をクリックします。

3 リンク先を指定する画面が表示されます。

4 ［外部リンクかメールアドレス］をクリックします。

街のグルメフェアの出店決定
毎年不定期で開催される「街のグルメフェア」への今後の出店予定が決定しました。詳細は、以下の公式サイトをご確認ください。
グルメフェア公式サイト
内部リンク
外部リンクかメールアドレス
www.example.com
リンクを設定

5 リンク先を指定します。

6 ［リンクを設定］をクリックします。

ルメフェアの出店決定
への今後の出店予定が決定しました。詳細は、以下の公式サイトをご確認ください。
16px
?
保存

7 ［保存］をクリックします。

② リンク先に移動する

解説

リンク先を表示する

リンクをクリックしたときにリンク先が表示されるかどうか確認しましょう。編集画面でリンク先を開くには、をクリックします。また、画面をプレビュー表示に切り替えれば（37ページ参照）、文字をクリックしてリンク先に移動するか確認できます。

1 リンクを設定した項目にマウスカーソルを移動します。

街のグルメフェアの出店
毎年不定期で開催される「街のグルメフェア」への今後の出店予定が決定しました。詳細は、以
グルメフェア公式サイト
休日限定メニューが登
休日（土日）限定のランチメニューが登場しました。メニューは2種類あります。それぞれ1日限
メニュー

2 ここをクリックすると、リンク先が表示されます。

③ リンクを解除する

ヒント

自分のホームページを表示する

自分のホームページ内のほかのページに移動するには、リンクを設定する画面で［内部リンク］をクリックし、［▼］をクリックすると表示される一覧から移動先のページを選択します。また、ブログ記事に移動するには［ブログリンク］をクリックし、［▼］をクリックして記事を選択します。ファイルをダウンロードするには［ファイルダウンロード］からダウンロードするファイルを選択します。［ブログリンク］はブログを作成（104ページ参照）、［ファイルダウンロード］はダウンロードするファイルを追加すると（84ページ参照）表示されます。

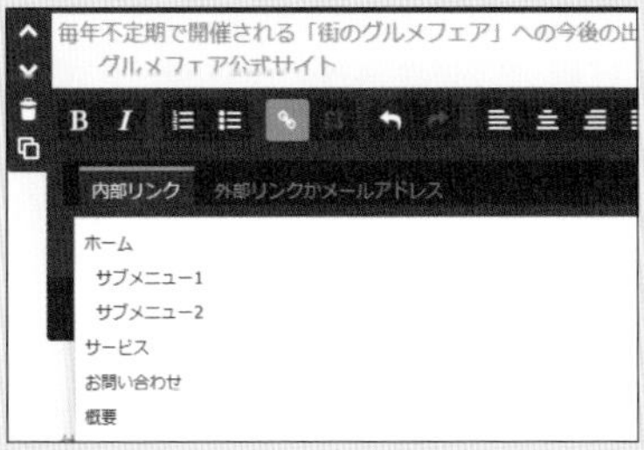
毎年不定期で開催される「街のグルメフェア」への今後の出
グルメフェア公式サイト
内部リンク
外部リンクかメールアドレス
ホーム
サブメニュー1
サブメニュー2
サービス
お問い合わせ
概要

1 リンクを設定した文字を選択します。

街のグルメフェアの出店
毎年不定期で開催される「街のグルメフェア」への今後の出店予定が決定しました。詳細は、以
グルメフェア公式
リンクを削除
16px
休日限定メニューが登

2 ［リンクを削除］をクリックします。

3 リンクが解除されました。

街のグルメフェアの出店決定
毎年不定期で開催される「街のグルメフェア」への今後の出店予定が決定しました。詳細は、以下の公式サイトをご確認ください。
グルメフェア公式サイト
16px
保存しない
保存
休日限定メニューが登場
休日（土日）限定のランチメニューが登場しました。メニューは2種類あります。それぞれ1日限定20食です。

4 ［保存］をクリックします。

Section

18 ナビゲーションの編集をしよう

ここで学ぶこと

- ナビゲーション
- 新規ページの追加
- ページの削除

ホームページのページを整理して必要なページを準備しましょう。ページを追加したり削除するには、ナビゲーションを編集します。必要なページが揃ったら、ページの階層やメニューの表示順などを指定します。次のSection以降で紹介します。

1 ナビゲーションの編集画面を表示する

解説

ナビゲーションを編集する

ジンドゥーでホームページを作成すると、複数のページで構成されたホームページが表示されます。ナビゲーションを操作して必要なページを準備します。

重要用語

ナビゲーション

ナビゲーションとは、ページの一覧が表示されるところです。ナビゲーションの位置は、レイアウトによって異なります。ナビゲーションが見えない場合は、ボタンをクリックして表示します。

1 ボタンをクリックし、

2 ナビゲーションを表示して、［ナビゲーションの編集］をクリックします。

1 ナビゲーションにマウスカーソルを移動します。

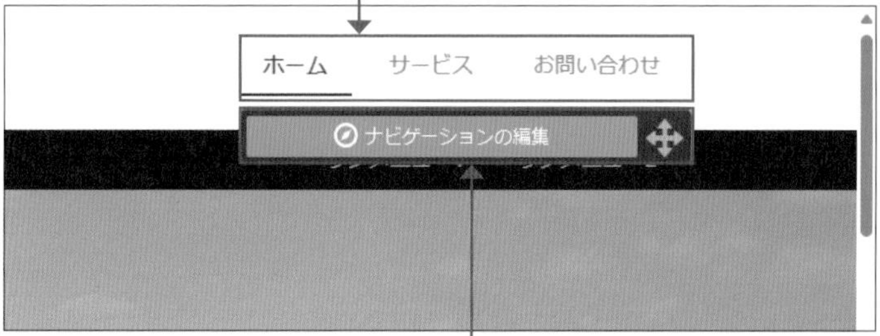

2 ［ナビゲーションの編集］が表示されたらクリックします。

3 ナビゲーションの編集画面が表示されます。

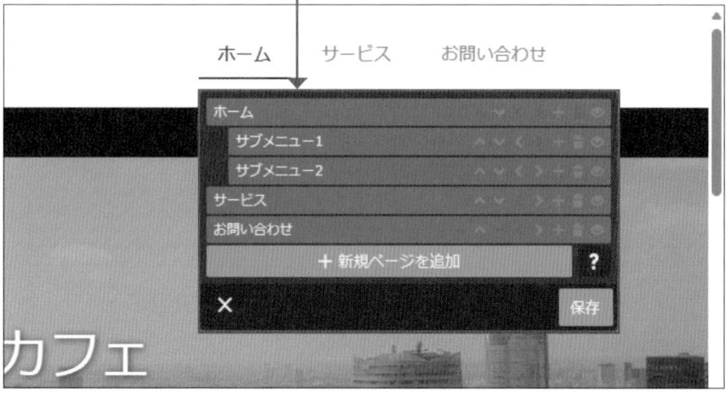

2 ページの名前を入力する

解説

ページの名前を変更する

ナビゲーションの編集画面でページの名前を変更しましょう。名前が入力されている欄をクリックして文字を修正します。

1 ページの名前をクリックして名前を変更します。

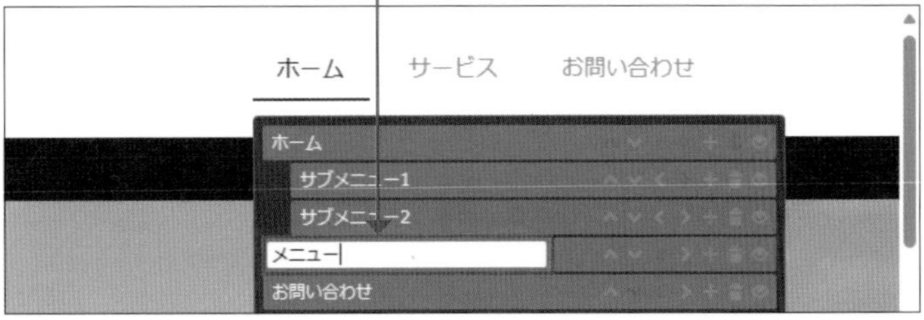

3 ページを削除する

ヒント

ページを削除する

不要なページを削除します。なお、下の階層のページを含むページは削除できません。ページを削除するには、下の階層のページを移動するか削除してから操作します。下の階層のページについては、次のSectionで紹介します。

ヒント

ページを非表示にする

作成中のページなど、ナビゲーションにページの名前を表示したくない場合は、非表示にするページの［このページを非表示にする］をクリックします1。ページをプレビュー表示に切り替えるとナビゲーションからページの名前が見えなくなります。なお、ページ名を非表示にしてもページ自体は存在します。そのページのURLを知っている人は、ページを開くことができますので注意しましょう。

1 クリックします。

1 削除するページの［このページを削除］をクリックします。

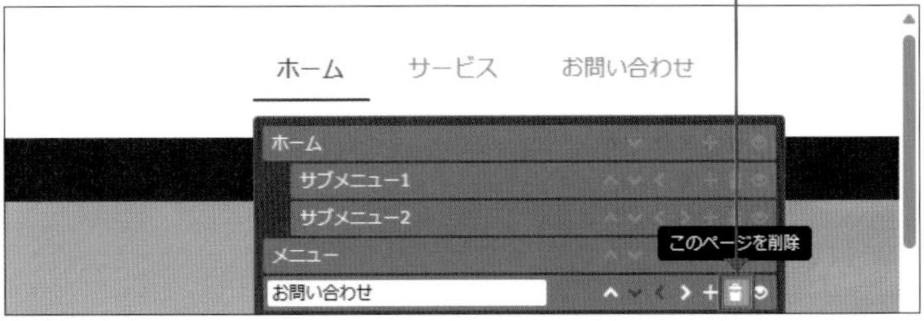

2 メッセージが表示されます。

3 ［はい、削除します。］をクリックします。

4 ページが削除されました。

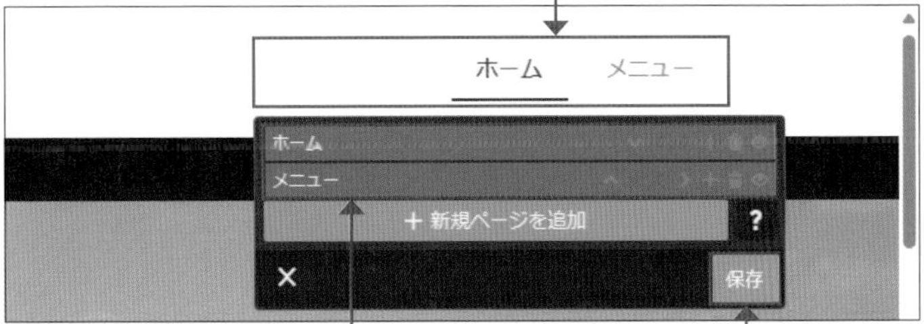

5 ほかにも不要なページがあれば削除しておきます。

6 ［保存］をクリックします。

7 ナビゲーションの構成が変わりました。

Section

19 下の階層のメニューを作成しよう

ここで学ぶこと

- 1階層上げる
- 1階層下げる
- ナビゲーション

ページには、階層を付けることもできます。ページの内容が長くなってしまうような場合は、分類ごとにページを作成して、下の階層のページとして表示するとよいでしょう。ここでは、「ホーム」のページの下に2つのページを作成します。ページの階層は、あとから変更することもできます。

1 ページを追加する

解説

ページ位置表示の変更

ページの表示位置はあとから変更できます（60ページ参照）。

ヒント

新規ページの階層について

新規ページを追加するとき、上位の階層のページの下にページを追加すると上位の階層に位置するページが追加されます。下位の階層のページの下にページを追加すると下位の階層に位置するページが追加されます。必要に応じてページの階層を変更します（59ページ参照）。

1 追加したい場所のひとつ上のページの横の［新規ページの追加］をクリックします。

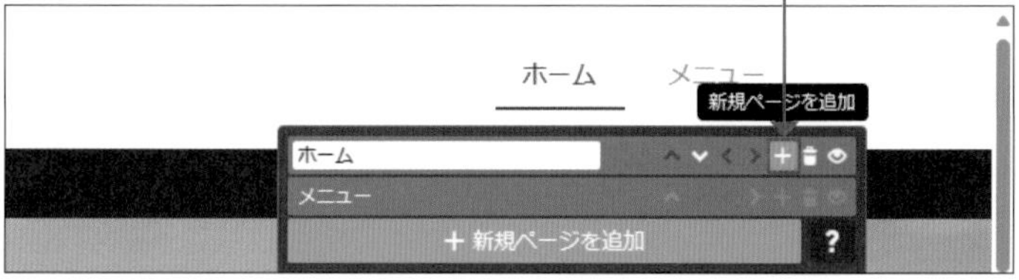

2 ページが追加されました。

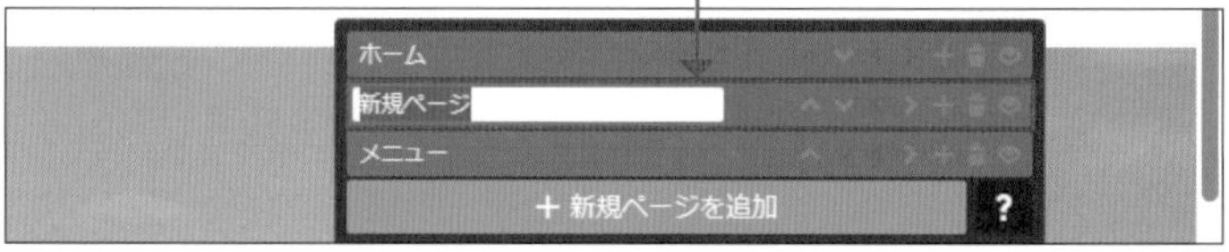

3 ページの名前を入力します。

4 同様にしてほかのページを追加します。

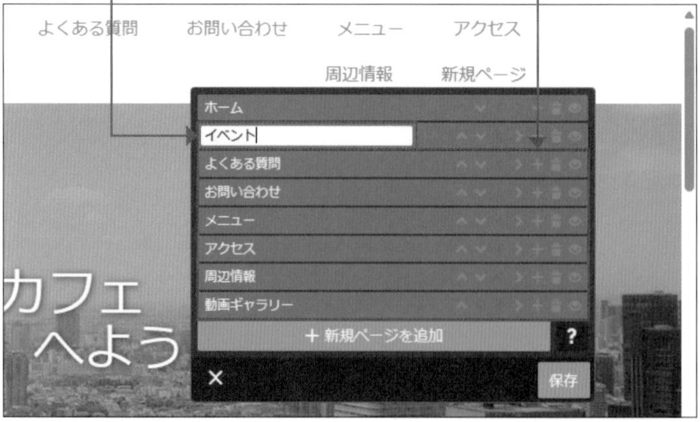

② ページの階層を下げる

解説

ページの階層を下げる

ページの階層を下げるには、対象ページの横の［このページを1階層下げる］をクリックします。ページの表示順を変更する方法は60ページで紹介します。

ヒント

ページの階層を上げる

ページの階層を上げるには、対象ページの横の［このページを1階層上げる］1をクリックします。

1 クリックします。

1 56ページの方法で、ナビゲーションの編集画面を表示します。

2 階層を下げるページの［このページを1階層下げる］をクリックします。

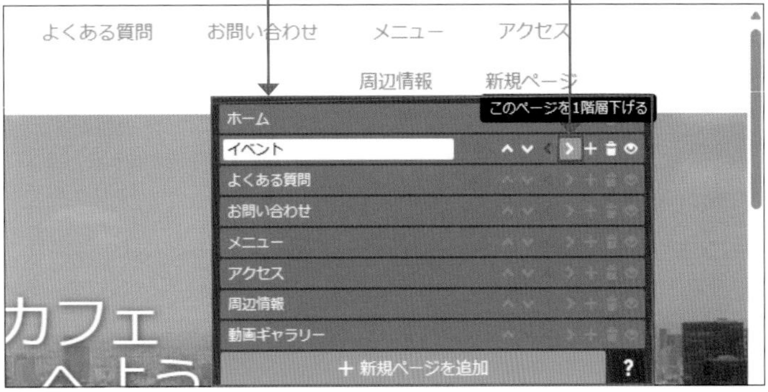

3 ページの階層が下がりました。

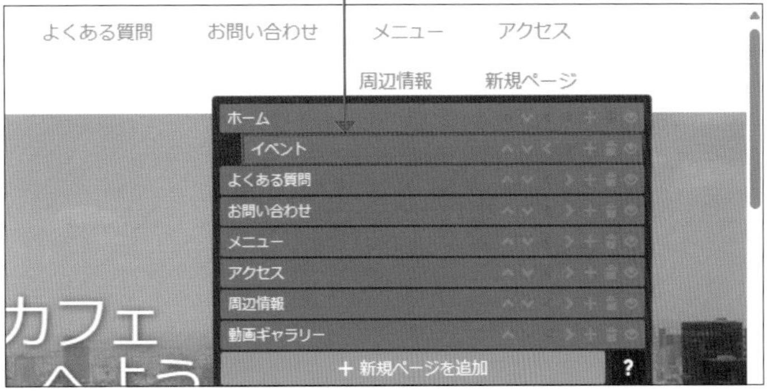

4 同様の方法でほかのページの階層も適宜変更します。

5 ［保存］をクリックします。

6 ナビゲーションの構成が変わります。

Section 20

メニューの表示順を指定しよう

ここで学ぶこと

- 上へ移動
- 下へ移動
- ナビゲーション

ナビゲーションに表示するページの順番を指定します。ナビゲーションの編集画面を表示して操作しましょう。ナビゲーションのメニューが横並びの場合は、左から順にページが並べられます。なお、表示順はあとで変更することもできます。

1 ページを上に移動する

ヒント

ページの階層が変わったら

ページの表示順を変更したときに、ページの階層が変わった場合は、59ページの方法でページの階層を指定します。

ヒント

リンクを設定する

ジンドゥークリエイターの有料プランをお使いの場合は、ナビゲーションからほかのホームページへ移動するリンクを設定できます。それには、リンクを設定するページの[外部リンク]をクリックし、リンク先を指定します。

補足

ナビゲーションの位置について

ナビゲーションの表示位置は、選択しているレイアウトによって異なります(136ページ参照)。

1 56ページの方法で、
ナビゲーションの編集画面を表示します。

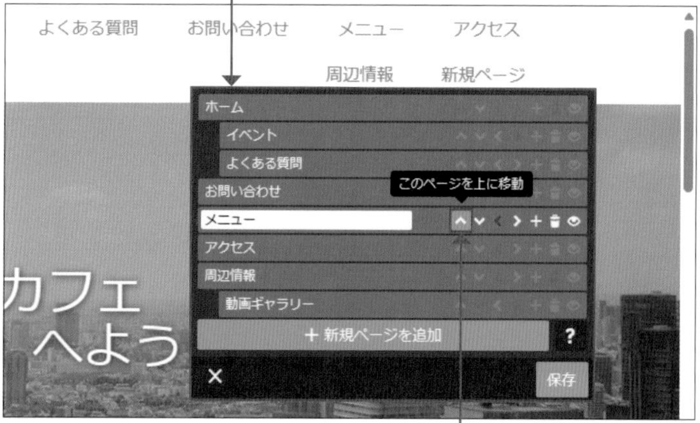

2 上に移動したいページの
[このページを上に移動] をクリックします。

3 ページが上に移動しました。

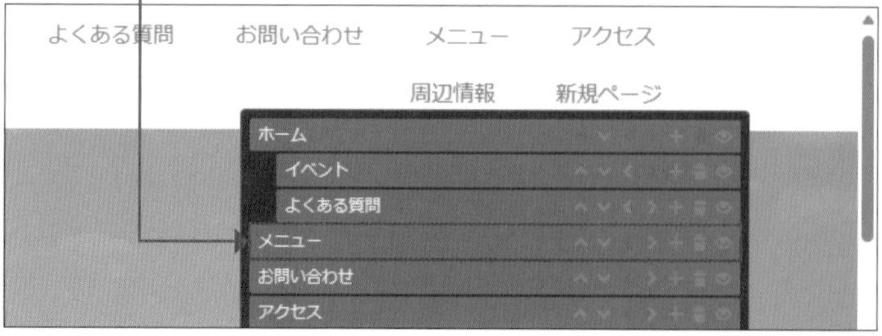

2 ページを下に移動する

ヒント
プレビュー表示で確認する

編集画面でナビゲーションを操作すると、[ナビゲーションの編集]の文字が表示されます。[ナビゲーションの編集]の文字を表示させずにメニューの動作を確認するには、画面をプレビュー表示に切り替えて操作するとよいでしょう（37ページ参照）。

ヒント
ページをコピーする

ジンドゥーの有料プランでは、既存のページをコピーして利用することもできます。ナビゲーションの編集画面でコピーするページの横の[このページをコピー]をクリックします。

1 56ページの方法で、ナビゲーションの編集画面を表示します。

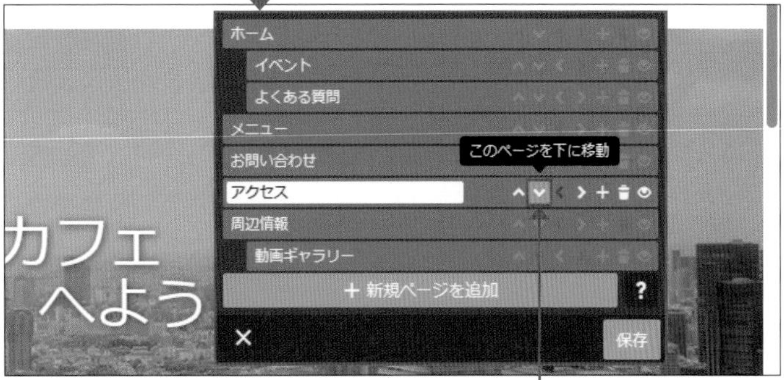

2 下に移動したいページの[このページを下に移動]をクリックします。

3 ページが下に移動します。[このページを下に移動]を何度かクリックして配置を調整します。

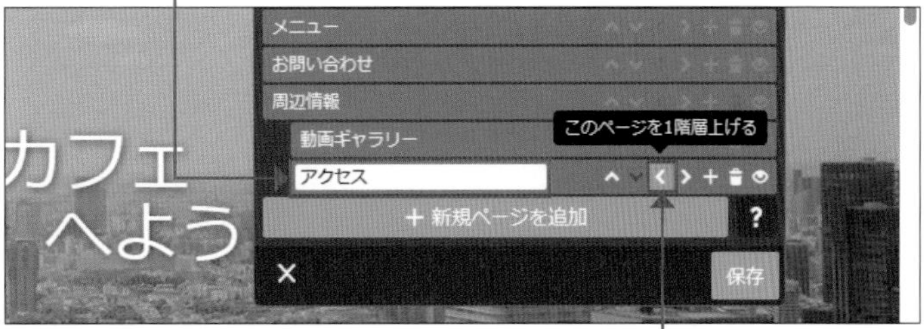

4 [このページの階層を上げる]をクリックします。

5 同様にしてほかのページの配置順を調整します。

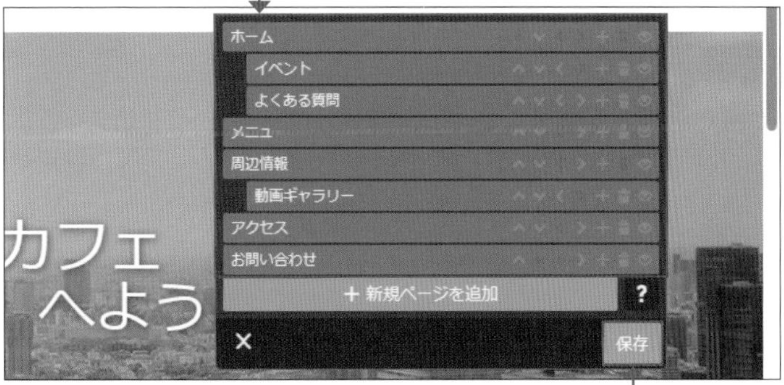

6 [保存]をクリックします。

Section

21 ページタイトルを付けよう

ここで学ぶこと

- ページタイトル
- パフォーマンス
- SEO

ホームページを表示したときには、ブラウザーのタイトルバーやタブに、「ページの名前」+「ジンドゥーでホームページを作成したときに指定したURL」+「ページ！」の文字が表示されます。これらの文字は変更できます。ホームページの内容がわかるように変更しましょう。

① 設定画面を表示する

解説

ページタイトルを変更する

ページタイトルを変更するには、管理メニューの[パフォーマンス]－[SEO]をクリックして設定画面を開きます。

重要用語

ページタイトル

ページタイトルとは、ページを開いたときにタイトルバーやタブに表示される文字のことです。ページをお気に入りに登録したときにもこの名前が表示されます。また、ホームページが検索されたときの検索結果にも表示されますので、多くの人にページを見てもらえるようにわかりやすい内容を指定しておきましょう。なお、ホームページのタイトルの文字を入力するページタイトル（42ページ参照）とは異なりますので混同しないように注意しましょう。

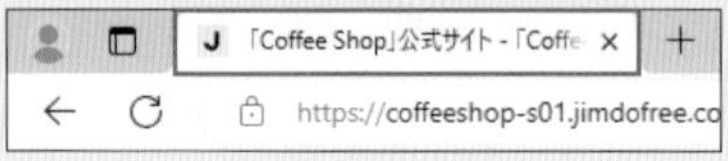

1 管理メニューの[パフォーマンス]をクリックします。

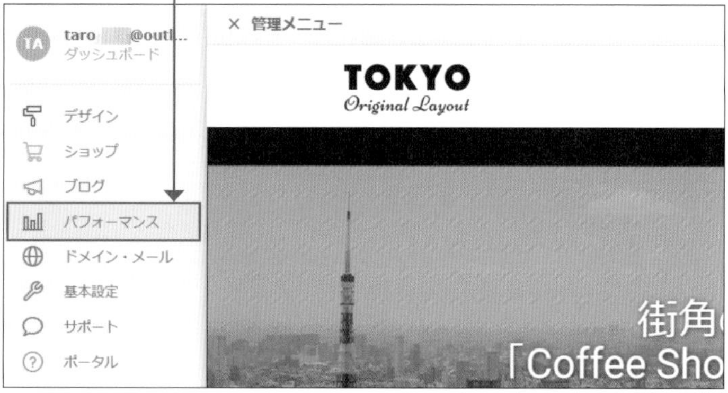

2 [SEO]をクリックします。

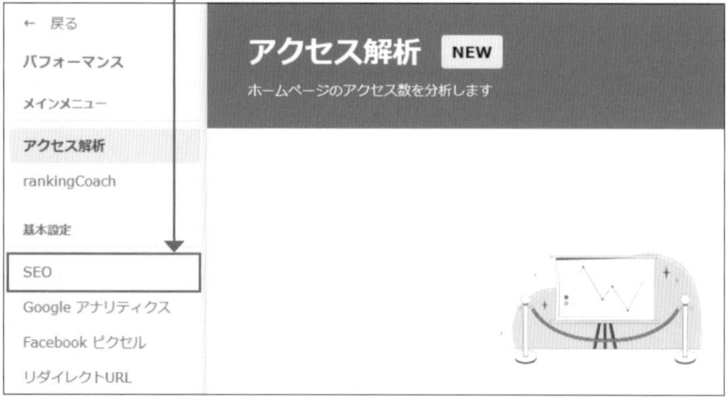

3 ページを作ろう

② ページタイトルを指定する

解説

トップページのタイトル

[SEO]の設定画面の[ホーム]の[ページタイトル]を指定すると、ホームページのトップページにあたる「ホーム」のページを表示するときのページタイトルが指定されます。

解説

各ページのページタイトルを変更する

[SEO]の設定画面の[ホームページ]の[ページタイトル]を指定すると、各ページを開いたときのページタイトルが設定されます。トップページの場合は、手順2で指定した「トップページのタイトル」と「指定した文字」、トップページ以外のページは、「ページ名」と「指定した文字」がハイフンで区切られて表示されます。

応用技

ファビコンを設定する

ファビコンとは、ページタイトルの横や、お気に入りに登録したときのページタイトルの横に表示される絵柄のアイコンです。アイコンを変更するには、管理メニューの[基本設定]－[共通項目]－[ファビコン]をクリックして事前に用意したアイコンの画像をアップロードします。

1 [ホーム]をクリックします。

2 [ページタイトル]欄にページタイトルを入力します。

3 [ページ概要]欄にページの概要を入力します。

4 [保存]をクリックします。

5 [ホームページ]をクリックします。

6 [ページのタイトル]を入力します。

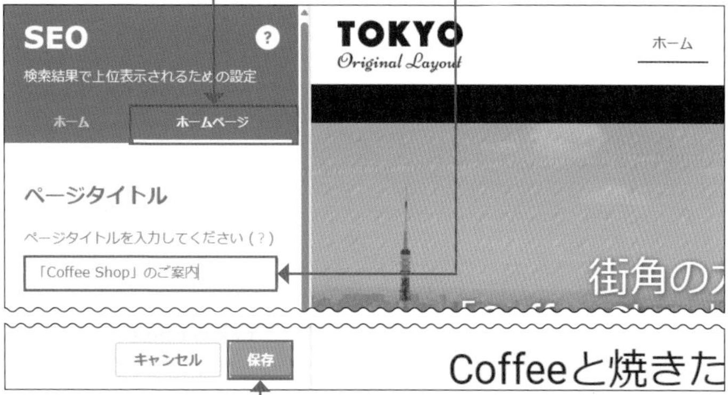

7 [保存]をクリックします。

Section
22 ページにパスワードを設定しよう

ここで学ぶこと
- パスワード
- パスワード保護領域
- 基本設定

不特定多数の人に見られたくないページには、ページにパスワードを設定しておくとよいでしょう。パスワードを知らない人はページを見られなくなります。なお、パスワードでページを保護しても、ヘッダーやサイドバーの内容は表示されます。

1 設定画面を表示する

解説

パスワード保護領域を指定する

パスワード保護領域を指定するには、管理メニューの［基本設定］をクリックして設定画面を開きます。

応用技

準備中モード

ジンドゥークリエイターの有料プランをお使いの場合は、ホームページ作成中などに、準備中モードを使用してホームページを非公開にできます。準備中モードは、管理メニューの［基本設定］－［プライバシー・セキュリティ］－［準備中モード］から設定します。

重要用語

パスワード保護領域

パスワード保護領域は、ページを表示するためのパスワードを指定するときに設定します。ハスワード保護領域の名称やパスワード、パスワードで保護するページを指定します。

1 管理メニューの［基本設定］をクリックします。

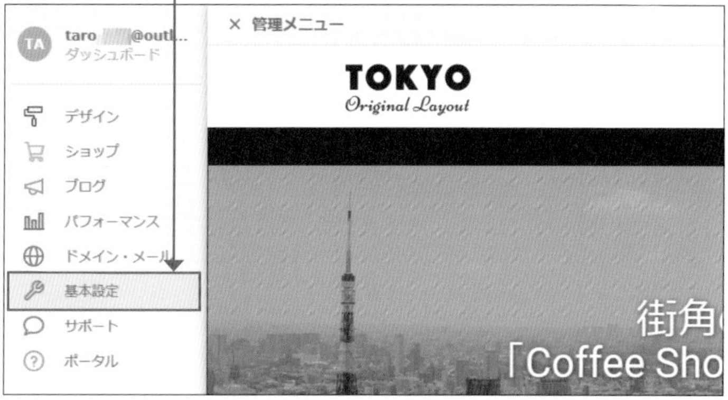

2 ［パスワード保護領域］をクリックします。

② パスワード保護領域を指定する

解説

パスワード保護領域の内容を指定する

パスワード保護領域の名前やパスワード、保護するページを指定しましょう。パスワード保護領域の名前は3～100文字、パスワードは3～30文字で付けます。

ヒント

パスワード保護領域について

パスワード保護領域の設定画面には、以下のような注意メッセージが表示されます。内容を確認しましょう。

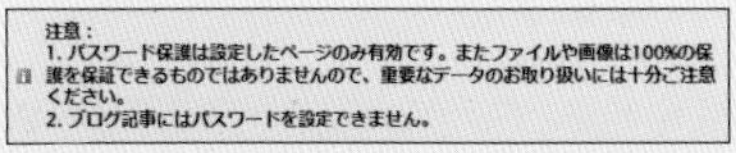
注意：
1. パスワード保護は設定したページのみ有効です。またファイルや画像は100%の保護を保証できるものではありませんので、重要なデータのお取り扱いには十分ご注意ください。
2. ブログ記事にはパスワードを設定できません。

ヒント

パスワードで保護されたページを見る

パソコンやスマートフォンのブラウザーで自分のホームページを閲覧するとき、パスワードで保護されたページを開こうとすると、次のような画面が表示されます。パスワードを入力して［ログイン］をクリックするとページの内容が表示されます。パスワードを忘れた場合は、ホームページの編集画面に切り替え、パスワード保護領域画面を表示して、手順7の画面で確認します。

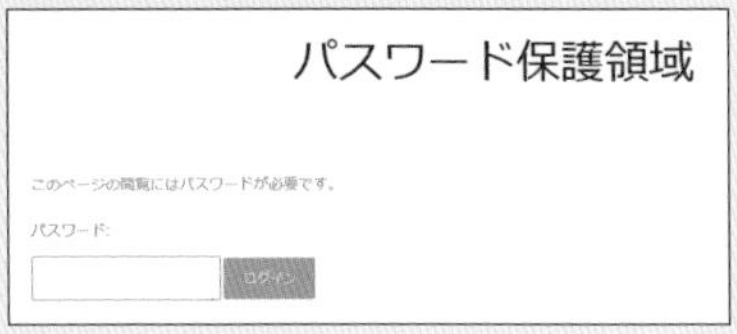

1 パスワードを設定する画面が開きます。

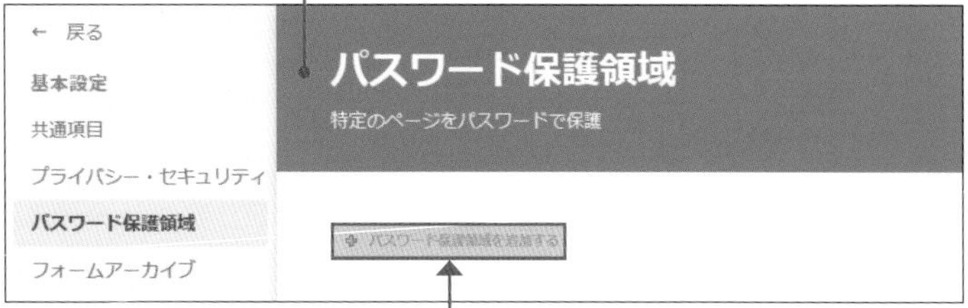

2 ［パスワード保護領域を追加する］をクリックします。

3 パスワード保護領域の名前を入力します。

4 パスワードを入力します。

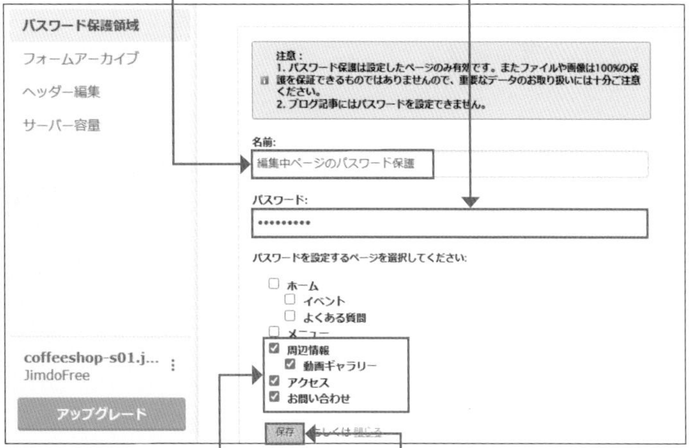

5 パスワードで保護するページにチェックを付けます。

6 ［保存］をクリックします。

7 パスワード保護領域が追加されました。

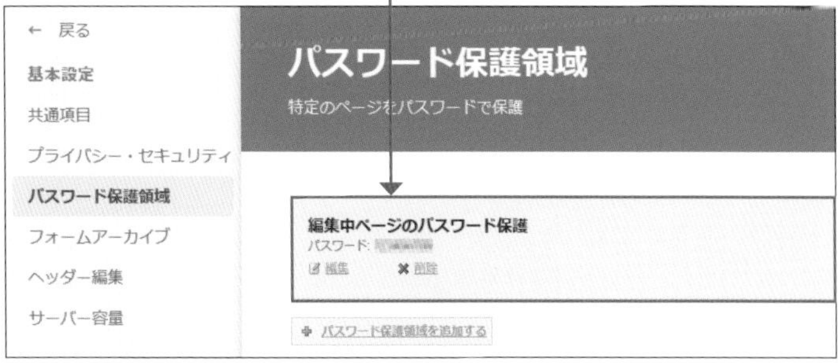

Section
23 ログインパスワードを変更しよう

ここで学ぶこと

- パスワード
- ログイン
- ログアウト

自分のホームページを編集するには、ホームページにログインする必要があります。ログイン時のパスワードは、28ページで紹介したようにアカウントの登録時に設定しますが、あとで変更することもできます。ここでは、ログイン時のパスワードを変更してみましょう。

1 設定画面を表示する

解説

パスワードを変更する

パスワードの変更は、アカウント設定の画面から行います。アカウントの設定画面は、ダッシュボード、または、ホームページ一覧の画面から表示します。画面右上の[アカウント]をクリックして[アカウント設定]をクリックします。

重要用語

パスワード

ログインパスワードは、ホームページにログインするときに入力するものです。ホームページにログインすると、ページを編集できるようになります。

1 管理メニューの[ダッシュボード]をクリックします。

2 [アカウント]をクリックします。

3 [アカウント設定]をクリックします。

② ログインパスワードを変更する

解説

パスワードを変更する

パスワードを新しく設定します。新しいパスワードは8文字以上で、英字と数字、記号を組み合わせて指定します。

補足

パスワードを忘れた場合

パスワードを忘れてしまった場合は、パスワードを入力するログイン画面で[パスワードをお忘れですか？]をクリックします。216ページの方法で、パスワードを再設定します。

ヒント

ログインの表示を非表示にする

ジンドゥークリエイターの有料プランをお使いの場合は、ホームページの[ログイン]の表示を非表示にすることもできます（33ページのヒント参照）。

1 アカウントの設定画面が開きます。

2 [パスワード変更]をクリックします。

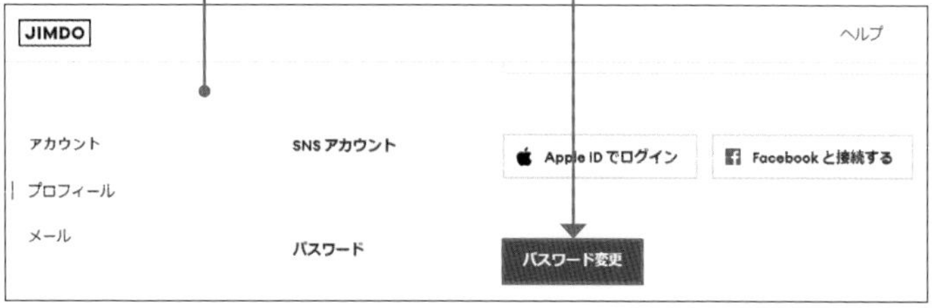

3 現在のパスワードを入力します。

4 新しく設定するパスワードを入力します。

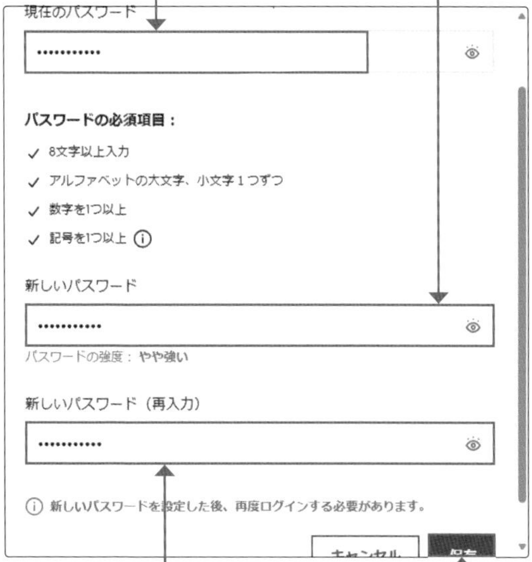

5 もう一度同じパスワードを入力します。

6 [保存]をクリックします。

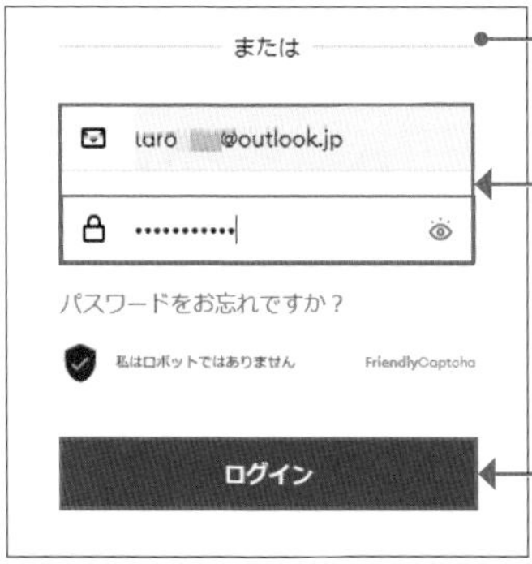

7 ログイン画面が表示されます。

8 [メールアドレス]と[パスワード]を入力します。

9 [ログイン]をクリックしてログインし直します。

③ ログアウトする

解説

ログアウトする

ホームページにログインしている状態から抜けるには、ログアウトします。ログアウトすると、ホームページの編集ができなくなります。編集を行うにはホームページにログインします。

ヒント

編集画面からログアウトする

ログインした状態で編集画面を表示している場合は、画面下の[ログアウト]をクリックして**1**、ログアウトすることもできます。

1 クリックします。

1 34ページの方法で、ダッシュボードまたはホームページ一覧の画面を表示します。

2 [アカウント]をクリックします。

3 [ログアウト]をクリックします。

4 ログアウトできました。

5 再度ログインする場合は、[ログイン]をクリックします。続いて表示される画面でメールアドレスやパスワードを入力してログインします。

第 4 章

コンテンツを追加しよう

Section 24　コンテンツを追加・削除しよう
Section 25　コンテンツを移動しよう
Section 26　表を作成しよう
Section 27　水平線や余白を追加しよう
Section 28　Googleマップを表示しよう
Section 29　ファイルのダウンロードボタンを設置しよう
Section 30　Googleカレンダーを表示しよう
Section 31　Instagramの写真を表示しよう
Section 32　いろいろなアドオンを使おう
Section 33　コンテンツを横並びに表示しよう
Section 34　ブログを作ってみよう

Section

24 コンテンツを追加・削除しよう

ここで学ぶこと

- コンテンツ
- コピー
- 削除

これまで紹介してきたように、ジンドゥーでは、見出しや文章などのコンテンツを追加して内容を記述できます。コンテンツは、コピーすることもできますので、似たような内容を追加するときは、コピーすると効率よく作業を進められます。また不要なコンテンツは削除しましょう。

1 コンテンツを追加する

解説

コンテンツを追加する

コンテンツを追加するには、コンテンツを追加する場所にマウスカーソルを合わせ、表示される［コンテンツを追加］を選択します。ページにコンテンツがひとつも無い場合は、［コンテンツを追加］をクリックします。

解説

表示されていないコンテンツを表示する

手順4で［…その他のコンテンツ＆アドオン］をクリックすると、表示されていないコンテンツが表示されます。

ヒント

サイドバーにも追加できる

コンテンツは、サイドバーにも追加できます。サイドバーに追加した内容は、全ページに表示されます。

1 コンテンツを追加するページを選択し、コンテンツを追加する場所にマウスカーソルを合わせます。

2 ［コンテンツを追加］と表示されたらクリックします。

3 追加できる項目の一覧が表示されます。

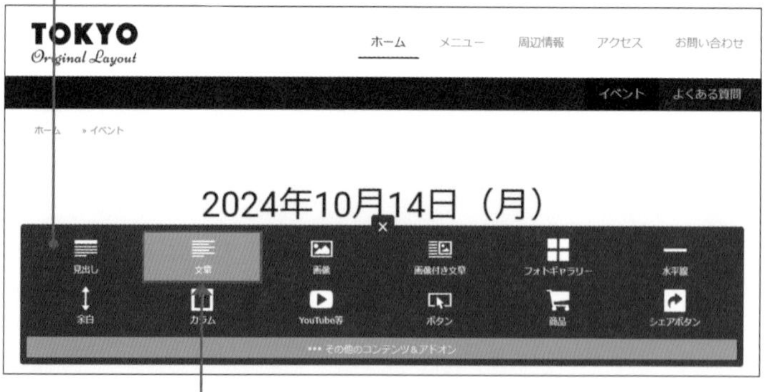

4 追加するコンテンツの種類をクリックします。

2 内容を保存する

解説

編集画面を閉じてしまったら

ほかの場所をクリックして編集画面を間違って閉じてしまった場合は、保存するコンテンツをクリックして編集画面を表示して［保存］をクリックします。

応用技 コンテンツやアドオンの種類

コンテンツには、次のようにさまざまな種類があります。追加したいコンテンツを選びましょう。また、アドオンを利用すると、さまざまなサービスを利用した便利なツールを追加できます。

見出し	見出しの追加（44ページ参照）。
文章	文字や文章の追加（46ページ参照）。
画像	画像の追加（110ページ参照）。
画像付き文章	画像付きの文章の追加（114ページ参照）。
フォトギャラリー	画像の一覧の表示（118ページ参照）。
水平線	水平線の追加（80ページ参照）。
余白	余白の追加（81ページ参照）。
カラム	複数の列を並べて表示（102ページ参照）。
YouTube等	You Tubeの動画などの追加（172ページ参照）。
ボタン	リンク先ページへ移動するボタンの追加。
商品	ショップ機能での商品の追加。
シェアボタン	FacebookボタンやX（旧Twitter）ボタンなどの表示。
Google マップ	Googleマップの追加（82ページ参照）。
ファイルダウンロード	ダウンロードボタンの追加（84ページ参照）。
ゲストブック	訪問者からのコメント受け付け。
商品カタログ	ショップ機能での、商品カタログ表示。

ウィジェット / HTML	ほかの人が作ったホームページ上で動作する簡易アプリケーションソフト（ウィジェット）などの追加。
フォーム	お問い合わせなどのメッセージの受け取り。
表	表の追加（76ページ参照）。
Facebook	Facebookの「いいね！」ボタンの表示（166ページ参照）。
Twitter	X（旧Twitter）のフォローボタンの表示（168ページ参照）。
RSSフィード	ほかのホームページの更新情報（RSSフィード）などの表示。
メルマガ登録フォーム	Benchmarkのサービスを利用した、メルマガ登録フォームの表示。
カスタム検索	Googleのカスタム検索エンジンを使用した検索機能の表示。
Googleカレンダー	Googleカレンダーの表示（86ページ参照）。
Instagramフィード	Instagramに投稿した写真の表示（90ページ参照）。
PDF埋め込み	PDFファイルの埋め込み表示。
予約ボタン	Coubicのサービスを利用した、予約ボタンの表示。
POWr Form	POWRを使用したアンケートなどのフォーム表示。
Social Icon Buttons	POWRを使用したソーシャルメディアのアイコン表示。
Countdown Timer	POWRを使用したカウントダウンタイマー表示。
Popup Window	POWRを使用したポップアップメッセージ表示。
Comments & Reviews	POWRを使用したコメントなどのメッセージ表示。
POWr Slider	POWRを使用した、画像や動画などの連続表示。
POWr Gallery	POWRを使用した、画像などの表示。
Hit Counter	POWRを使用した、訪問者数などのヒットカウンター表示。
FAQ	POWRを使用した、よくある質問などの表示。
POWr Ecommerce	POWRを使用した、商品やサービスなどの販売を行うしくみの設置。
Payment Button	POWRを使用した商品やサービスなどの支払いを行えるしくみの設置。
Multi-Location Map	POWRを使用した地図の表示。
Live Chat	POWRを使用した問い合わせなどを行うチャット機能の設置。
Tabs	POWRを使用した、タブで整理したコンテンツの表示。
More Plugins	POWRを使用したほかのプラグインの追加。

3 コンテンツをコピーする

解説

コンテンツをコピーする

既存のコンテンツと似たような内容のコンテンツを作るには、コンテンツをコピーして利用するとよいでしょう。内容を手早く作成することができて便利です。

ヒント

Cookie バナーについて

ジンドゥーで作成したホームページを表示したときに、Cookiの利用に同意するかを問うCookieバナーが表示される場合があります。Cookieの使用に同意しないと、動画や一部のコンテンツなどは表示できない場合があります。ジンドゥークリエイターでは、管理メニューの［基本設定］→［プライバシー・セキュリティ］の［プライバシーポリシー］タブの［Cookieの使用］でCookieについての通知の設定を確認できます。また、［COOKIE］タブで、Cookieポリシーという Cookieの利用に関する説明を指定できます。

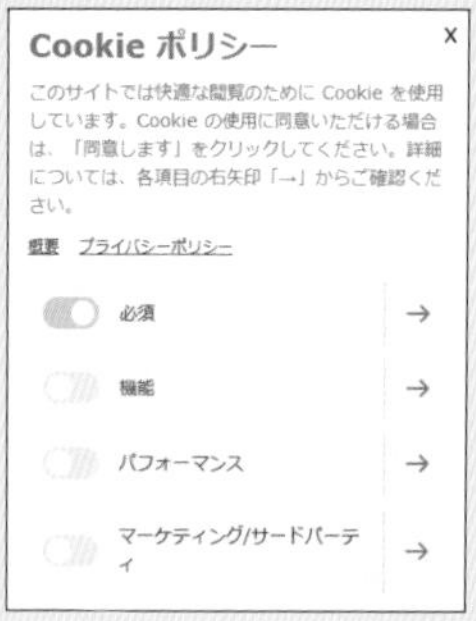

1 コピーするコンテンツにマウスカーソルを合わせます。

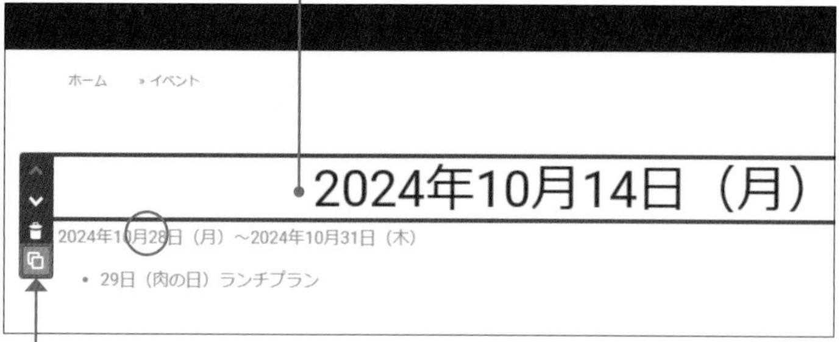

2 ［コンテンツをコピー］をクリックします。

3 コンテンツがコピーされました。

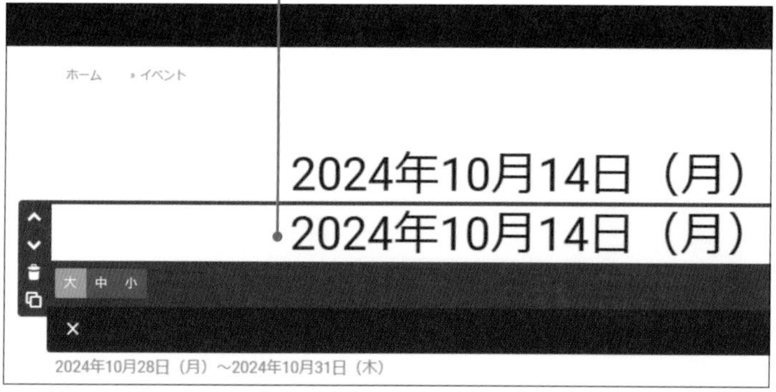

4 コンテンツの内容を修正します。

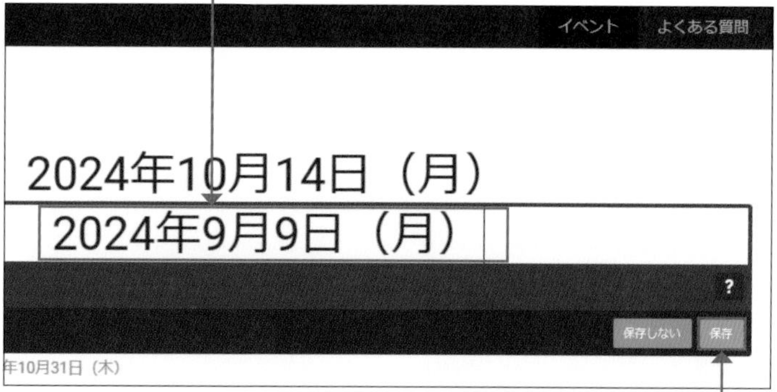

5 ［保存］をクリックします。

4 コンテンツを削除する

1 削除するコンテンツにマウスカーソルを合わせます。

2 ［コンテンツを削除］をクリックします。

3 メッセージが表示されます。

4 ［はい、削除します］をクリックします。

5 コンテンツが削除されました。

ヒント

削除するのをやめる

コンテンツを削除すると、復元することはできません。コンテンツを削除するのをやめるには、確認メッセージの［キャンセル］をクリックします。

ヒント

Cookieの利用に同意しない場合

Cookieの使用に同意しなくても、ホームページは表示されますが、動画や一部のコンテンツなどは表示されずに、以下のようなメッセージが表示される場合があります。Cookieの使用に同意するかどうかは、以下のようなメッセージのリンクや、ジンドゥーのホームページを表示したときに表示されるCookieバナーで指定できます。

Section

25 コンテンツを移動しよう

ここで学ぶこと

- コンテンツ
- 移動
- 一時保存

コンテンツの表示順を変更する方法を知りましょう。コンテンツを上または下に移動する場合は、左側のボタンを使います。ドラッグして移動する場合は、右側の矢印をドラッグします。ほかのページに移動する場合は、ページの上部の保存場所に一時保存して移動先を指定します。

1 ドラッグ操作で移動する

ヒント

コンテンツを上または下に移動する

コンテンツを上、または下に移動するには、コンテンツにマウスカーソルを合わせて、左側に表示されるボタンをクリックする方法もあります。

コンテンツを上に移動します。

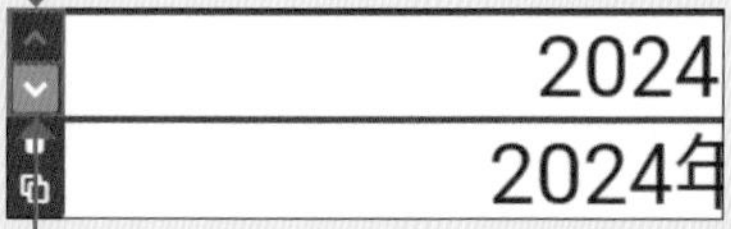

コンテンツを下に移動します。

1 移動するコンテンツにマウスカーソルを合わせます。

2 矢印の部分をドラッグして移動先を指定します。

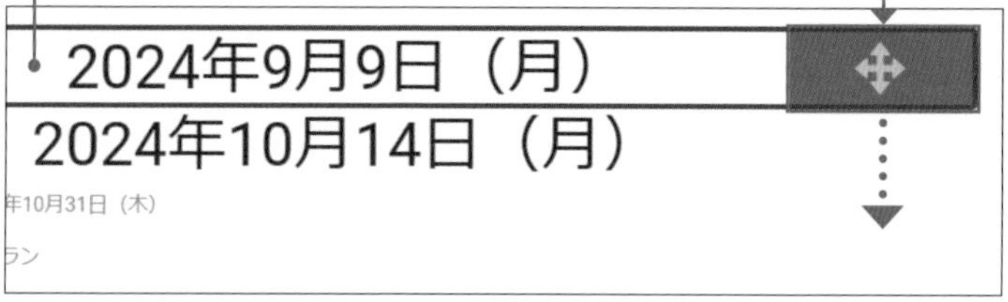

3 移動先を示す線を確認してドロップ（マウスの左ボタンから指を離す）します。

4 コンテンツが移動しました。

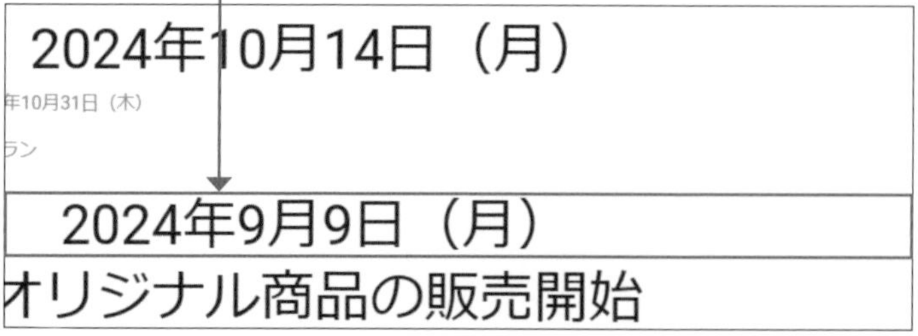

② ほかのページに移動する

解説

ほかのページへ移動する

コンテンツをほかのページへ移動するには、ページの上部の保存場所にコンテンツを一時的に保存します。ページを切り替えてコンテンツの移動先を指定します。

1 移動するコンテンツにマウスカーソルを合わせます。

2 矢印の部分をドラッグします。

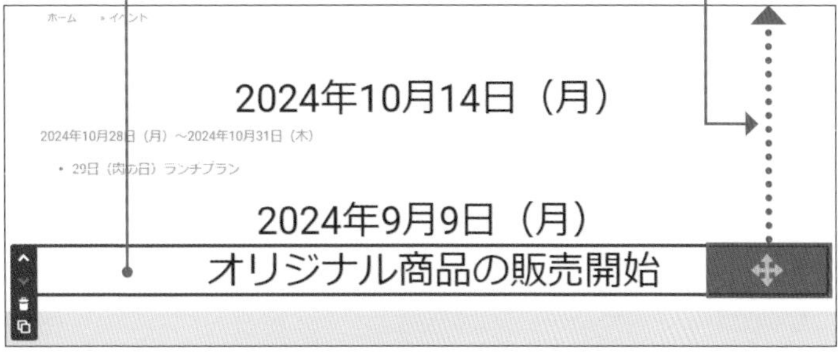

3 画面上部の［移動したいコンテンツをここで一時保存する］にドロップ（マウスから指を離す）します。

4 ページの上部の保存場所に一時的に移動しました。

5 ナビゲーションをクリックして移動先のページを表示します。

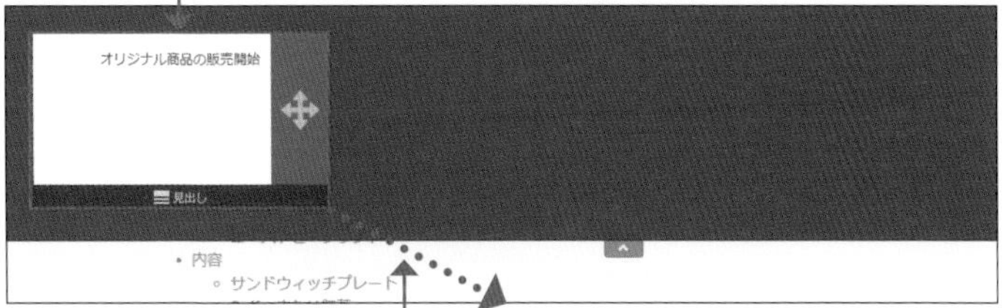

6 ページの上部の保存場所にあるコンテンツを移動先へドラッグします。

7 移動先を示す枠を確認してドロップ（マウスから指を離す）します。

8 コンテンツが移動しました。

ヒント

複数のコンテンツを保存できる

コンテンツの一時保存場所へは、複数のコンテンツを保存しておくことができます。複数のコンテンツをほかのページに移動させる場合は、複数のコンテンツを一時的に保存してから操作しましょう。

ヒント

一時保存の領域を非表示にする

一時保存の領域は非表示にすることもできます。操作の邪魔になる場合は、下のボタンをクリックします**1** **2**。

1 非表示にします。

2 表示します。

Section
26 表を作成しよう

ここで学ぶこと

- 表
- セル
- 罫線

表を追加して細かい情報を整理して表示します。ここでは、お店の情報を表にまとめます。なお、表の列や行はあとから追加したり削除したりできます。表のマス目をひとつにまとめることも可能です。また、表の罫線を表示するなど表の見た目を変える方法を知りましょう。

① 表を追加する

解説

表を追加する

表を追加すると2行2列の表が表示されます。行や列はあとから追加・削除ができます。

1 表を追加する場所にマウスカーソルを合わせます。

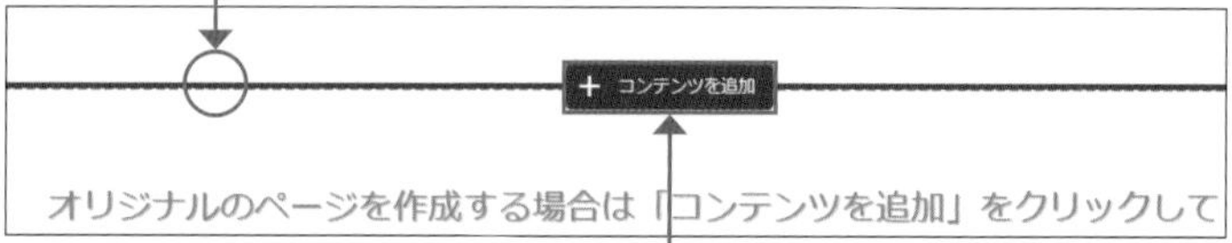

2 ［コンテンツを追加］と表示されたらクリックします。

3 追加できる項目の一覧が表示されます。

4 ［…その他のコンテンツ&アドオン］をクリックします。

5 ［表］をクリックします。

2 表に文字を入力する

解説

文字を入力する

表のマス目のことをセルといいます。セルをクリックするとカーソルが表示されます。各セルをクリックして文字を入力しましょう。

ヒント

文字の書式を変更する

表内の文字は、太字にしたり色をつけたりすることができます。文字をドラッグして選択したあと1、飾りの内容を指定しましょう2。

1 ドラッグして選択します。

2 クリックします。

解説

文字の配置を変更する

表内の文字をセルの中央に揃えるには、対象のセルを選択して1、［中央］をクリックします2。［中央］が表示されていない場合は、…［オプション］をクリックして表示します。

1 ドラッグして選択します。

2 クリックします。

1 表の中をクリックします。

2 文字を入力します。

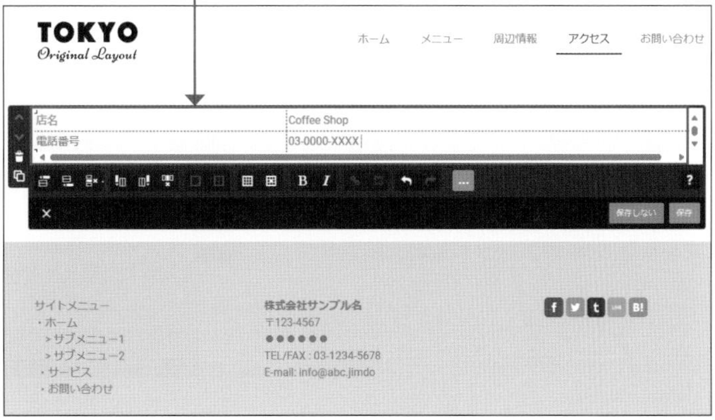

③ 行や列を追加・削除する

解説

行や列の数を変更する

行や列を削除するには、削除する行や列を選択して［行を削除］または［列を削除］をクリックします。行や列を追加するには、追加する行や列に隣接するセルをクリックして［行を追加］［列の追加］をクリックします。

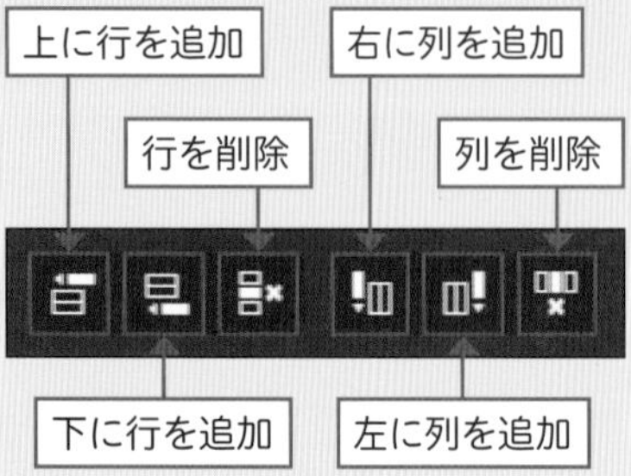

ヒント

操作を元に戻す

［やり直す］をクリックすると、操作をする前の状態に戻すことができます。間違って行や列を削除してしまった場合などは、慌てずに［やり直す］をクリックしましょう**1**。

1 クリックします。

ヒント

セルを結合する

複数のセルをひとつにまとめるには、セルを選択して、［セルを結合］をクリックします。また、結合したセルを複数に分割するにはセルを選択し、［セルの結合を解除］をクリックします。

1 追加する行や列に隣接するセルをクリックします。

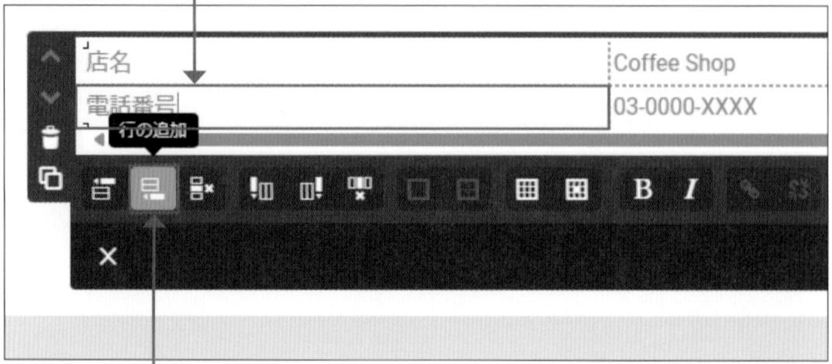

2 ［行の追加］をクリックします。

3 行が追加されました。

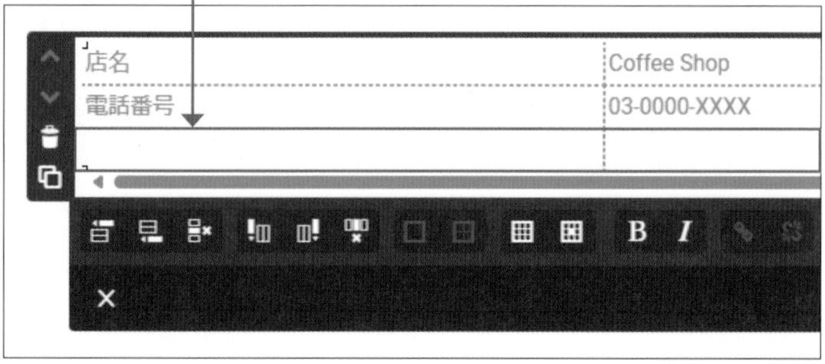

4 追加した行に文字を入力します。

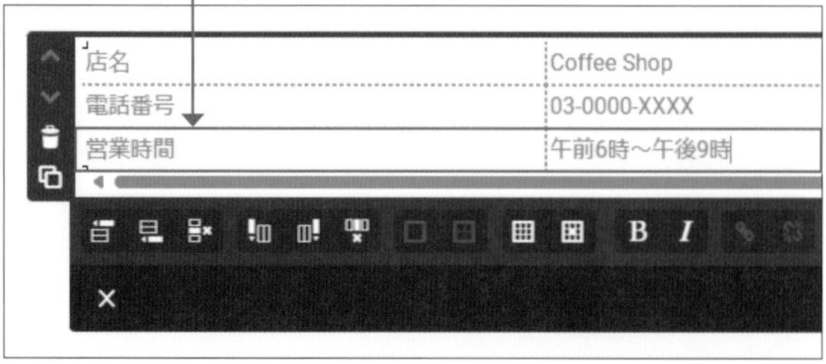

4 罫線を表示する

解説

表の外側に罫線を引くには

表の周囲に罫線を引くには、表内をクリックして[表のプロパティ]をクリックします。[表のプロパティ]画面で罫線の色や罫線のサイズを指定します。

ヒント

セルに色を付ける

セルに色を付けるには、色をつけるセルを選択して[セルのプロパティ]をクリックします。[セルのプロパティ]画面の[背景色]欄をクリックして色を指定します。

ヒント

列の幅や行の高さを指定する

列の幅や行の高さを変更するには、セル選択して[セルのプロパティ]をクリックします。[セルのプロパティ]画面が表示されたら、列の幅を[幅]欄に入力し、行の高さ[高さ]欄に入力します。いずれもピクセル(px)単位で指定します。

ヒント

表全体の幅を変更する

表全体の幅を変更するには、表をクリックし、外枠に表示されるハンドルをドラッグします1。

1 ドラッグします。

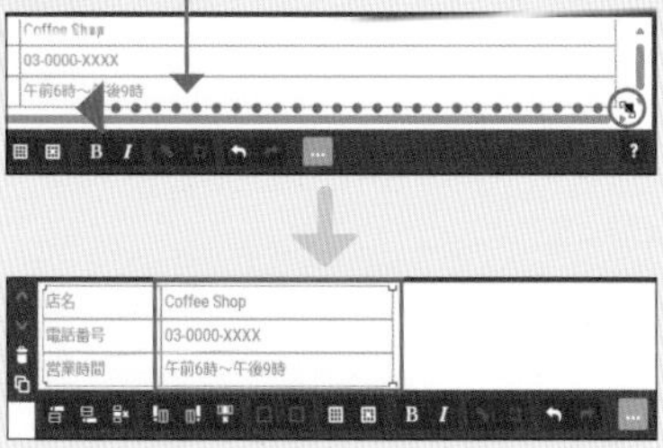

1 表内のセルをドラッグして選択します。

2 [セルのプロパティ]をクリックします。

3 [セルのプロパティ]画面が表示されます。

4 [罫線の色]欄をクリックして色を選択します。

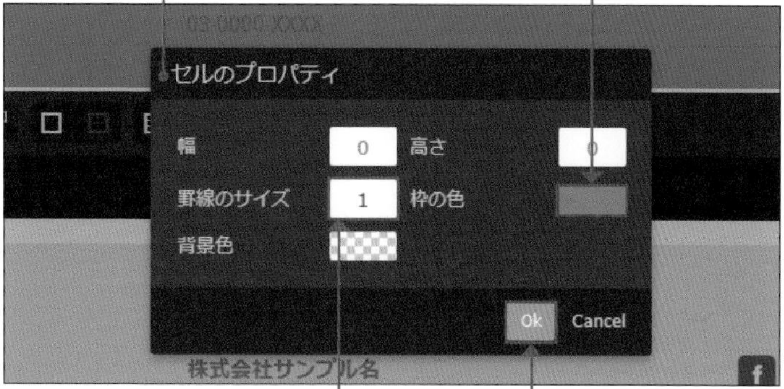

5 [罫線のサイズ]欄で線のサイズを指定します。

6 [OK]をクリックします。

7 罫線が表示されます。

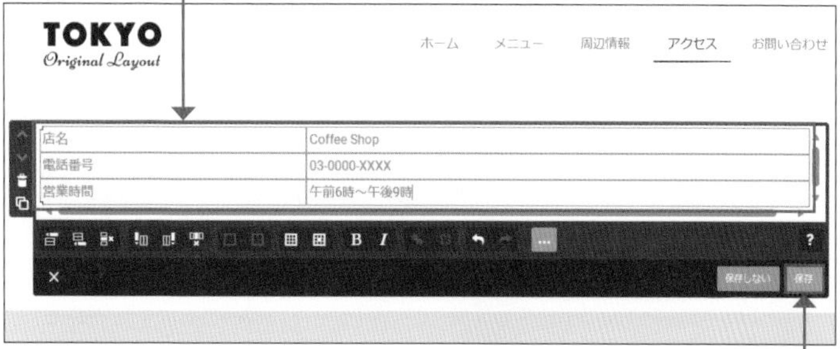

8 [保存]をクリックします。

Section

27 水平線や余白を追加しよう

ここで学ぶこと

- コンテンツ
- 水平線
- 余白

ページ内に複数のコンテンツを入れるときは、区切りの位置を明確にするため、必要に応じて水平線を利用しましょう。また、見出しの下に水平線を表示すれば、見出しを強調することもできます。また、適度な空白を入れたい場合は、余白を追加します。

1 水平線を追加する

ヒント

水平線の場所を移動する

水平線の表示位置を上または下のコンテンツに移動するには、水平線にマウスカーソルを合わせて［コンテンツを上へ移動］または［コンテンツを下へ移動］をクリックします**1**。

1 クリックします。

街のグル
毎年不定期で開催される「街のグルメフェア」へ

1 水平線を追加する場所にマウスカーソルを合わせます。

2 ［コンテンツを追加］と表示されたらクリックします。

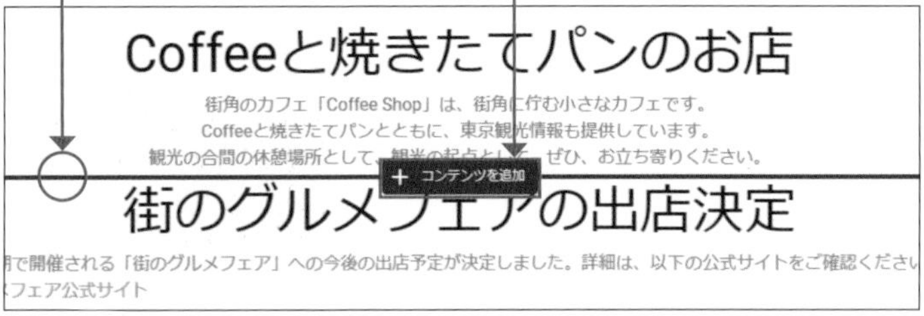
Coffeeと焼きたてパンのお店
街角のカフェ「Coffee Shop」は、街角に佇む小さなカフェです。
Coffeeと焼きたてパンとともに、東京観光情報も提供しています。
観光の合間の休憩場所として、観光の起点として、ぜひ、お立ち寄りください。
＋ コンテンツを追加
街のグルメフェアの出店決定
催で開催される「街のグルメフェア」への今後の出店予定が決定しました。詳細は、以下の公式サイトをご確認ください
メフェア公式サイト

3 追加できる項目の一覧が表示されます。

4 ［水平線］をクリックします。

Coffeeと焼きたてパンのお店
街角のカフェ「Coffee Shop」は、街角に佇む小さなカフェです。
Coffeeと焼きたてパンとともに、東京観光情報も提供しています。
観光の合間の休憩場所として、観光の起点として、ぜひ、お立ち寄りください。
見出し
文章
画像
画像付き文章
フォトギャラリー
水平線
余白
カラム
YouTube等
ボタン
商品
シェアボタン
••• その他のコンテンツ&アドオン

5 水平線が表示されます。

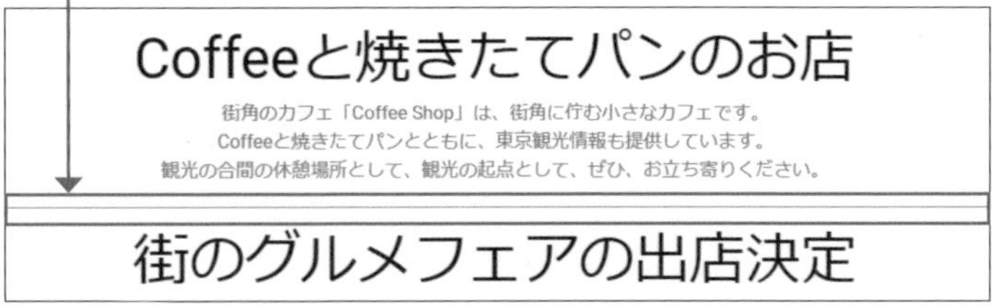
Coffeeと焼きたてパンのお店
街角のカフェ「Coffee Shop」は、街角に佇む小さなカフェです。
Coffeeと焼きたてパンとともに、東京観光情報も提供しています。
観光の合間の休憩場所として、観光の起点として、ぜひ、お立ち寄りください。
街のグルメフェアの出店決定

② 余白を追加する

1 余白を追加する場所にマウスカーソルを合わせます。

2 ［コンテンツを追加］と表示されたらクリックします。

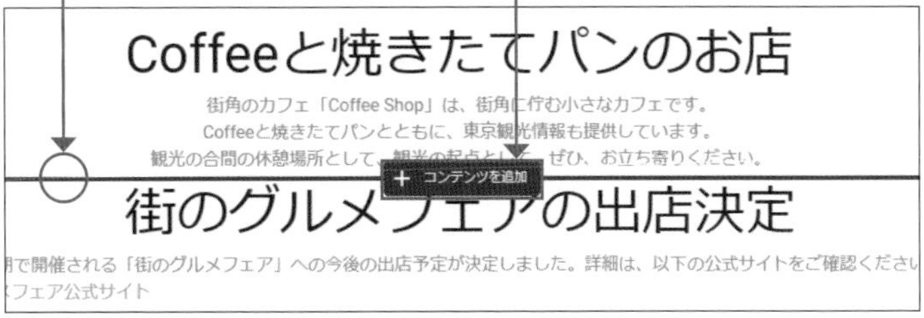

3 追加できる項目の一覧が表示されます。

4 ［余白］をクリックします。

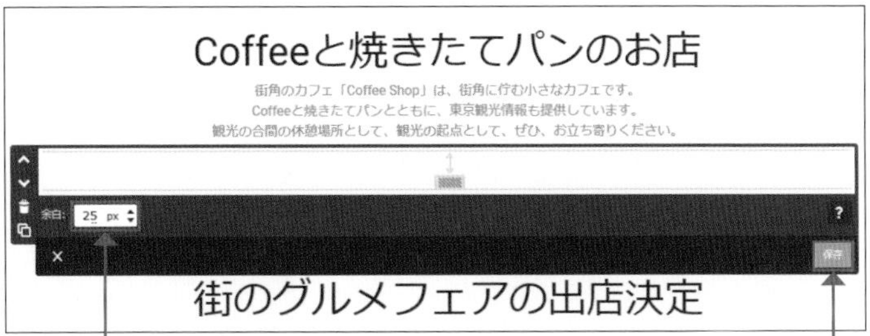

5 余白の大きさを指定します。

6 ［保存］をクリックします。

7 余白が追加されます。

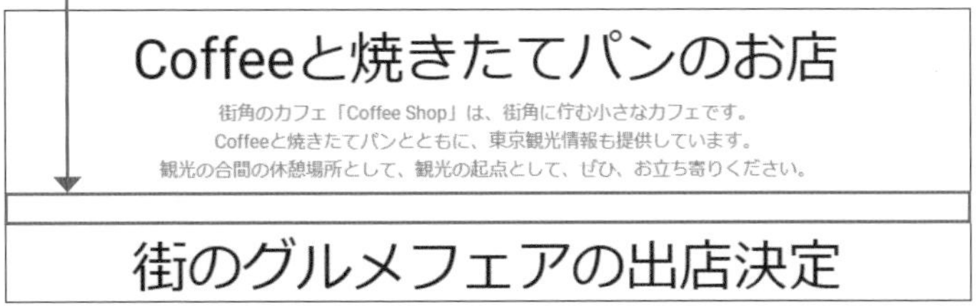

ヒント

水平線を削除する

水平線を削除するには、水平線にマウスカーソルを合わせます。左側に表示されるボタンから［コンテンツを削除］をクリックします1。確認メッセージが表示されたら［はい、削除します］をクリックします2。

1 クリックします。

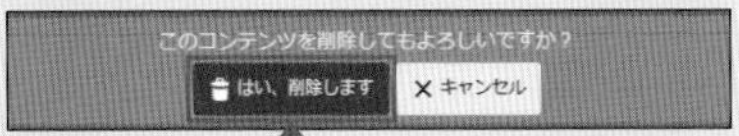

2 クリックします。

ヒント

水平線をコピーする

水平線をコピーして利用するには、コピーする水平線にマウスカーソルを合わせます。左に表示される［コンテンツをコピー］をクリックすると1、水平線がコピーされて下に表示されます。

1 クリックします。

ヒント

水平線を移動する

水平線を移動するには、水平線にマウスカーソルを合わせて、矢印の部分をドラッグします1。

1 ドラッグします。

Section

28 Googleマップを表示しよう

ここで学ぶこと

- コンテンツ
- Googleマップ
- 地図

ホームページに地図を表示するには、Googleマップを追加する方法があります。この場合、自分で地図の画像などを用意する必要はありません。地図の場所は、住所を指定するだけでかんたんに表示できます。会社や店舗のアクセス情報などを表示するときに利用すると便利です。

1 Googleマップを追加する

重要用語

Googleマップ

Googleマップは、Google社が提供する地図のページをホームページに貼り付けるときに使います。住所を入力するだけで目的の地図を表示できます。

解説

地図の場所を表示する

地図を表示したあとは、プレビュー画面に切り替えて、地図の上をドラッグすると地図の表示場所をずらすことができます。なお、Cookieの利用に同意しないと地図が見られないので注意します（72ページ参照）。

1 Googleマップを追加する場所にマウスカーソルを合わせます。

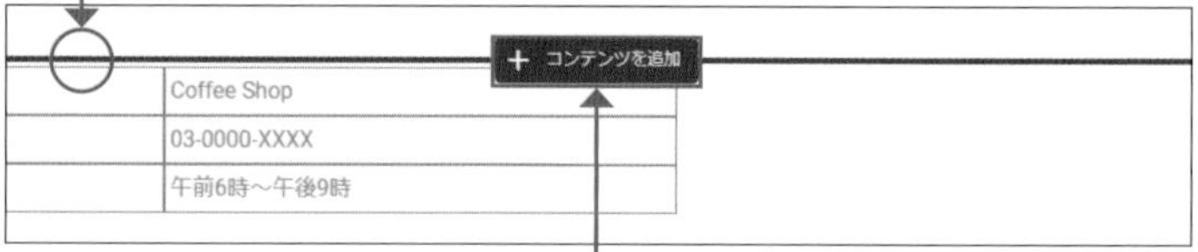

2 ［コンテンツを追加］と表示されたらクリックします。

3 追加できる項目の一覧が表示されます。

4 ［…その他のコンテンツ＆アドオン］をクリックします。

5 ［Googleマップ］をクリックします。

2 地図の表示場所を指定する

ヒント
拡大／縮小表示

地図を拡大したり縮小したりして表示するには、プレビュー画面に切り替えて、地図の右下のボタンをクリックします1。

1 クリックします。

ヒント
大きく表示する

地図を大きく拡大して表示には、プレビュー画面で[拡大地図を表示]をクリックします1。すると、新しいタブに地図が表示されます。

1 クリックします。

1 地図が表示されます。

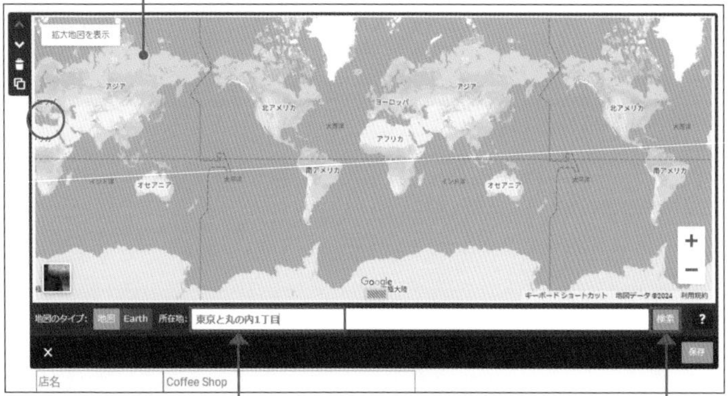

2 表示する場所の住所を入力します。

3 ［検索］をクリックします。

4 検索した住所の地図が地図が表示されます。

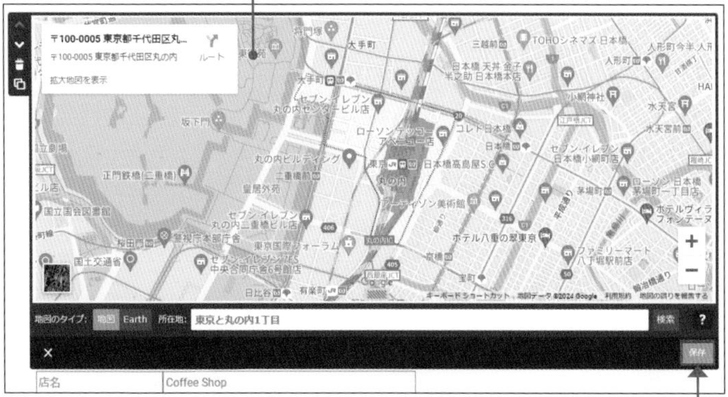

5 ［保存］をクリックします。

6 地図が表示されました。

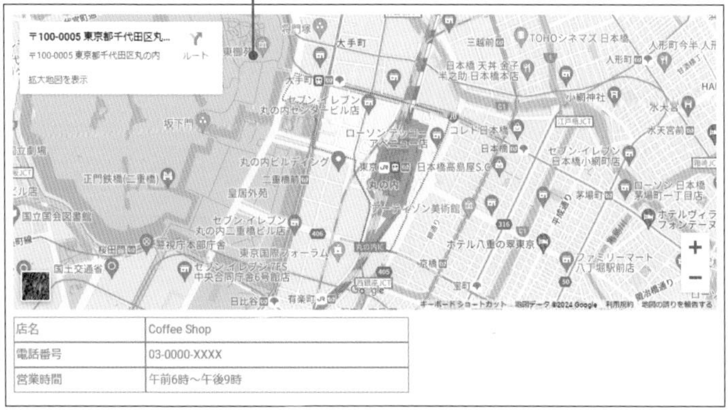

Section

29 ファイルのダウンロードボタンを設置しよう

ここで学ぶこと

- コンテンツ
- ダウンロード
- ファイル

ホームページ訪問者がホームページからファイルをダウンロードできるようにするには、ファイルのダウンロードボタンを追加します。ボタンをクリックしたときにダウンロードするファイルを指定しましょう。また、ダウンロードするファイルに関するメモなども指定できます。

1 ダウンロードボタンを追加する

ヒント

ファイルの種類

ダウンロードボタンを追加したあとは、ダウンロードできるようにファイルをアップロードします。ジンドゥークリエイターの無料版でアップロードできるファイルの種類は、PDFファイル、JPEGファイル、などがあります。有料版では、音声ファイルや、WordやExcel、PowerPointファイルなどさまざまなファイルをアップロードできます。詳しくは、ジンドゥーのサポートセンターのページを参照してください。アップロードできるファイルの拡張子を確認できます。

1 ダウンロードボタンを追加する場所にマウスカーソルを合わせます。

2 ［コンテンツを追加］と表示されたらクリックします。

3 追加できる項目の一覧が表示されます。

4 ［…その他のコンテンツ&アドオン］をクリックします。

5 ［ファイルダウンロード］をクリックします。

② ファイルを指定する

ヒント

ファイルのダウンロードを確認する

ファイルがダウンロードできるか確認するには、プレビュー画面に切り替えます。ファイルのアイコンまたは［ダウンロード］をクリックします1。Windows11でEdgeを使用している場合、メッセージが表示されます。「ダウンロード」フォルダーにファイルが保存されます。

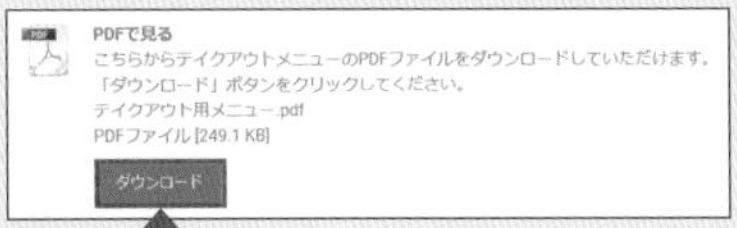

1 クリックします。

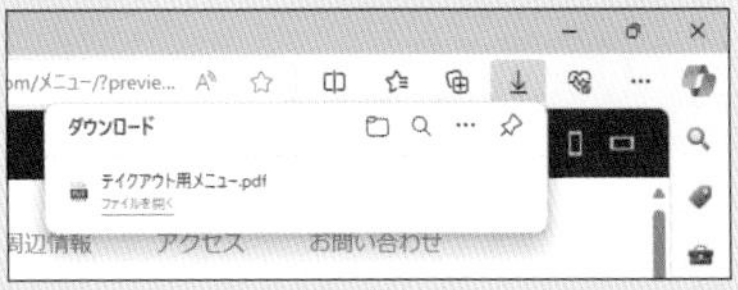

1 ［ここへファイルをドラッグしてください］をクリックします。

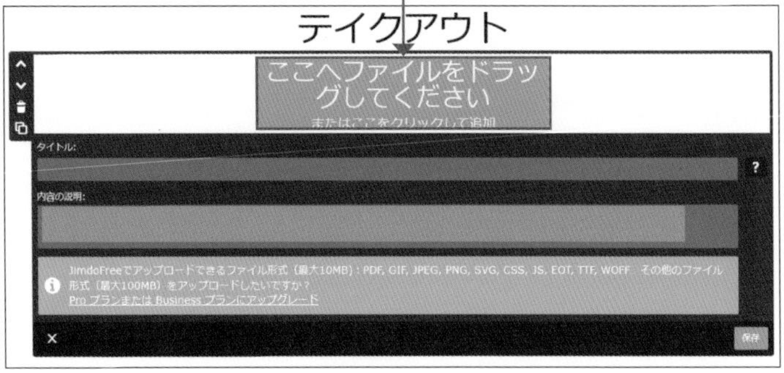

2 アップロードするファイルを選択します。

3 ［開く］をクリックします。

4 ［タイトル］を入力します。

5 ［内容の説明］を入力します。

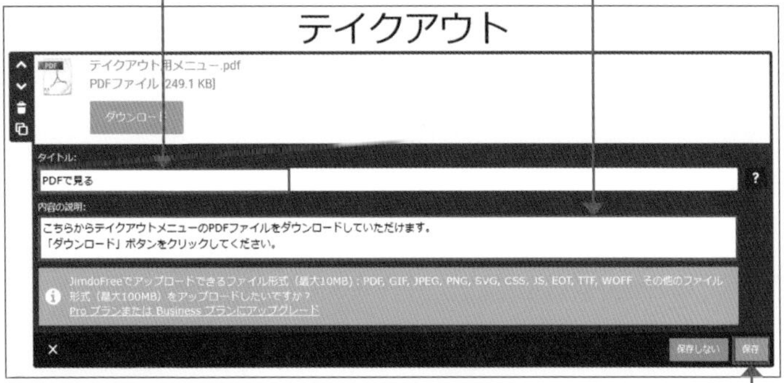

6 ［保存］をクリックします。

補足

ボタンの色

ダウンロードボタンの色は、選択しているレイアウトなどによって異なります。

Section

30 Googleカレンダーを表示しよう

ここで学ぶこと

- Google カレンダー
- 予定
- アドオン

ホームページにカレンダーを表示して予定を伝えるには、アドオンの一覧からGoogleカレンダーを追加する方法があります。Googleアカウントを作成し、Googleカレンダーに予定を入力してホームページで公開しましょう。最新の予定を伝えられて便利です。

1 Googleカレンダーを指定する

解説

Googleカレンダーを追加する

ホームページ内にカレンダーを表示して予定を公開するには、Googleが提供するGoogleカレンダーを使用します。Googleカレンダーを作成するページを開いて内容を指定します。

1 カレンダーを追加する場所にマウスカーソルを合わせます。

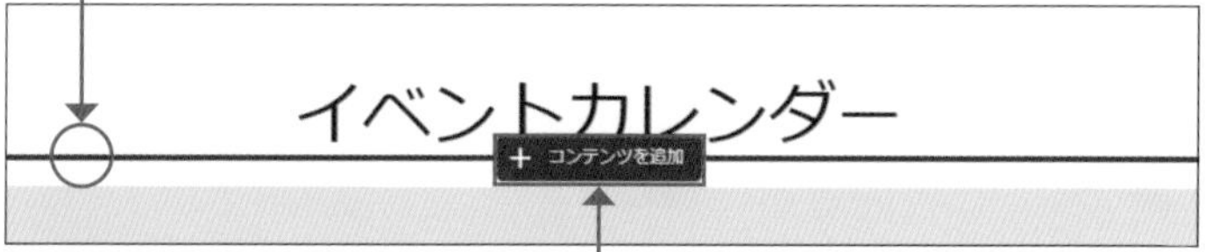

2 ［コンテンツを追加］と表示されたらクリックします。

3 追加できる項目の一覧が表示されます。

4 ［…その他のコンテンツ&アドオン］をクリックします。

5 ［Googleカレンダー］をクリックします。

2 Googleカレンダーを表示する準備をする

解説

一般公開する

Googleカレンダーホームページを一般公開すると、誰でもカレンダーを見られるようになりますので注意が必要です。Googleアカウントでは、複数のカレンダーを作成できますので、公開用のカレンダーを作成して利用するとよいでしょう。

ヒント

Googleのアカウント

Googleカレンダーを使用するには、Googleのアカウントを作成してログインします。Googleアカウントを作成していない場合は、180ページの方法でアカウントを取得します。既にGoogleアカウントにログインしている場合は、Googleカレンダーのページが表示されます。

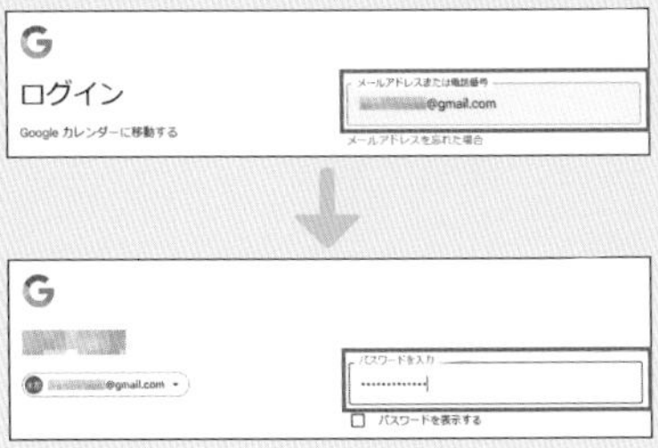

1 [Googleカレンダー]をクリックします。

2 「ようこそ」の画面が表示された場合は、[OK]をクリックして画面を閉じます。

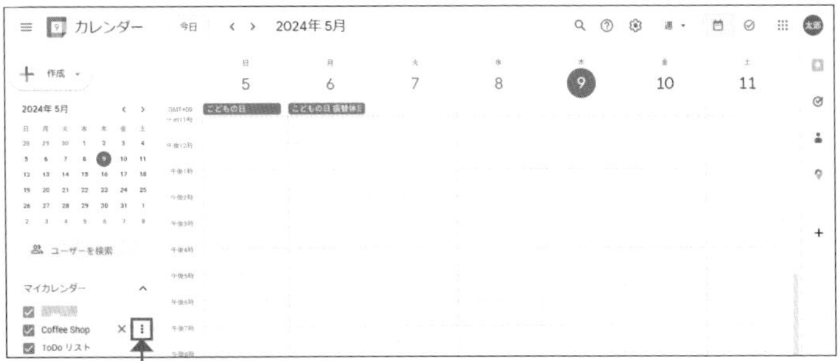

3 公開するカレンダーの横をクリックします。

4 [設定と共有]をクリックします。

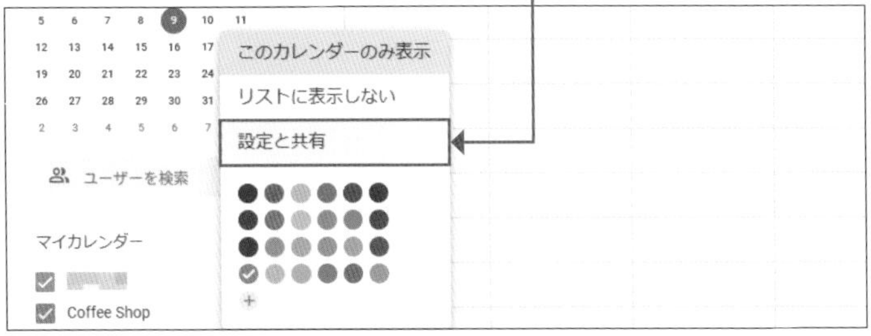

5 [予定のアクセス権限]をクリックします。

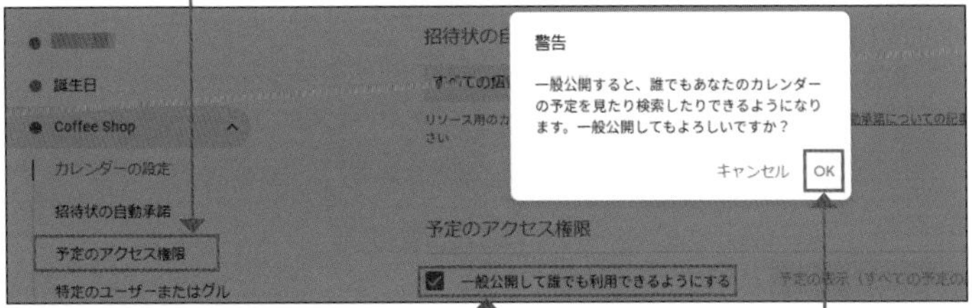

6 [一般公開して誰でも利用できるようにする]をクリックします。

7 警告メッセージが表示されたら、[OK]をクリックします。

③ Googleカレンダーを表示する

解説

Googleカレンダーの表示方法について

Googleカレンダーをホームページに表示するとき、表示内容を指定できます。下の画面で[カスタマイズ]をクリックし❶、表示する項目をチェックして指定できます。変更後は、コードをコピーしてジンドゥーのGoogleカレンダーに貼り付けます。

1 クリックします。

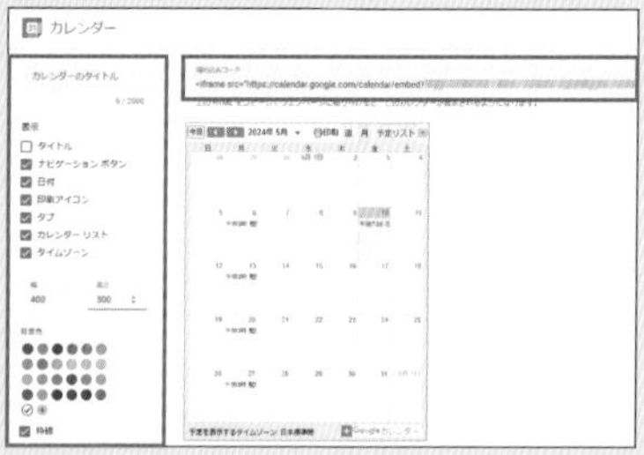

1 Googleカレンダーのページで公開するカレンダーの横をクリックします。

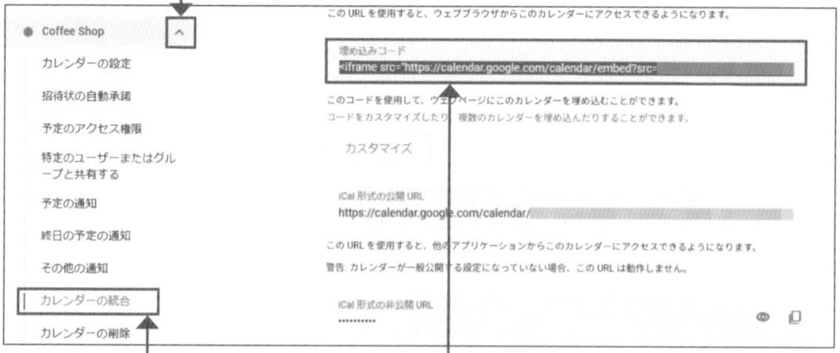

2 [カレンダーの統合]をクリックします。

3 [埋め込みコード]のコードをドラッグして選択します。

4 Ctrl + C キーを押してコピーします。

5 ジンドゥーの編集画面に切り替えます。

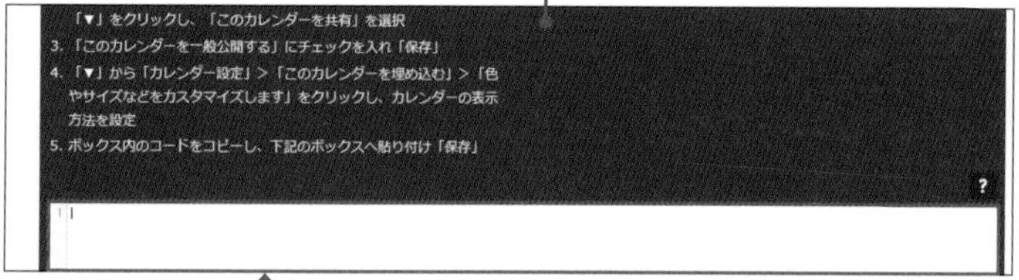

6 Googleカレンダーの下の枠内をクリックします。

7 Ctrl + V キーを押してコードを貼り付けます。

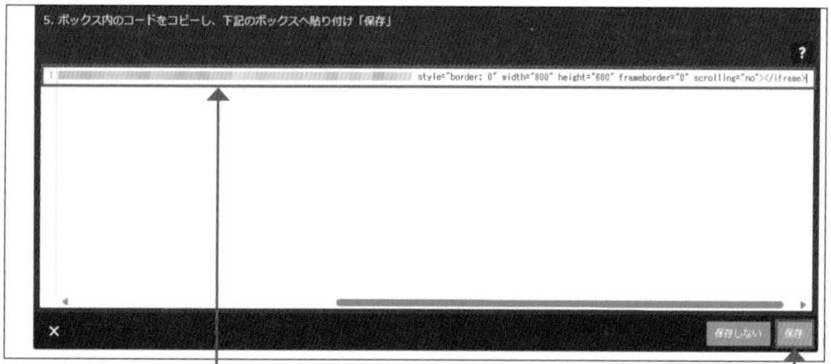

8 コードが貼り付けられました。

9 [保存]をクリックします。

10 カレンダーが表示されます。

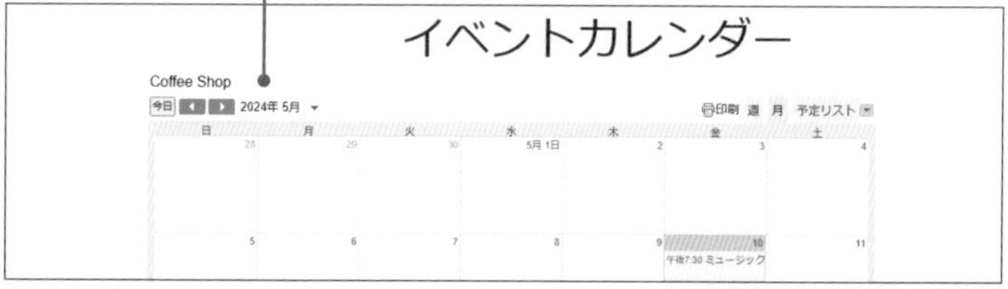

4 Googleカレンダーの表示を確認する

ヒント

予定を追加する

予定を追加するには、Googleのホームページにログインしてカレンダーを表示します。予定を追加する時間をクリックし1、予定を入力し2、追加先のカレンダーを選択して3、保存します4。

1 クリックします。

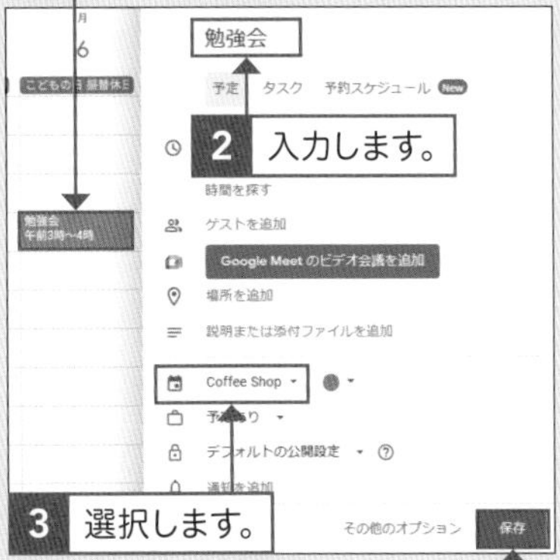

2 入力します。

3 選択します。

4 クリックします。

ヒント

定期的な予定を追加する

毎週や毎月の予定を追加するには、予定をクリックして1、編集画面を表示し2、繰り返すタイミングを指定します3。

1 クリックします。

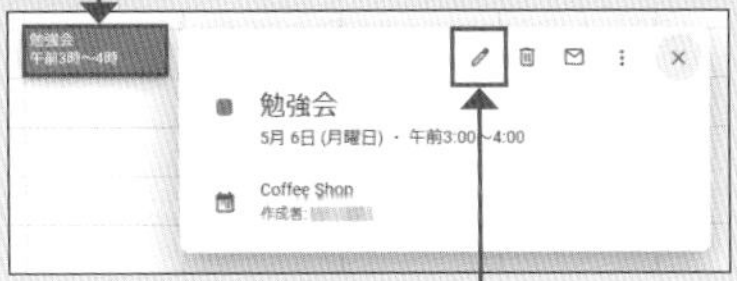

2 クリックします。

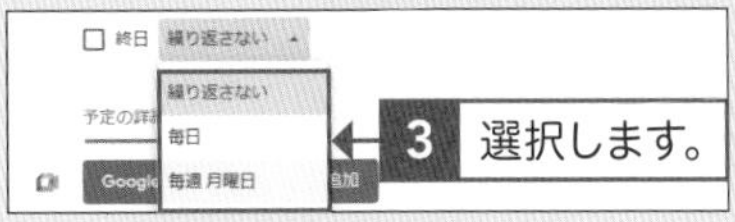

3 選択します。

1 プレビュー画面に切り替えて、カレンダーを確認します。

2 ここをクリックして
表示する月を選択します。

3 予定が表示されます。

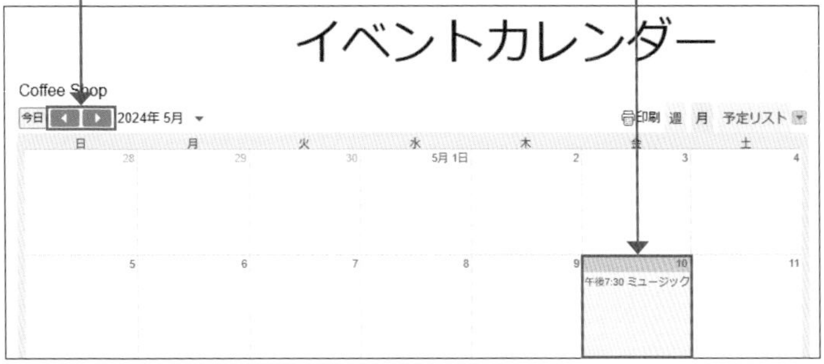

4 ［月］［週］を選択します。

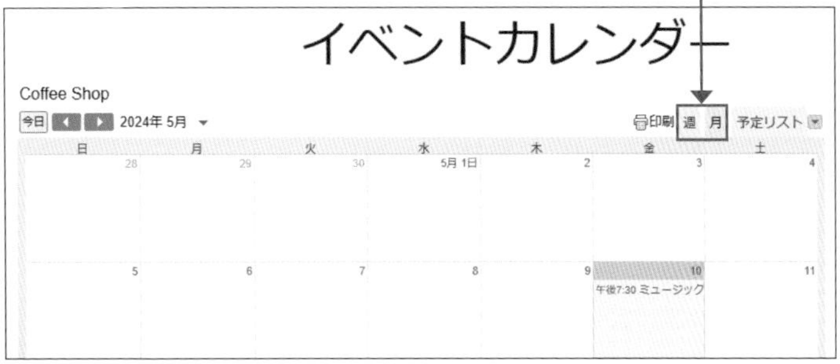

5 表示が切り替わります。

6 ここをクリックすると、Googleカレンダーのページが表示され、予定を追加できます。

Section
31 Instagramの写真を表示しよう

ここで学ぶこと
- 写真
- Instagram
- Instagram フィード

Instagramアプリで公開している写真をホームページにも表示したい場合は、POWR社が提供するアドオン[Instagramフィード]を使用する方法があります。ここでは、POWRに無料のアカウントを登録して利用します。Instagramフィードの編集画面でホームページに表示する写真の表示方法などを指定できます。

1 Instagramフィードを追加する

重要用語

Instagram

Instagramは、スマートフォンなどで撮影した写真を公開してほかの人と写真を共有するアプリです。Instagramで公開している写真をジンドゥーに表示するには、[Instagramフィード]を使用します。その方法には、単に写真を表示する方法とハッシュタグに関連した写真を表示する方法があります。ここでは、前者の方法を紹介します。

ヒント

写真を投稿しておく

Instagramアプリで公開している写真をホームページに表示するには、Instagramアプリで写真を公開しておきます。

ヒント

Instagramフィードを削除する

Instagramフィードを削除するには、73ページの方法でアドオンを削除します。Instagramフィードを削除すると、写真が非表示になります。

1 Instagramの写真を追加する場所にマウスカーソルを合わせます。

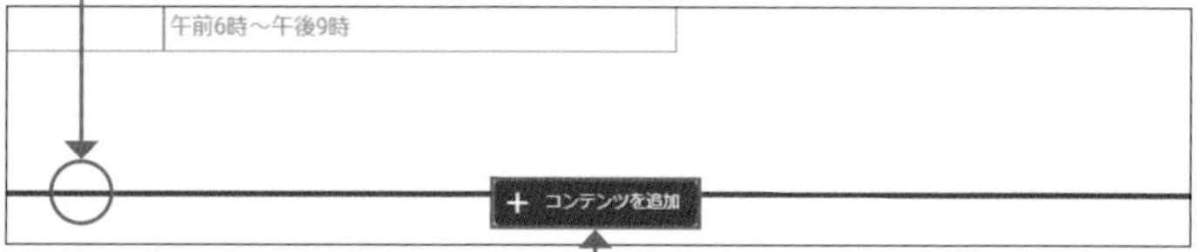

2 [コンテンツを追加]と表示されたらクリックします。

3 追加できる項目の一覧が表示されます。

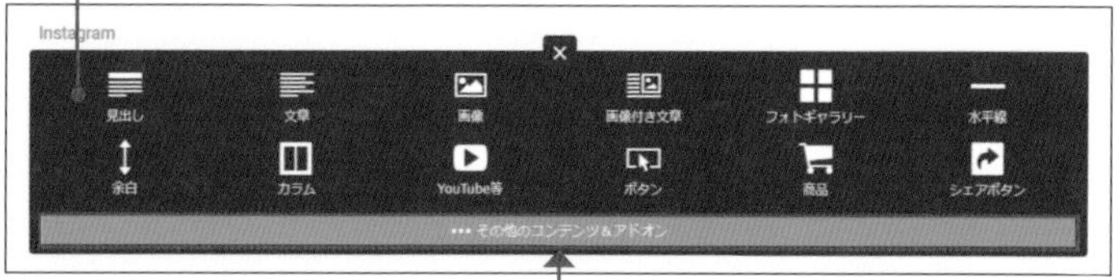

4 [•••その他のコンテンツ＆アドオン]をクリックします。

5 [Instagramフィード]をクリックします。

② コードを貼り付ける

解説

コードをコピーする

ここでは、Instagramの写真を表示するための内容をコピーして、Instagramフィードに貼り付けます。[Copy]をクリックすると、クリップボードにコード全体がコピーされます。

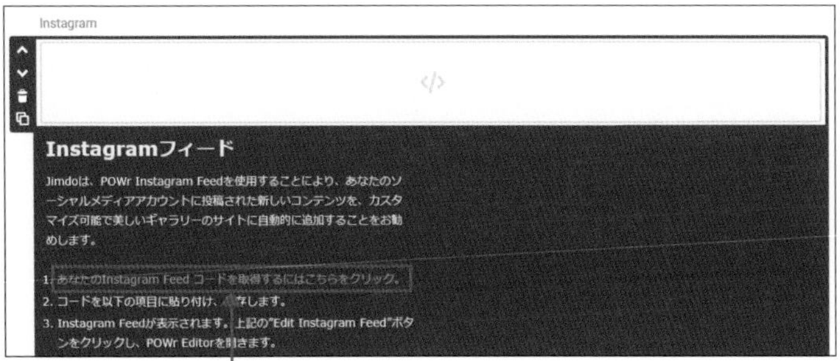

1 [あなたのInstagram Feed コードを取得するにはこちらをクリック]をクリックします。

2 表示される画面で[Copy]をクリックします。

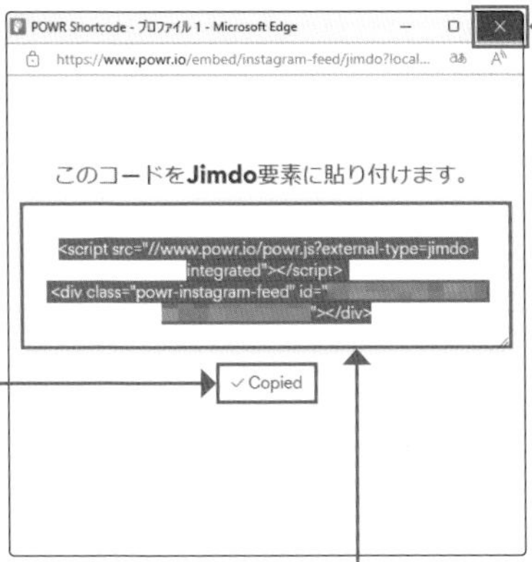

3 コードがコピーされます。

4 クリックしてウィンドウを閉じます。

5 ジンドゥーの編集画面に切り替えて、下の枠内をクリックします。

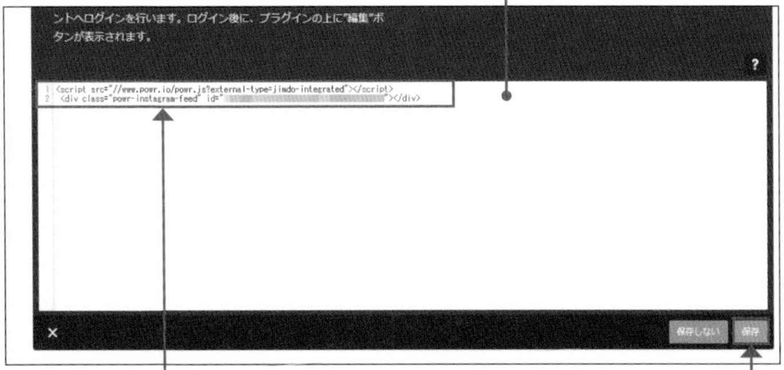

6 Ctrl + V キーを押してコードを貼り付けます。

7 [保存]をクリックします。

ヒント

コードを貼り付ける

コピーしたコードをInstagramフィードの下の枠内に貼り付けます。枠を右クリックして[貼り付け]を選択するか、枠をクリックして Ctrl + V キーを押します。

ヒント

アカウントの登録について

Instagramアプリを使用するには、アカウントを登録します。アカウントを取得していない場合は、事前にアカウントを登録しましょう。スマートフォンで撮影した写真を手軽に投稿するには、スマートフォンでInstagramアプリをダウンロードして利用します。

③ アカウントにサインインする

解説

POWRについて

POWRを使用すると、ホームページにさまざまなコンテンツを追加することができます。これらのサービスを利用するには、POWRのアカウントを作成します。POWRのアカウントがない場合は、新規に登録します。下のヒントを参照してください。

ヒント

POWRのアカウントを取得する

ジンドゥーでPOWRのInstagram Feedを使用してInstagramの写真を表示するには、POWRのアカウントを登録します。無料のアカウントを登録するには、画面右上の をクリックして、メールアドレスやパスワードを指定してアカウントを取得します。指定したアカウントに届くメールを確認し、メールアドレスの登録を完了します。アカウントの登録ができたらウィンドウを閉じて、ジンドゥーの編集画面で再度[Edit App]をクリックして操作しましょう。

1 [Edit App]をクリックします。

2 [Edit App]の下の[ライブサイトで編集]をクリックします。

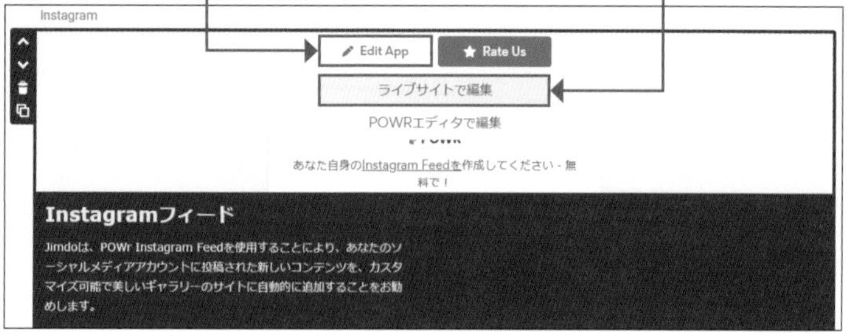

3 アカウントをクリックします。

4 ここをクリックします。

4 続きの設定をする

ヒント

POWRのアカウントについて

Instagramの写真を表示するには、POWRが提供するサービスを利用します。POWRは、無料で利用できますが無料版と有料版では、設定できる内容などが異なります。

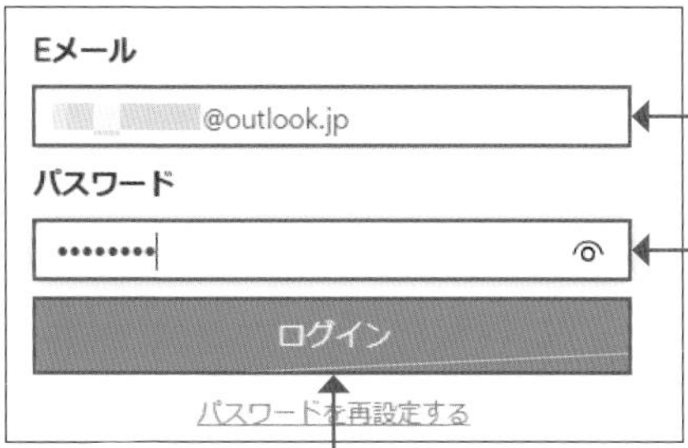

1 メールアドレスを入力します。

2 パスワードを入力します。

3 [ログイン]をクリックします。

4 アカウントが表示されます。

5 [Instagram]をクリックします。

6 アカウントの種類(ここでは、[Personal Account])を選択します。

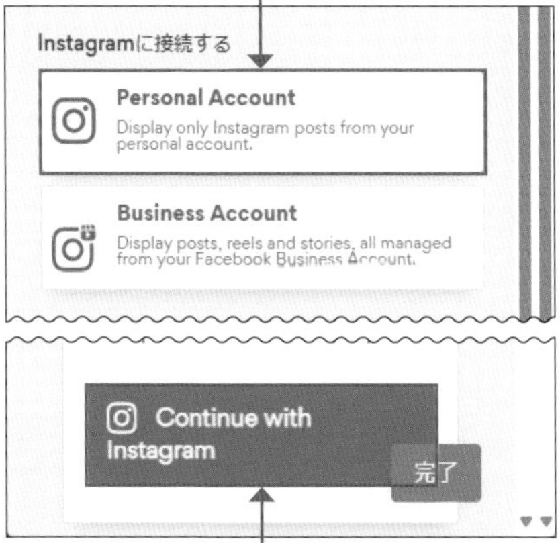

7 [Continue with Instagram]をクリックします。

5 Instagramに接続する

補足

画面が異なる場合

Instagramフィードを追加したときに表示される画面は、変更になることもあります。ジンドゥーのヘルプのページをご確認ください。

1 Instagramのメールアドレスやパスワードを入力します。

2 ［ログイン］をクリックします。

3 ログイン情報を保存するか指定します。

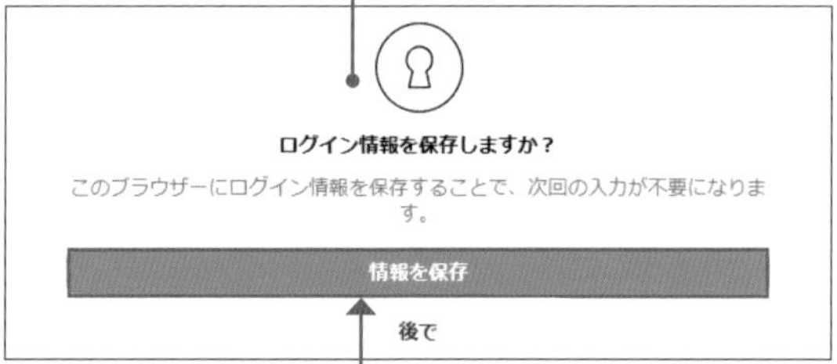

4 ここでは、［情報を保存］をクリックします。

5 アプリとウェブサイトに接続するか指定します。

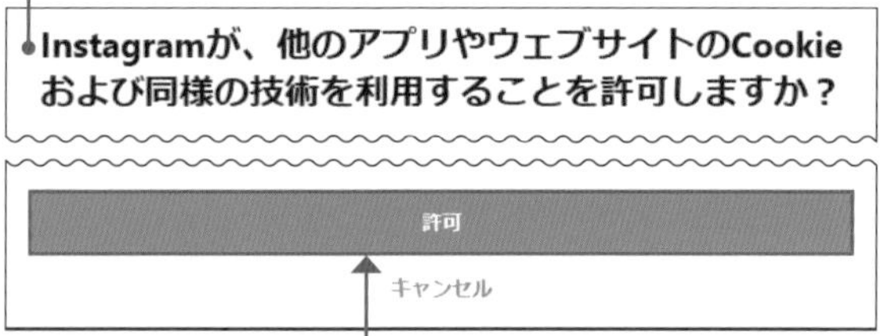

6 ここでは、［許可］をクリックします。

7 続いて表示されるメッセージを確認します。

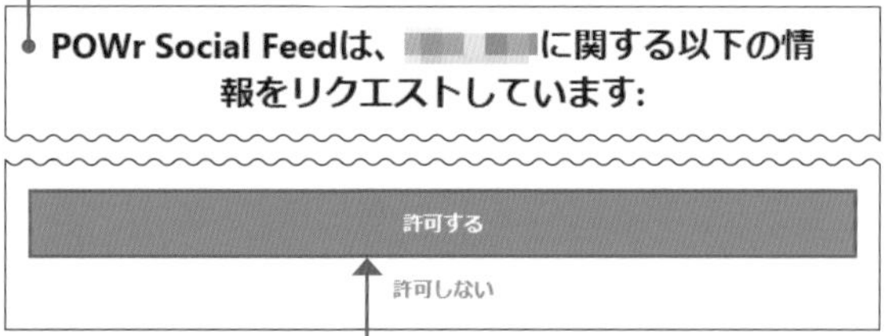

8 ここでは、［許可する］をクリックします。

ヒント

アクセス許可の期限

Instagramへのアクセス許可には有効期限があります。接続後、90日ごとに再接続が必要です。Instagramフィードの写真が見られなくなった場合は、POWRのアカウントのメールを確認してみましょう。有効期限についてのメールが届いていたら、確認して対応します。

6 設定を完了する

補足

非公開になっている場合

Instagramアカウントのプライバシー設定で、Instagramのアカウントを[非公開アカウント]にしている場合は、写真は表示されませんので注意しましょう。

1 Instagramの接続情報が表示されます。

2 [完了]をクリックします。

3 [閉じる]をクリックします。

4 編集画面に戻ります。

5 ジンドゥーの編集画面でInstagramフィードのコンテンツを保存しておきます。

ヒント 設定について

97ページの方法で写真の表示方法を指定すると、コンテンツの更新頻度などを指定できます。Instagramの写真をジンドゥーのページにどのように表示するかデザインを指定できます。無料のアカウントで設定できるものには、次のようなものがあります。

設定項目	内容
レイアウトとサイズ	レイアウトや写真のサイズを指定できます(96ページ下のヒント参照)。
キャプション	写真の下に写真の投稿時に指定したキャプションなどを表示するかどうかを指定します。また、表示の色などを指定します。
フッター	写真の下にアカウント情報や日付などを表示するフッターを表示するかどうかを指定します。また、表示の色などを指定します。
国境	写真の周囲の枠のスタイルを指定します。

7 Instagramの写真を確認する

1 編集画面にInstagramの写真が表示されます。

2 プレビュー画面に切り替えて、Instagramの写真を確認します。

3 写真をクリックします。

4 新しいタブが表示され、写真の内容が表示されます。

5 複数枚数ある場合は、ここをクリックして切り替えます。

ヒント

写真が表示されない

Instagramに写真を投稿しても、プラグインの更新頻度によっては、最新の投稿が表示されない場合もあります。更新頻度を確認しましょう（97ページ参照）。また、Cookieの利用に同意しないと表示されないので注意します（72ページ参照）。94ページのヒントも確認してください。

ヒント

レイアウトの変更

プラグインの編集画面で［レイアウトとサイズ］をクリックすると1、写真の配置方法や大きさなどを指定できます2。指定後は、［Back］をクリックして元の画面に戻って設定を進めます3。プラグインを編集する方法は、97ページの応用技を参照してください。

1 クリックします。

2 クリックします。

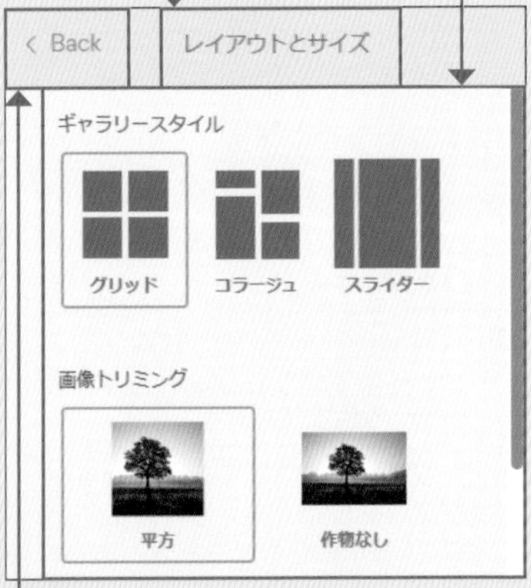

3 クリックします。

応用技 写真の表示方法を変更する

Instagramの写真の表示方法などを変更したい場合は、Instagram Feedを選択して編集しましょう。ジンドゥーの編集画面でInstagram Feedをクリックして［Edit App］をクリックします1。［Edge App］の下の［ライブサイトで編集］をクリックすると、POWRのウィンドウが開きます。ウィンドウで設定を変更します。［POWRエディタで編集］をクリックした場合は、新しいタブが開きます。右側の表示イメージを確認しながら、左側のメニューから設定を行えます。変更後は、［完了］（［Done］）をクリックし、右上の［Publish］をクリックします。必要に応じて、表示されるコードをコピーして、91ページの方法でコードを貼り付けます。設定を行ったあとは、ジンドゥーのInstagram Feedのコンテンツも保存します。なお、無料のアカウントでは設定できる項目に制限があります。

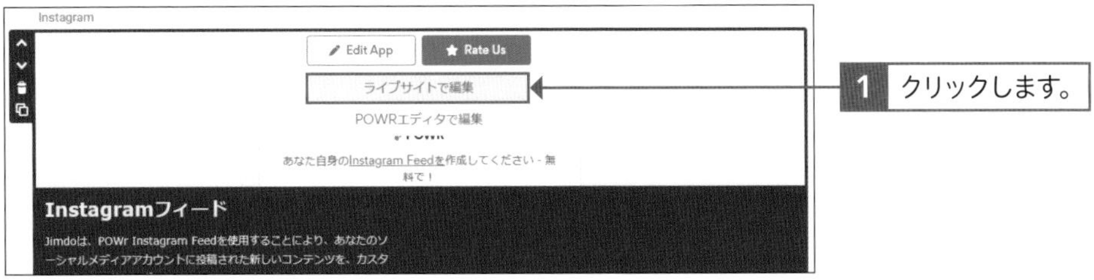

ライブサイトで編集

POWRエディタ

Section

32 いろいろなアドオンを使おう

ここで学ぶこと

- コンテンツを追加
- アドオン
- 天気

ジンドゥーでは、アドオンという手軽に使える拡張機能を利用することで、ホームページにさまざまな機能を追加できます。たとえば、POWRが提供するさまざまなアドオンを利用できます。ここでは、かんたんなアドオンを追加する例を紹介します。お天気情報を表示します。

1 アドオンを追加する

解説

POWRのアドオンを追加する

手順3で[…その他のコンテンツ&アドオン]をクリックすると、さまざまなアドオンが表示されます。この中には、POWRが提供するさまざまなアドオンが含まれます(71ページ参照)。一覧にないものを追加する場合は[More Plugins]をクリックしてアドオンを探します。

1 アドオンを追加する場所にマウスカーソルを合わせます。

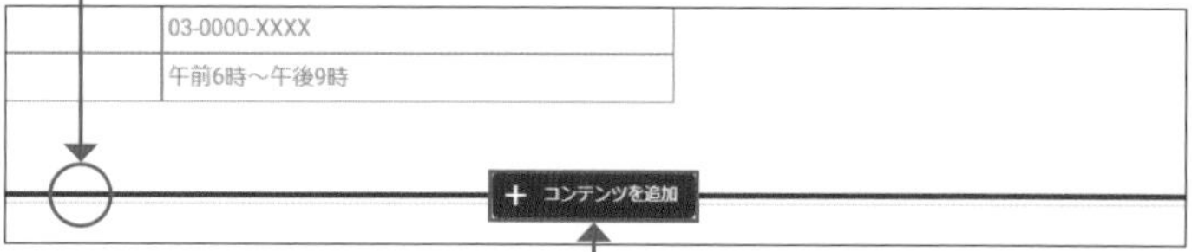

2 [コンテンツを追加]と表示されたらクリックします。

3 追加できる項目の一覧が表示されます。

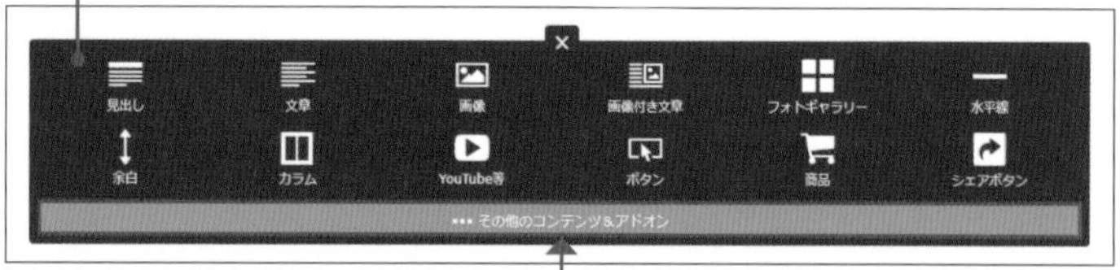

4 […その他のコンテンツ&アドオン]をクリックします。

5 [More Plugins]をクリックします。

② アドオンを選ぶ

解説

Weatherを追加する

POWRを使用するとさまざまなアドオンを利用できます。ここでは、指定した場所のお天気情報を表示するアドオンを利用します。Weatherを利用します。

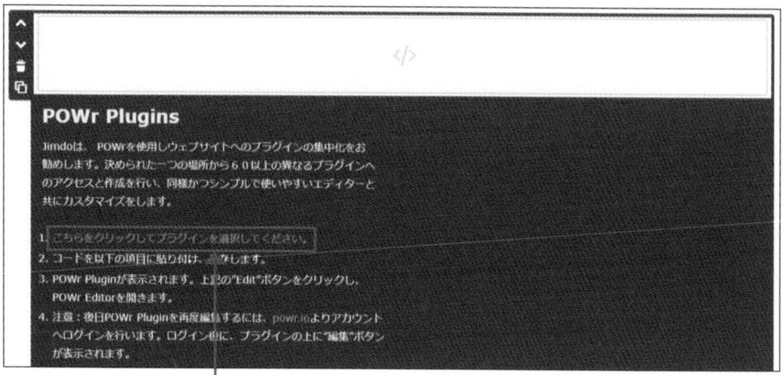
POWr Plugins
Jimdoは、POWrを使用しウェブサイトへのプラグインの集中化をお勧めします。決められた一つの場所から６０以上の異なるプラグインへのアクセスと作成を行い、同様かつシンプルで使いやすいエディターと共にカスタマイズをします。
1. こちらをクリックしてプラグインを選択してください。
3. POWr Pluginが表示されます。上記の"Edit"ボタンをクリックし、POWr Editorを開きます。
4. 注意：後日POWr Pluginを再度編集するには、powr.ioよりアカウントへログインを行います。ログイン後に、プラグインの上に"編集"ボタンが表示されます。

1 ［こちらをクリックしてプラグインを選択してください］をクリックします。

2 アドオンの情報が表示されます。

3 左側のメニューから［すべて］をクリックします。

FAQ
Answer questions in advance with custom FAQs
Map
Get more visitors with a custom map
Tabs
Help visitors navigate your site and content
Social Media Icons
Grow your social media following with linked icons
Comments
Build a community of visitors or shoppers
Weather
Track and display a real-time forecast for any location!
アプリを取得　より多くの情報
Price Table
Sell more with side-by-side pricing tables
Twitter Feed
Get more followers, favorites, and retweets on Twitter

4 アドオン（ここでは「Weather」）にマウスポインターを移動して［アプリを取得］をクリックします。

5 アカウントをクリックします。

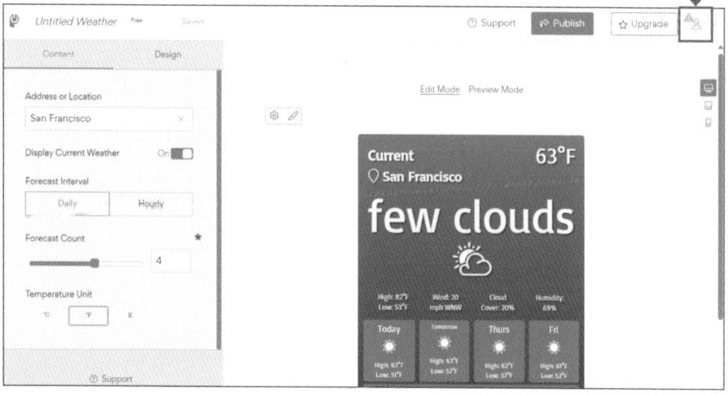
Untitled Weather
Support
Publish
Upgrade
Content
Design
Address or Location
San Francisco
Display Current Weather
On
Forecast Interval
Daily
Hourly
Forecast Count
4
Temperature Unit
Edit Mode
Preview Mode
Current
63°F
San Francisco
few clouds
Today
Thurs
Fri
Support

6 このあと表示される画面でPOWRのメールアドレスやパスワードを入力してログインします。

ヒント

アドオンが見つからない

POWRの画面で、利用するアドオンを指定します。アドオンが見つからない場合は、キーワードを入力して検索します❶。「Weather」と入力して検索してみましょう。検索結果が表示されたら「Weather」をクリックします。

1 入力して検索します。

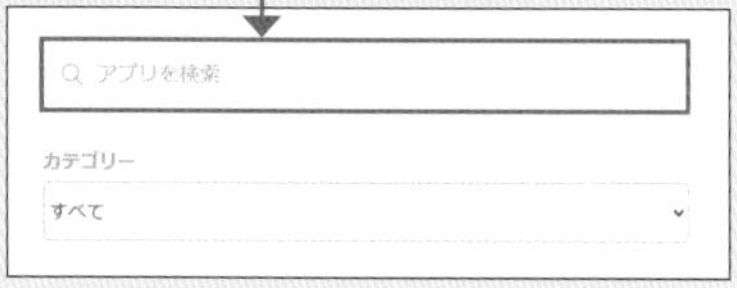
アプリを検索
カテゴリー
すべて

ヒント

コードが表示された場合

アドオンをクリックしたとき、コードが表示された場合は、コードをコピーして、ジンドゥーの編集画面を表示して、コードを貼り付けます（100ページ参照）。

3 コードをコピーする

ヒント

アドオンを編集するには

追加したアドオンを編集するには、ジンドゥーの編集画面でアドオンをクリックし、[Edit App]をクリックし1、[Edit on Live Site]をクリックします2。POWRのウィンドウが表示されたら内容を指定します。

1 クリックします。

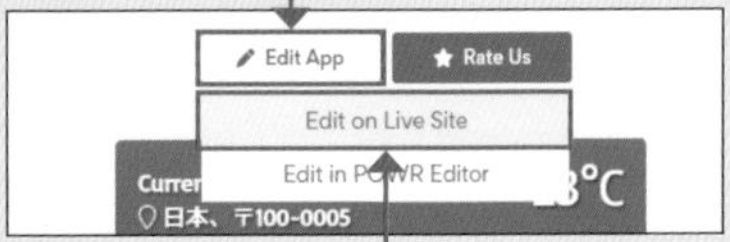

2 クリックします。

ヒント

ほかにはどんなものがあるの？

アドオンには、いくつかの種類があります。たとえば、コンテンツの一覧画面（99ページ参照）で[Countdown Timer]を選択し、表示されるコードをコピーして貼り付けると、お店のOPENまであと何日など、日数のカウントダウンなどを表示できます。

1 お天気情報を表示するおおまかな住所を入力します。

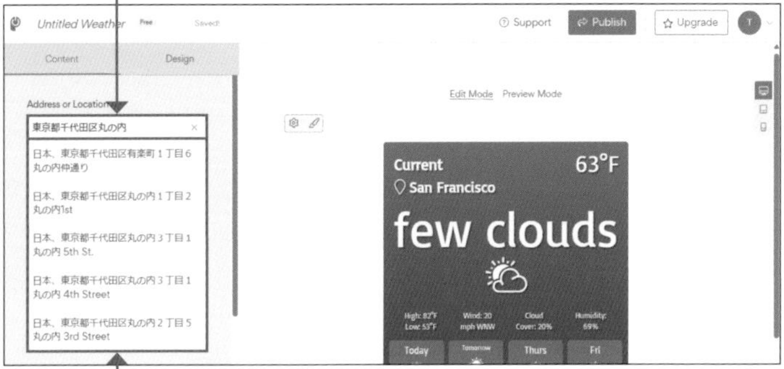

2 検索候補が表示されるのでクリックするか、Enter キーで決定します。

3 気温を表示するときの単位を選択します。

4 [Publish]をクリックします。

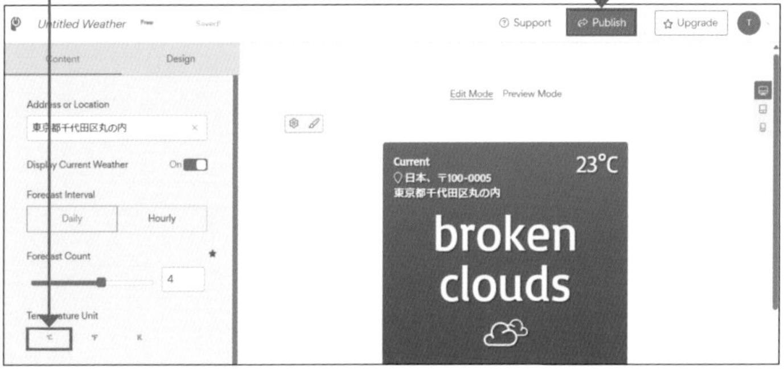

5 この画面が表示された場合は、表示するホームページの種類を選択します。ここでは、[JIMDO]をクリックします。

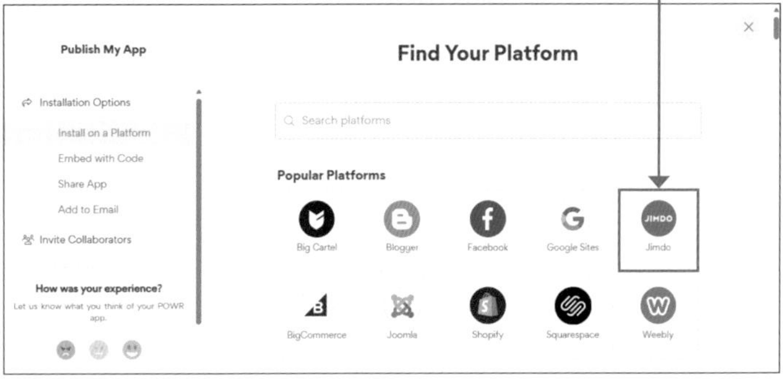

4 コードを貼り付ける

補足

表示されない場合

Cookieの利用に同意していないと、天気は表示されないので注意します（72ページ参照）。

ヒント

サイズを変更する

お天気情報を表示する欄のサイズを変更するには、97ページの方法でPOWRの編集画面を開きます。[Design]の[Plugin Size]をクリックし1、幅を指定して2、[完了]（[Done]）をクリックします3。ジンドゥーの編集画面で[保存]をクリックすると4、見た目が変わります。

1 クリックします。

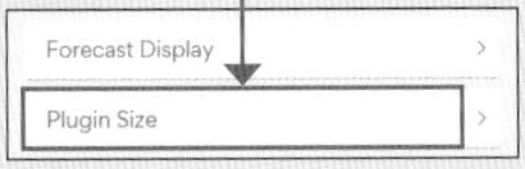

2 ドラッグして幅を指定します。

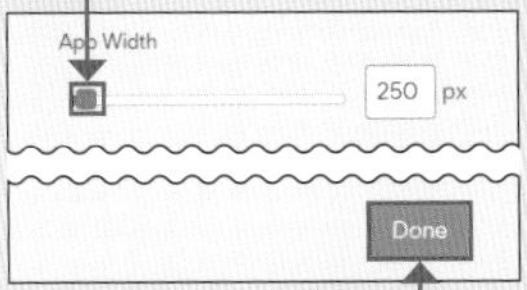

3 クリックします。

4 [保存]をクリックします。

1 [Copy Code]をクリックします。

2 コードがコピーされました。

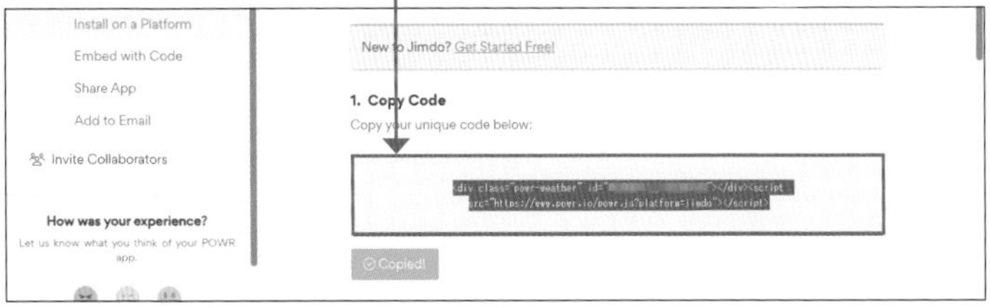

3 ジンドゥーの編集画面に切り替えて、ここをクリックします。

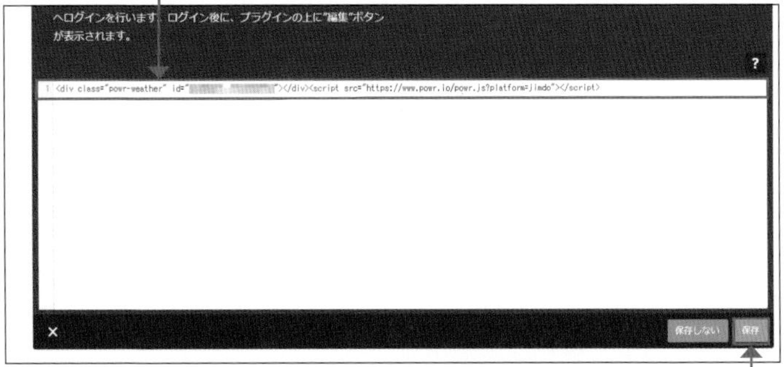

4 Ctrl + V キーを押します。

5 [保存]をクリックします。

6 プレビュー画面に切り替えて、お天気情報を確認します。

7 指定した住所のお天気の情報が表示されます。

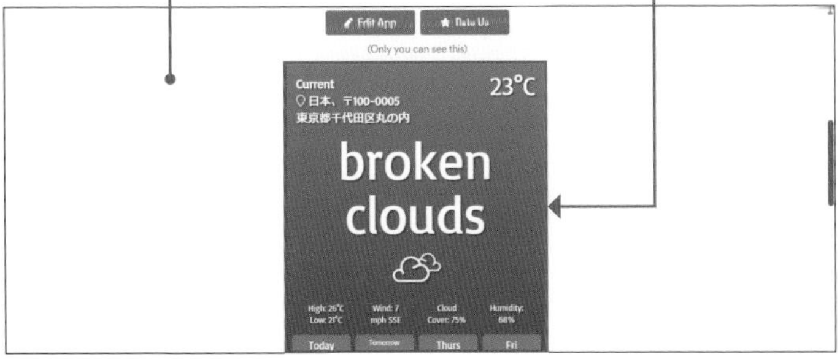

Section
33 コンテンツを横並びに表示しよう

ここで学ぶこと

- コンテンツ
- 複数列
- カラム

ページに複数の列を表示して内容を入力するには、［カラム］を使って列を作ります。列には、これまで紹介してきた文章や画像などのコンテンツを自由に配置できます。また、列の数はあとから追加したり削除したりできます。列幅なども調整して見た目を整えます。

1 カラムを追加する

1 複数列のコンテンツを追加する上のコンテンツにマウスカーソルを合わせます。

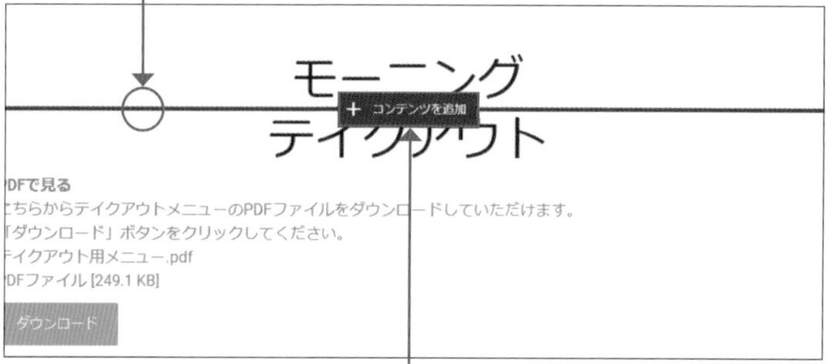

2 ［コンテンツを追加］と表示されたらクリックします。

3 追加できる項目の一覧が表示されます。

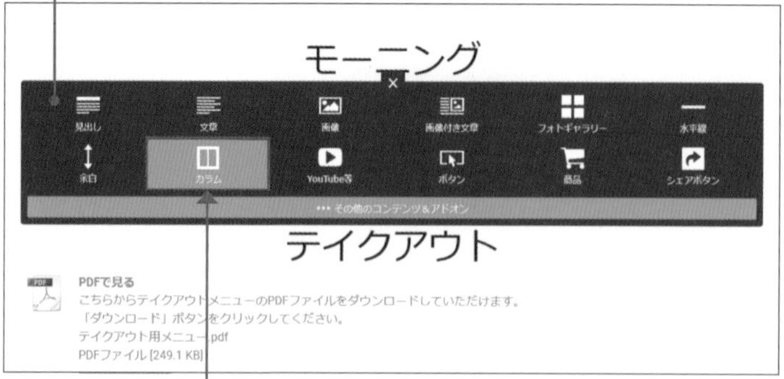

4 ［カラム］をクリックします。

ヒント

2列以上表示する

［カラム］を追加すると、最初は2列表示されます。列の数を追加するには、［カラムを編集］をクリックします1。追加したい列の間の［列を追加］をクリックします2。

1 クリックします。

2 クリックします。

ヒント

コンテンツを移動する

列に追加したコンテンツは、カラム以外の場所に移動することができます。また、カラム以外の場所にあるコンテンツをカラム内に移動することもできます。

② 列にコンテンツを追加する

ヒント

列の幅を変更する

列の幅を変更するには、［カラムを編集］をクリックし❶、列の境界線にマウスカーソルを合わせてドラッグします❷。

1 クリックします。

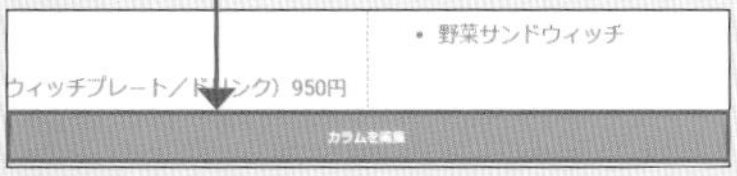

2 ドラッグします。

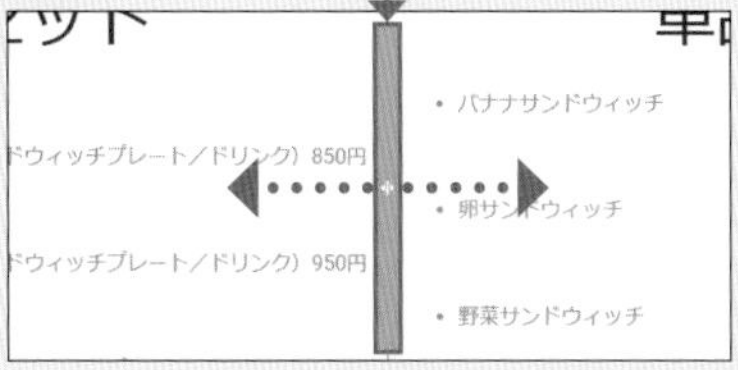

ヒント

列を削除する

列を削除するには、［カラムを編集］をクリックします❶。削除する列の［列を削除］をクリックします❷。確認メッセージが表示されたら、［はい、削除します］をクリックします❸。

1 クリックします。

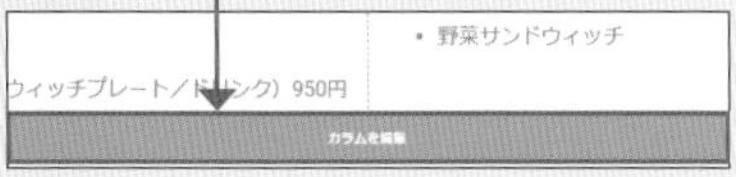

2 クリックします。

3 クリックします。

1 ［コンテンツを追加］をクリックします。

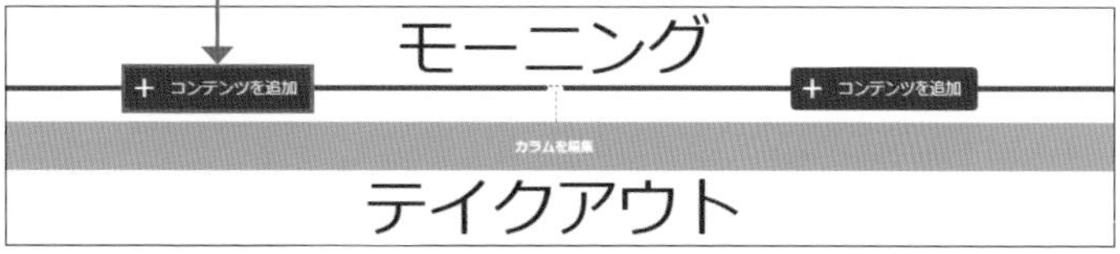

2 追加できる項目の一覧が表示されます。

3 ［見出し］をクリックします。

4 内容を入力します。

5 ［保存］をクリックします。

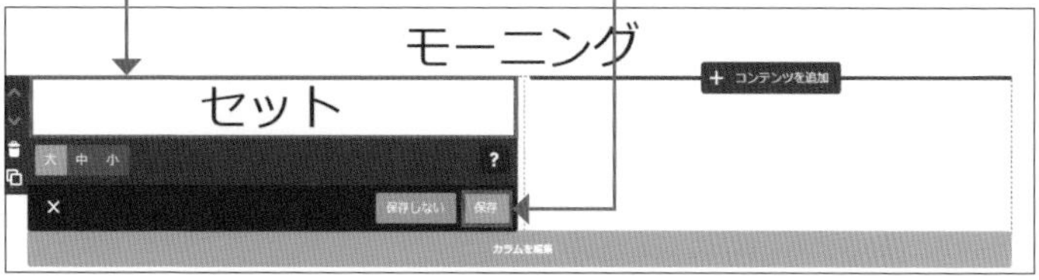

6 同様の方法で、必要なコンテンツを追加します。

7 同様の方法で2列目にもコンテンツを追加します。

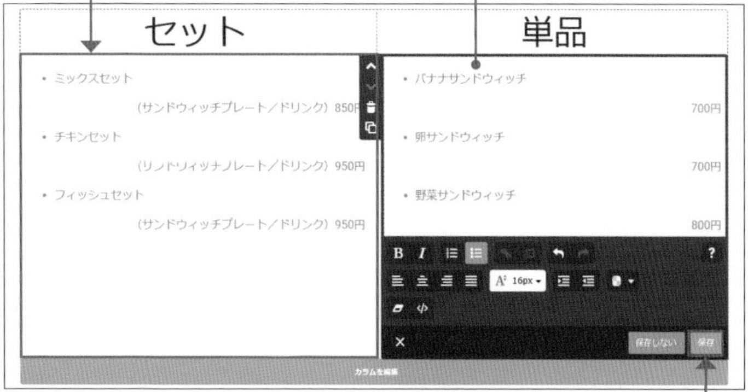

8 ［保存］をクリックします。

Section

34 ブログを作ってみよう

ここで学ぶこと

- ブログ
- 記事
- コンテンツ

日々の日記を公開するには、ブログを作成します。ジンドゥーでは、かんたんにブログを作成できます。ブログをうまく活用することで、訪問者に安心感や信頼感を持ってもらう効果が期待できます。また、訪問者とコミュニケーションをとるのにも役立ちます。

1 ブログの設定をする

重要用語

ブログ

ブログとは、ネット上に公開する日記のようなものです。ブログを活用すれば、訪問者に好感度を持ってもらえるだけでなく、信頼感や安心感を伝えられます。

ヒント

コメント欄の表示について

管理メニューで、ブログの各種設定を行えます1。たとえば、ブログでコメントを受け取れるように指定できます。ブログの記事ごとにコメント欄の有無を指定するには、記事の編集画面で行います。なお、コメントシステムという、コメントのやり取りを表示するときのしくみは、通常、ジンドゥーで用意されたものになります。Disqusというものを使用するには、[コメント]の下の[コメントシステム]欄で指定します。Disqusを使用するには、登録や設定などが必要です。

1 クリックします。

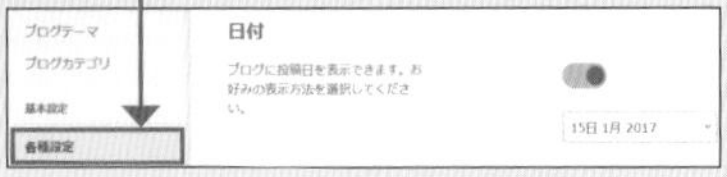

1 管理メニューを表示し、[ブログ]をクリックします。

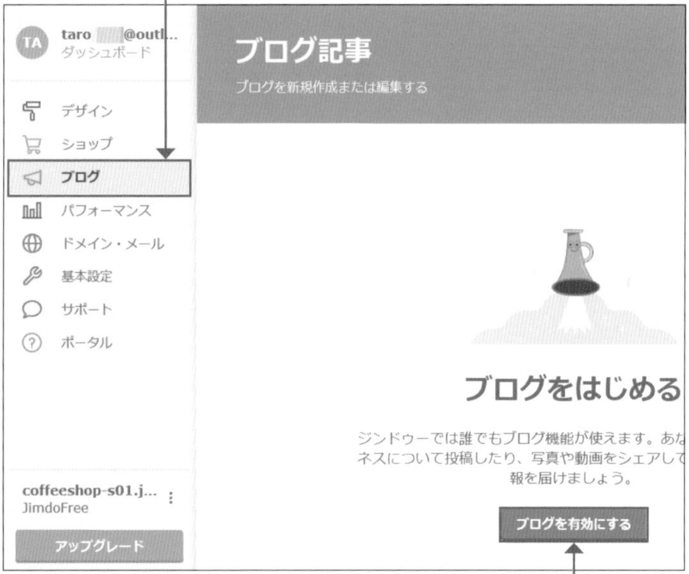

2 [ブログを有効にする]をクリックします。

3 ブログが有効になりました。

② ブログのテーマを設定する

解説

記事の分類を指定する

記事の内容を分類し、特定の分類の記事のみ表示するには、記事を作成するときに、ブログテーマやブログカテゴリを指定しておきます。おおまかな分類としてブログテーマを指定しましょう。検索条件として使用したいキーワードや、細かな分類を指定したい場合などは、ブログカテゴリを活用します。

ヒント

ブログのカテゴリ

ブログの記事のカテゴリを活用するには、次のようにカテゴリを用意しておきます。作成手順は、ブログのテーマを作成する方法とほぼ同じです**1****2**。ブログの記事の作成時には、カテゴリを選択できます**3**。カテゴリは、複数選択することもできます。

1 クリックします。

2 クリックします。

3 入力します。

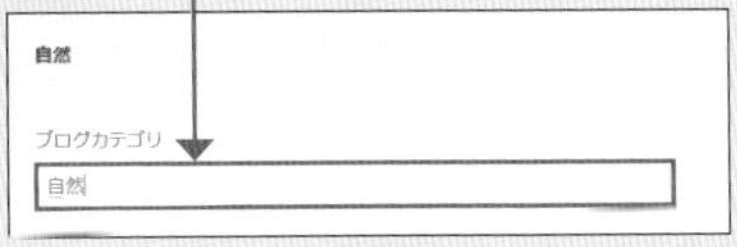

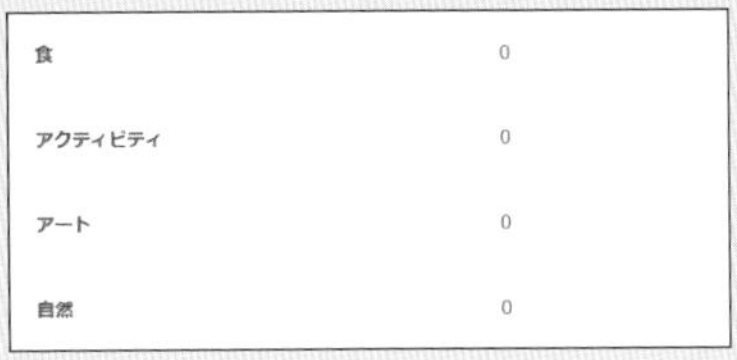

1 管理メニューの［ブログ］をクリックし、［ブログテーマ］をクリックします。

2 ［新しいブログテーマ］をクリックします。

3 ブログテーマを入力します。

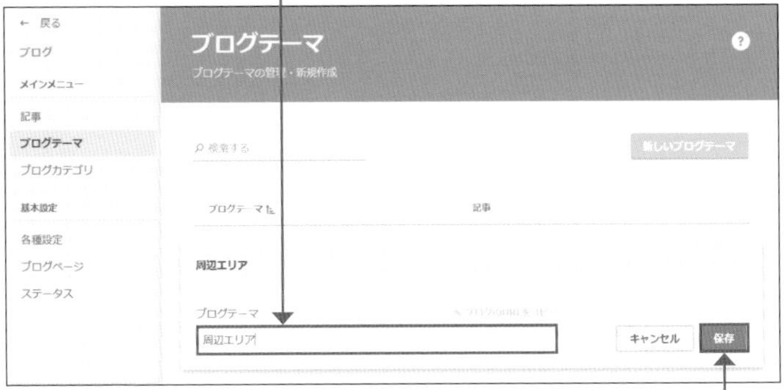

4 ［保存］をクリックします。

5 同様の方法で、テーマを指定しておきます。

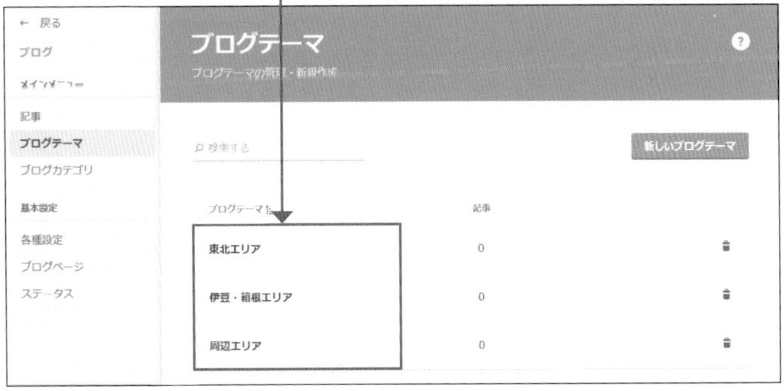

③ 記事を作成する

解説

記事を作成する

ここでは、ブログの記事を追加して、記事の一覧ページに表示する内容を指定します。記事の詳細は、画像や文章などこれまで紹介してきたようなコンテンツを追加して作成できます（107ページ参照）。

ヒント

ブログテーマを削除する

ブログテーマを削除するには、テーマの一覧から削除するテーマの横をクリックします**1**。続いて［削除］をクリックします**2**。テーマを削除しても、そのテーマを指定している記事自体は残ります。

1 クリックします。

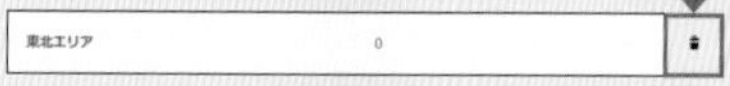

2 クリックします。

ヒント

ブログカテゴリを削除する

ブログカテゴリを削除するには、カテゴリの一覧から削除するカテゴリの横をクリックします**1**。続いて［削除］をクリックします**2**。カテゴリを削除しても、そのカテゴリを指定している記事自体は残ります。

1 クリックします。

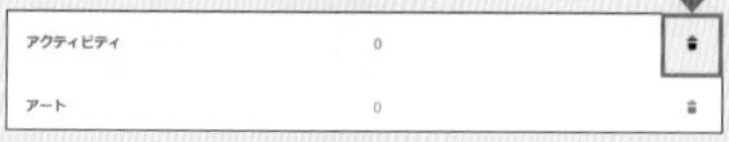

2 クリックします。

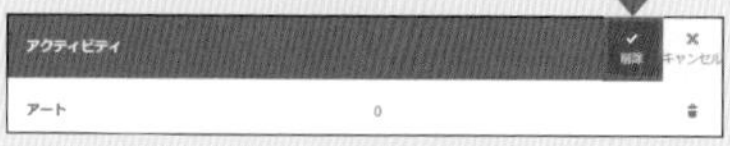

1 管理メニューの［ブログ］をクリックします。

2 ［記事］をクリックします。

3 ［新しいブログを書く］をクリックします。

4 ブログのページに表示される記事のタイトルを入力します。

5 テーマを指定する場合は、［ブログテーマ］をクリックして選択します。

6 ブログのページに表示する画像を指定するには、ここをクリックします。

7 続いて表示される画面で写真を選択します。

ヒント

日付を変更する

日付を変更するには、[投稿日]をクリックしてカレンダーから日付を選択します。

ヒント

記事を公開する

ブログに追加した記事は、最初下書きの状態になっています。記事を公開するには、[公開する]をオンに変更します。ブログ記事の一覧を表示したとき、公開されている記事には◎、公開されていない記事には⊘のマークが表示されます。

ヒント

シェアボタンを表示する

新しい記事にシェアボタンを表示するには、管理メニューの[ブログ]－[各種設定]で[シェアボタン]をオンにして、表示したいSNSのボタンなどを選択します。ブログ記事ごとに表示するか指定するには、記事の編集画面で[詳細設定]の[シェアボタン]で指定します。

8 画像が表示されます。

9 ブログのページに表示される記事の概要を[概要]に入力します。

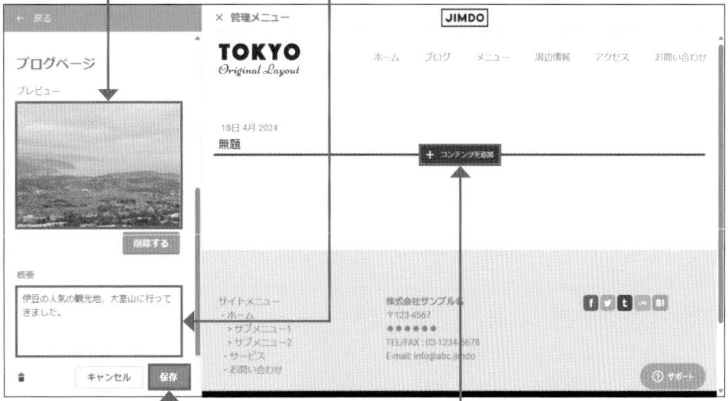

10 [保存]をクリックします。

11 [コンテンツを追加]をクリックします。

12 さまざまなコンテンツを利用してブログの記事を作成します。

13 [公開する]をクリックしてオンにします。

14 [保存]をクリックします。

ヒント **カテゴリなどを指定する**

ブログの記事のカテゴリを指定するには、ブログの編集画面の左の[詳細設定]の[ブログカテゴリ]でカテゴリを入力し**1**、表示されるカテゴリをクリックします**2**。カテゴリは、複数選択することもできます。また、[詳細設定]の[コメント機能]で、コメント欄の有無を指定できます。

1 入力します。

2 クリックします。

4 ブログの記事を表示する

解説

記事を表示する

ブログを作成すると、ナビゲーションにブログのページが追加されます。必要に応じて、ナビゲーションのページの並び順など変更します。テーマごとのブログの記事を表示するには、［ブログ］ページに表示されるテーマをクリックします。また、カテゴリごとのブログ記事を表示するには、ブログ記事の下に表示されるカテゴリをクリックします**1**。

1 クリックします。

ヒント

表示方法を変更する

管理メニューの［ブログ］－［ブログページ］をクリックすると、ブログページの記事の表示方法としてレイアウトを指定できます。レイアウト選択後に［保存完了］をクリックします。

1 ナビゲーションの［ブログ］をクリックします。

3 テーマごと表示にするには、テーマの名前をクリックします。

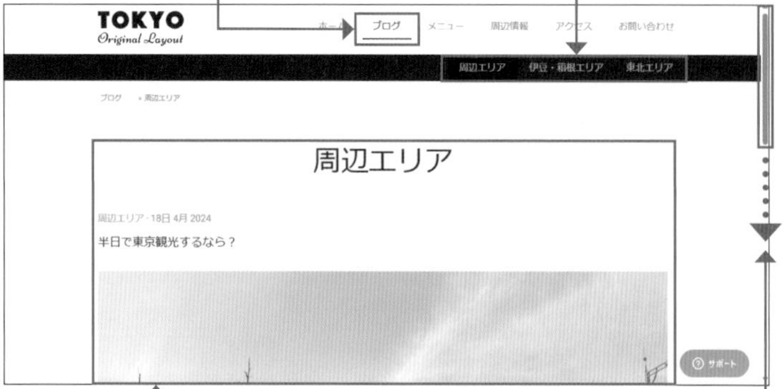

2 公開されている記事が表示されます。

4 画面をスクロールします。

5 107ページで指定した画像やブログの［概要］が表示されます。

6 ［続きを読む］をクリックすると、ブログ記事として作成したコンテンツの内容が表示されます。

ヒント **ブログ記事を編集する**

ブログの記事を編集するには、管理メニューの［ブログ］－［記事］をクリックして**1**、編集する記事の［ブログを編集］をクリックします**2**。記事の右端をクリックすると**3**、記事を削除したりコピーしたりできます。また、上部の検索欄で記事を検索したり、テーマやカテゴリーで記事を抽出表示したりできます。

1 クリックします。

2 クリックします。

3 クリックします。

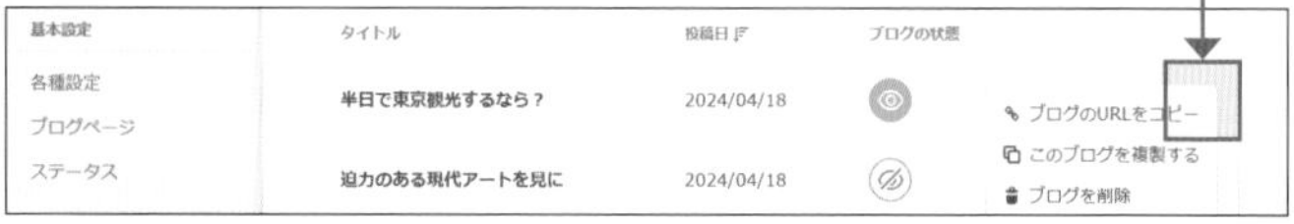

第 5 章

ホームページに写真を掲載しよう

Section 35 画像を追加しよう
Section 36 写真の大きさや配置を変更しよう
Section 37 画像付き文章を配置しよう
Section 38 フォトギャラリーを設置しよう
Section 39 プレビュー画面で画像を見よう
Section 40 画像をタイル状に並べて表示しよう
Section 41 表示スタイルを変更しよう
Section 42 画像にキャプションをつけよう
Section 43 画像にリンクを貼ろう
Section 44 コマ送り表示にしよう

Section

35 画像を追加しよう

ここで学ぶこと

- コンテンツ
- 画像
- リンク

ホームページにスマートフォンやデジカメなどで撮影した画像（写真）を表示します。あらかじめ画像をパソコンに取り込んでおきましょう。表示する画像にはキャプションという説明文を付けたり、リンクを設定することができます。画像の大きさも指定できます。

1 画像を追加する

解説

画像を追加するには

スマートフォンやデジカメで撮影した写真をホームページに表示します。ここでは、あらかじめ写真をパソコンに保存しておきます。

補足

画像について

スマートフォンやデジカメで撮影した写真を使うときは、ファイルサイズが大きすぎないかどうか事前に確認しましょう（23ページのヒントを参照）。

解説

画像をアップロードする

表示する画像を選択して、画像をアップロードします。アップロードできる画像のファイル形式は、JPG/PNG/GIFという形式です。［ここへ画像をドラッグ］と表示されているところに画像をドラッグしても画像をアップロードできます。

1 画像を追加する場所にマウスカーソルを合わせます。

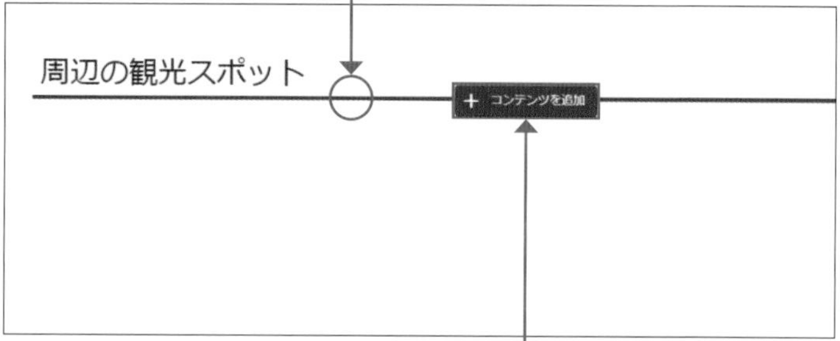

2 ［コンテンツを追加］と表示されたらクリックします。

3 追加できる項目の一覧が表示されます。

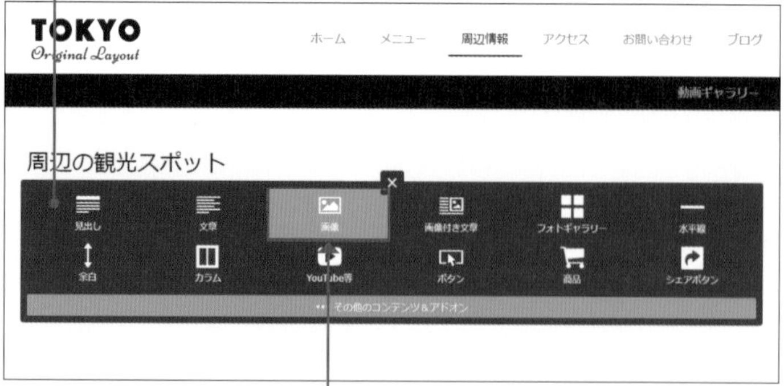

4 ［画像］をクリックします。

② 画像を表示する

ヒント
リンクを設定する

画像をクリックしたときに、ほかのページが表示されるようにするには、[画像にリンク]をクリックして**1**、リンク先を指定します。バナーの画像にリンクを設定するときなどに使用します(130ページ参照)。

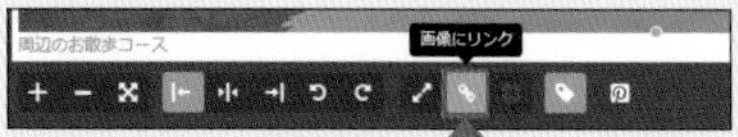

1 クリックします。

ヒント
プレビュー画面で画像を大きく表示する

画像の編集画面で[クリックして拡大させる]をクリックすると、ホームページの閲覧時に画像をクリックすると**1**、画像を大きく表示できます**2**。ただし、リンクを設定している場合、[クリックして拡大させる]をクリックするとリンクが解除されますので注意しましょう。

1 クリックします。

2 画像が大きく表示されます。

3 クリックすると画像が閉じます。

1 [ここへ画像をドラッグ]をクリックします。

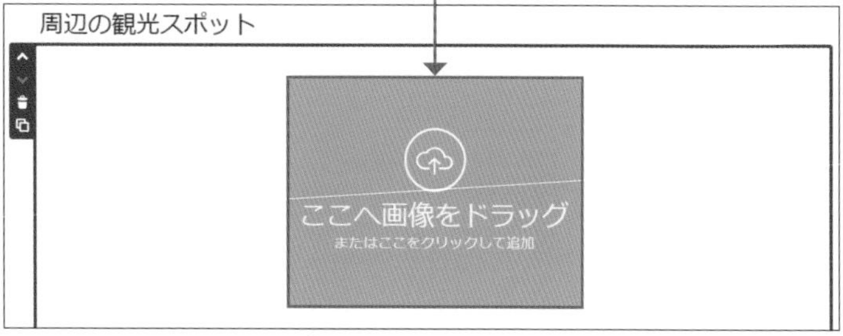

2 ファイルを選択する画面で表示する画像を選択します。

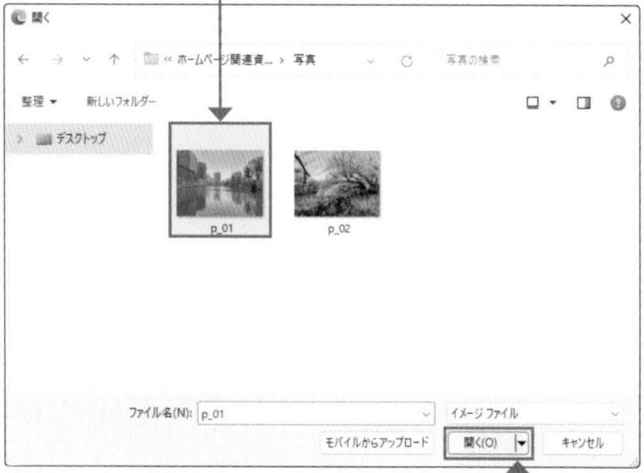

3 [開く]をクリックします。

4 [キャプションと代替テキスト]をクリックします。

5 キャプションを入力します。

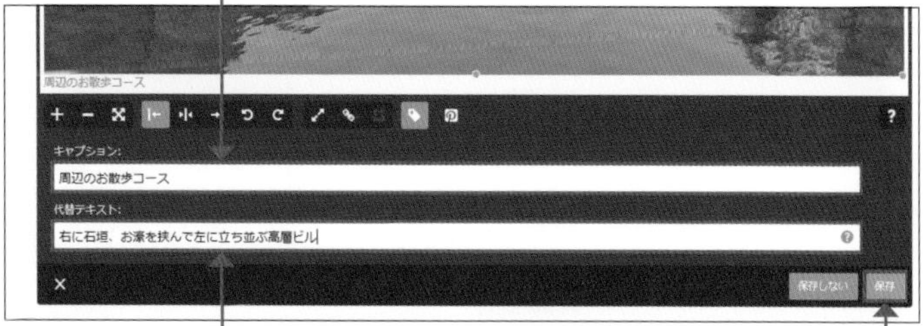

6 代替テキストを入力します。

7 [保存]をクリックします。

Section

36 写真の大きさや配置を変更しよう

ここで学ぶこと

- コンテンツ
- 画像
- 配置

ホームページに表示した画像の大きさは［拡大］［縮小］のボタンをクリックするだけでかんたんに変更できます。クリックするたびに大きさが変わります。また、画像の配置を変更するには、［左揃え］［中央揃え］［右揃え］のボタンをクリックします。

1 画像の大きさを変更する

解説

画像の大きさを変更する

画像を選択して［拡大］をクリックすると、画像が大きく表示されます。［縮小］をクリックすると、画像が小さく表示されます。クリックするたびに大きさが変わります。

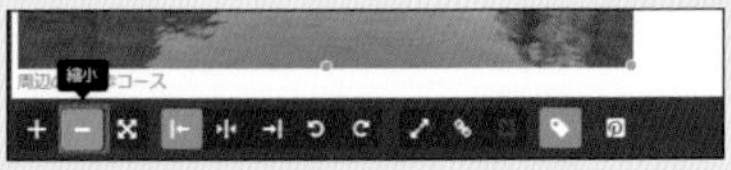

ヒント

ページに合わせる

画像の大きさをページに合わせるには、［ページに合わせる］をクリックします。

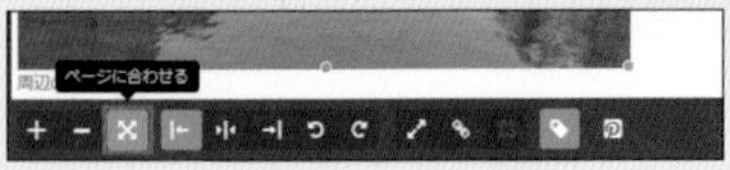

1 画像を選択します。

2 ［縮小］をクリックします。

3 ［縮小］を何度かクリックします。

4 画像の大きさが変わります。

② 画像の配置を変更する

1 画像を選択します。

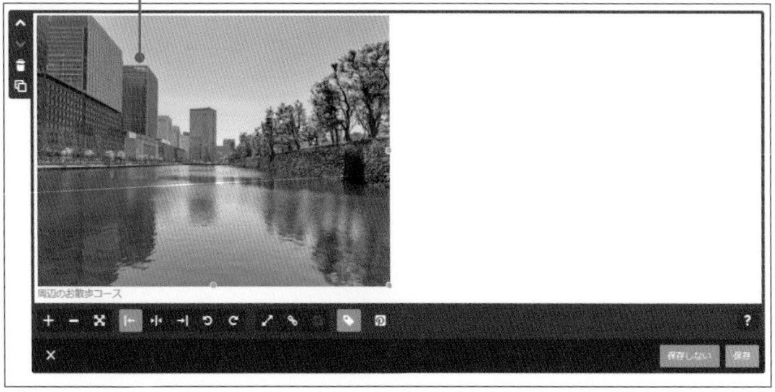

2 ［中央揃え］をクリックします。

3 画像の配置が変わりました。

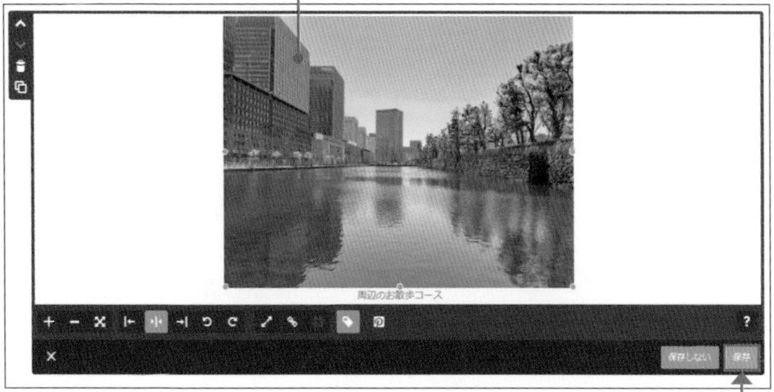

4 ［保存］をクリックします。

ヒント 画像の配置を変更する

画像の配置を変更します。［左揃え］をクリックすると左、［中央揃え］をクリックすると中央、［右揃え］をクリックすると右に揃います。

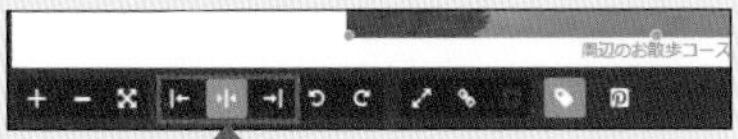

配置を変更します。

ヒント 画像の編集

画像の色合いを変更したり、画像の不要な部分を削除したりするには、画像編集ソフトを使用します。Windows11では、［フォト］アプリを使用して画像を加工する方法があります。

［フォト］アプリで画像を加工できる。

Section

37 画像付き文章を配置しよう

ここで学ぶこと

- コンテンツ
- 画像付き文章
- 画像

画像(写真)に説明文を添えるには、[画像付き文章]を利用しましょう。画像は、右または左に揃えて表示できます。画像を追加したら、画像の大きさや配置を決めましょう。文字には、飾りを付けることもできますので、読みやすいように整えます。

1 画像付き文章を追加する

ヒント

画像や画像一覧を表示する

画像だけを表示したい場合は、コンテンツの一覧から[画像]を選択します。また、画像の一覧を表示するには[フォトギャラリー]を選択します。

1 画像付き文章を追加する場所にマウスカーソルを合わせます。

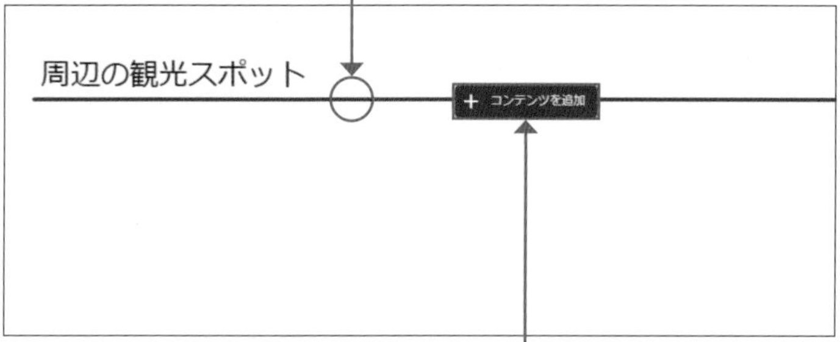

2 [コンテンツを追加]と表示されたらクリックします。

3 追加できる項目の一覧が表示されます。

4 [画像付き文章]をクリックします。

② 文章を入力する

解説

文章を入力する

文章を追加するには、[文章] タブをクリックします。文章を入力する枠をクリックして内容を入力します。適宜改行を入れながら文字を入力しましょう。

1 [文章]をクリックします。

2 文章を入力し、書式を整えます。

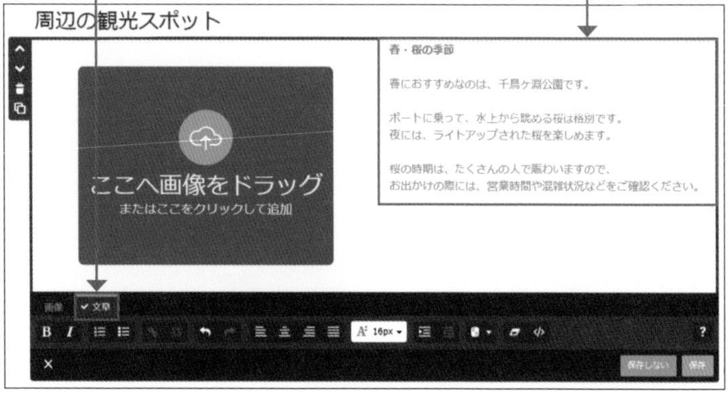

③ 画像を追加する

ヒント

画像をドラッグする

[ここへ画像をドラッグ] と表示されているところに画像をドラッグしても、画像をアップロードできます。

ヒント

画像を差し換える

追加した画像を差し換えるには、[ここへ画像をドラッグ] をクリックして**1**、差し換える画像を選択します。

1 クリックします。

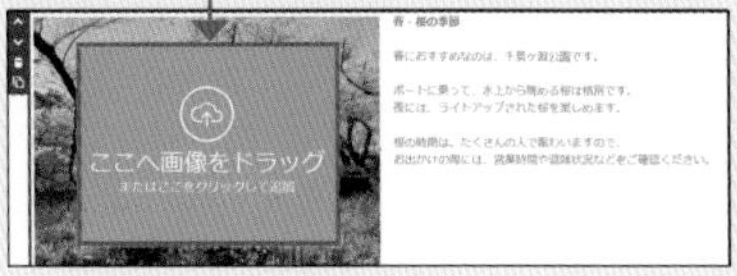

1 [ここへ画像をドラッグ] をクリックします。

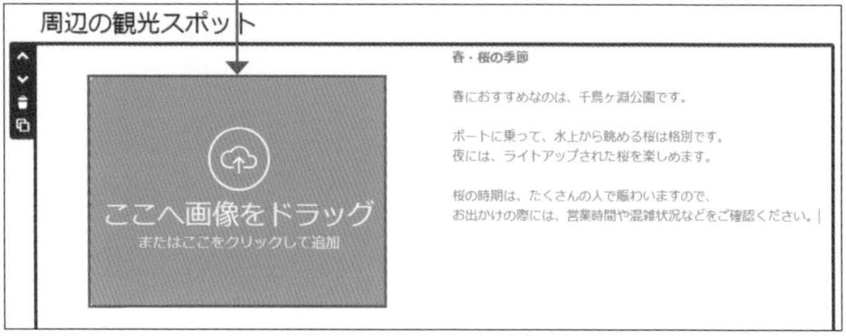

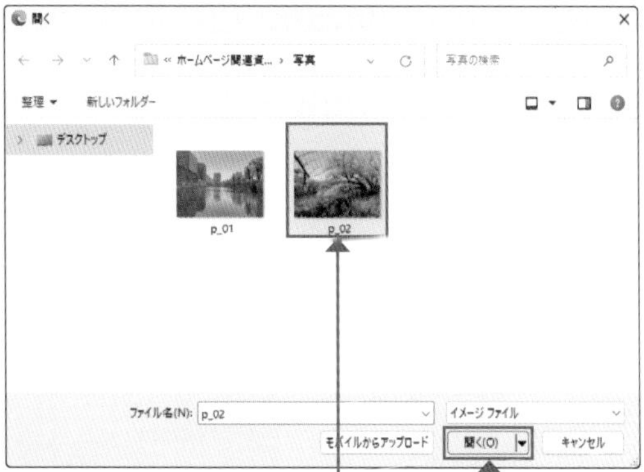

2 画像の保存先を選択して画像をクリックします。

3 [開く]をクリックします。

解説

画像を追加する

パソコンに保存しておいた画像を追加します。[キャプション]に文字を入力すると、画像の下に文字が表示されます。

ヒント

文字にリンクを設定する

文字にリンクを設定するには、対象の文字を選択して[リンク]をクリックします（54ページ参照）。

ヒント

画像にリンクを設定する

画像をクリックしたときにほかのページに移動するには、[画像にリンク]をクリックしてリンク先を指定します（130ページ参照）。

4 [画像]をクリックします。

春・桜の季節
春におすすめなのは、千鳥ヶ淵公園です。
ボートに乗って、水上から眺める桜は格別です。
夜には、ライトアップされた桜を楽しめます。
桜の時期は、たくさんの人で賑わいますので、
お出かけの際には、営業時間や混雑状況などをご確認ください。
画像
文章
キャプションと代替テキスト
保存

5 [キャプションと代替テキスト]をクリックします。

6 キャプションを入力します。

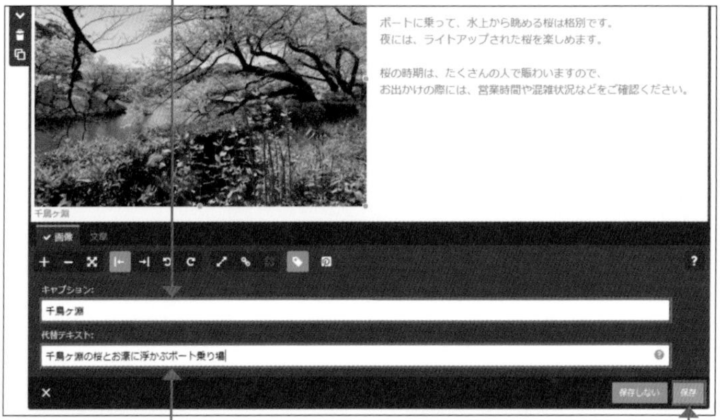
ボートに乗って、水上から眺める桜は格別です。
夜には、ライトアップされた桜を楽しめます。
桜の時期は、たくさんの人で賑わいますので、
お出かけの際には、営業時間や混雑状況などをご確認ください。
千鳥ヶ淵
画像
文章
キャプション:
千鳥ヶ淵
代替テキスト:
千鳥ヶ淵の桜とお濠に浮かぶボート乗り場
保存しない
保存

7 代替テキストを入力します。

8 [保存]をクリックします。

9 画像付き文章が追加されました。

周辺の観光スポット
春・桜の季節
春におすすめなのは、千鳥ヶ淵公園です。
ボートに乗って、水上から眺める桜は格別です。
夜には、ライトアップされた桜を楽しめます。
桜の時期は、たくさんの人で賑わいますので、
お出かけの際には、営業時間や混雑状況などをご確認ください。
千鳥ヶ淵

④ 画像の配置や大きさを変更する

解説

画像の配置を指定する

画像付き文章は、画像を左または右に揃えることができます。右に揃えるには、画像を選択して［右揃え］をクリックします1。

画像
文章
右揃え

1 クリックします。

ヒント

画像を回転させる

画像を回転させるには、［画像を編集］をクリックし、［左回りに写真を回転］や［右回りに写真を回転］をクリックします。

ヒント

プレビュー画面で画像を大きく表示する

画像の編集画面で［クリックして拡大させる］をクリックすると、ホームページの閲覧時に画像をクリックすると、画像が大きく表示されるようになります。ただし、リンクが設定されている場合、［クリックして拡大させる］をクリックするとリンクが解除されますので注意しましょう。

1 画像付き文章をクリックします。

2 ［画像］をクリックします。

春・桜の季節
春におすすめなのは、千鳥ヶ淵公園です。
ボートに乗って、水上から眺める桜は格別です。
夜には、ライトアップされた桜を楽しめます。
桜の時期は、たくさんの人で賑わいますので、
お出かけの際には、営業時間や混雑状況などをご確認ください。
千鳥ヶ淵
画像
文章
保存

春・桜の季節
春におすすめなのは、千鳥ヶ淵公園です。
ボートに乗って、水上から眺める桜は格別です。
夜には、ライトアップされた桜を楽しめます。
桜の時期は、たくさんの人で賑わいますので、
お出かけの際には、営業時間や混雑状況などをご確認ください。
千鳥ヶ淵
縮小
文章
保存

3 ［縮小］を何度かクリックして画像の大きさを小さくします。

4 画像の大きさが変更されました。

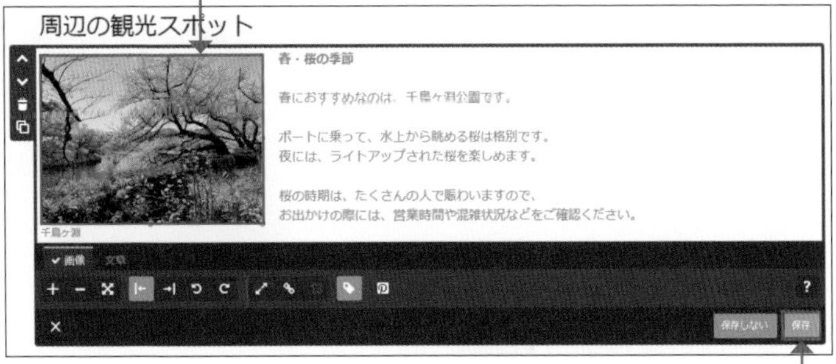
周辺の観光スポット
春・桜の季節
春におすすめなのは、千鳥ヶ淵公園です。
ボートに乗って、水上から眺める桜は格別です。
夜には、ライトアップされた桜を楽しめます。
桜の時期は、たくさんの人で賑わいますので、
お出かけの際には、営業時間や混雑状況などをご確認ください。
千鳥ヶ淵
画像
文章
保存しない
保存

5 ［保存］をクリックします。

Section

38 フォトギャラリーを設置しよう

ここで学ぶこと

- コンテンツ
- 画像
- フォトギャラリー

複数の画像を並べて表示するには、フォトギャラリーを利用しましょう。画像を一覧形式に並べて表示できます。また、画像を大きく拡大し、指定した間隔で1枚ずつ順番に表示することもできます。さまざまな表示パターンを試して、思い通りに画像を表示しましょう。

1 フォトギャラリーを追加する

ヒント

1枚の画像または画像付きの記事を表示する

画像を1枚追加するには、コンテンツの一覧から[画像]を選択します。画像の横に文章を表示したい場合は、コンテンツの一覧から[画像付き文章]を選択します。

ヒント

画像の表示方法について

画像の表示方法は、フォトギャラリーの編集画面のタブをクリックして指定します1。[横並び][縦並び]は、縦向きの画像は縦のまま、横向きの画像は横のままの状態で画像を並べて表示します。[横並び]は画像を横方向に並べ、[縦並び]は複数の列に画像を縦方向に並べて表示します。[タイル]は画像を同じ大きさのタイル状に並べて表示します。[スライダー]は、画像を大きくコマ送りで表示します。

1 クリックします。

1 フォトギャラリーを追加する場所にマウスカーソルを合わせます。

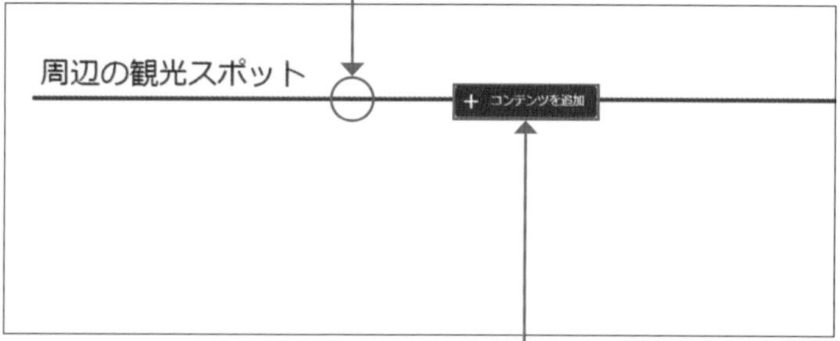

2 [コンテンツを追加]と表示されたらクリックします。

3 追加できる項目の一覧が表示されます。

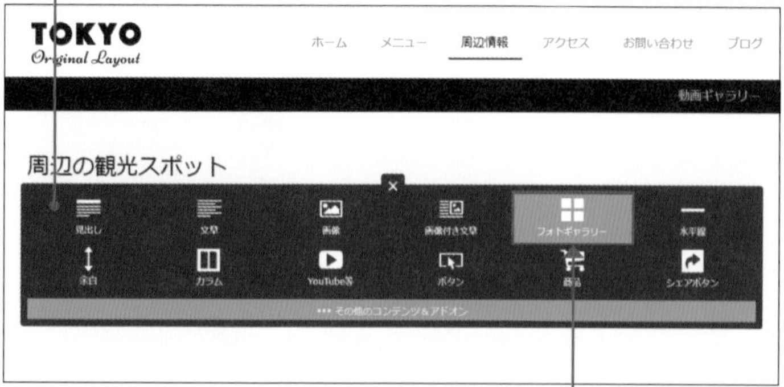

4 [フォトギャラリー]をクリックします。

② 画像をアップロードする

解説

複数の画像を選択する

フォトギャラリーに追加する画像を選択します。複数の画像を選択するには、ひとつ目の画像を選択したあと、Ctrl キーを押しながら同時に選択する画像をクリックします。

ヒント

選択する範囲を指定する

複数の画像を選択するとき、ここからここまでのように選択する範囲を指定するには、選択する最初の画像をクリックし1、Shift キーを押しながら最後の画像をクリックします2。

1 クリックします。

2 クリックします。

ヒント

画像をアップロードする

画像のアップロードが完了するまでは、少し時間がかかります。画面には進捗状況が表示されます。

1 ［フォトギャラリー］の画像を追加する画面が表示されます。

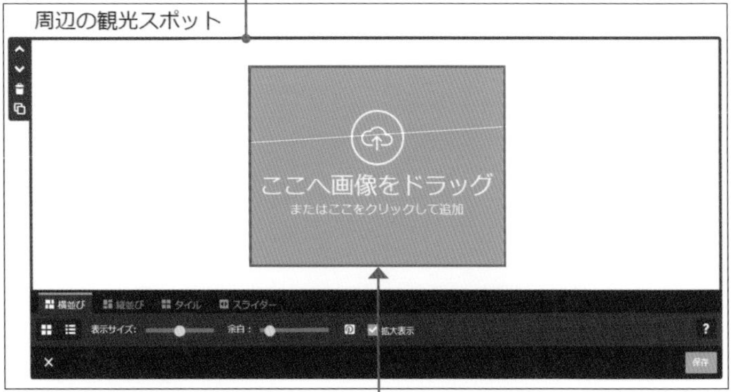

2 ［ここへ画像をドラッグ］をクリックします。

3 表示する画像を選択します。

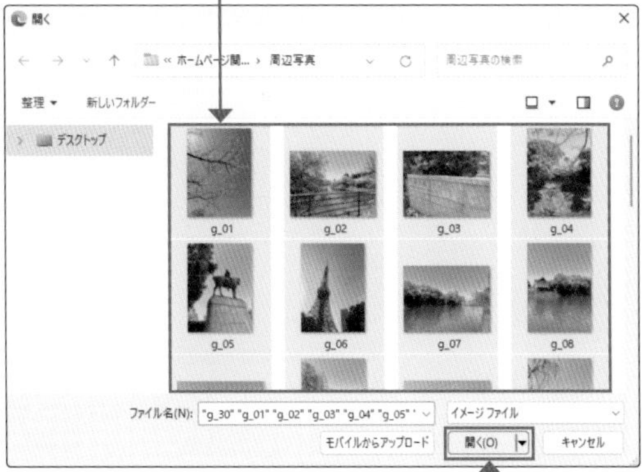

4 ［開く］をクリックします。

5 画像が表示されます。

③ 画像の表示順を変更する

解説
画像を追加する

画像をあとから追加するには、フォトギャラリーの画像にマウスカーソルを移動し、表示される[ここへ画像をドラッグ]をクリックします1。[開く]画面が表示されたら、111ページの方法で画像を選択して追加します。

1 クリックします。

ヒント
[横並び][縦並び]の表示について

[横並び]では、表示されるつまみをドラッグすると、画像の大きさや画像と画像の間隔の余白などを指定できます1。[縦並び]では、列数や余白を指定できます。また、[拡大表示]をクリックしておくと2、画像を拡大表示できます(111ページのヒント参照)。

1 ドラッグします。

2 クリックします。

1 画像一覧が表示されます。

2 画像をクリックしてフォトギャラリーの編集画面を表示します。

3 移動したい画像にマウスカーソルを合わせて移動したい場所にドラッグします。

4 画像の表示順が変わりました。

5 [保存]をクリックします。

4 画像を削除する

ヒント

フォトギャラリーを削除する

フォトギャラリーを削除するには、フォトギャラリーにマウスカーソルを合わせて［コンテンツを削除］をクリックします1。

1 クリックします。

解説

画像の向きを変える

フォトギャラリーに追加した画像の向きが正しく認識されていない場合は、フォトギャラリーをクリックし、下に表示される画像の一覧から、向きを変更する画像にマウスポインターを移動して、［右回りに画像を回転］や［左回りに画像を回転］をクリックします。

1 削除する画像にマウスカーソルを合わせます。

2 ここをクリックします。

3 画像が削除されました。

4 ［保存］をクリックします。

ヒント サーバーの空き容量について

ジンドゥークリエイターのFREEプランでは500MB、PROプランでは5GBまでのサーバー領域を使用できます。画像などを大量にアップする場合は、サーバーの空き容量などを確認してから操作しましょう。管理メニューの［基本設定］をクリックし1、［サーバー容量］をクリックします2。なお、BUSINESS、SEO PLUS、PLATINUMプランの場合、サーバー容量の上限はありません。

1 クリックします。

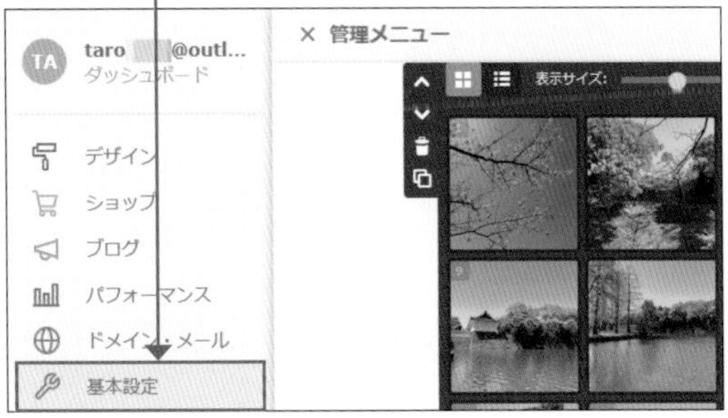

2 クリックします。

空き容量を確認できます。

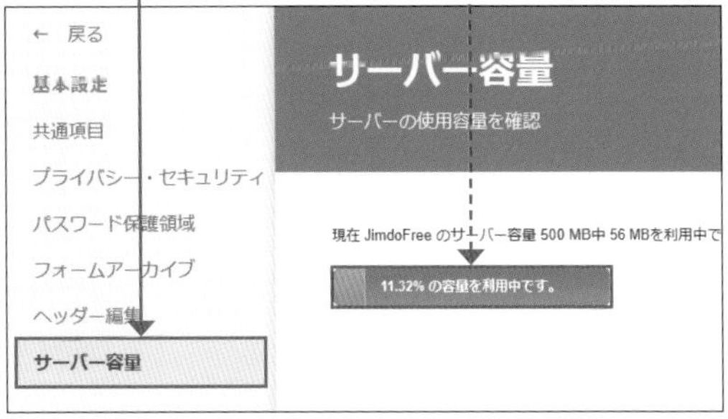

Section
39 プレビュー画面で画像を見よう

ここで学ぶこと

- フォトギャラリー
- プレビュー
- コマ送り表示

プレビュー画面に切り替えて、フォトギャラリーの画像を見てみましょう。画像をクリックすると、画像が大きく表示されます。表示する画像を切り替えたり、一覧表示に戻ったりする方法を確認しましょう。画像の表示方法を変更する場合は、フォトギャラリーの編集画面に戻ります。

1 画像を表示する

解説

画像を表示する

フォトギャラリーの編集画面の[横並び][縦並び]タブの[拡大]にチェックを付けておくと(120ページのヒント参照)、画像をクリックすると、画像が拡大表示されます。

ヒント

画像をタイル形式で並べて表示する

画像をすべて同じ大きさに並べて表示するには、118ページ下のヒントの方法で、画像の表示方法を指定します。

1 [プレビュー]をクリックします。

2 プレビュー画面に切り替わります。

3 画像をクリックします。

② 画像を切り替えて表示する

解説

画像を切り替える

次の画像を表示するには、画像の右端にマウスカーソルを合わせると表示される→をクリックします。前の画像を表示するには、画像の左端にマウスカーソルを合わせると表示される←をクリックします。

ヒント

コマ送り表示にする

画像を拡大表示しているときに、1枚ずつコマ送りで表示するには、▶をクリックします❶。すると、画像が順番に表示されます。

1 クリックします。

コマ送り表示を中断します。

1 画像の位置が表示されます。

2 画像にマウスカーソルを合わせます。

3 ここをクリックします。

4 次の画像が表示されます。

5 ここをクリックします。

6 画像の一覧が表示されます。

7 ここをクリックして編集画面に戻ります。

Section

40 画像をタイル状に並べて表示しよう

ここで学ぶこと

- フォトギャラリー
- 比率
- 拡大／縮小

フォトギャラリーの画像は、表示する画像の比率をオリジナル比率または正方形比率の中から選択できます。また、画像を拡大／縮小して表示することもできます。画像の一覧を確認しながら、表示方法を指定しましょう。ここでは、画像を縮小して表示します。

1 表示比率を変更する

ヒント

タイル状に表示する

フォトギャラリーで追加した画像を同じ大きさで並べて表示するには、［タイル］を選択します。

ヒント

オリジナル比率と正方形で表示

比率は、［オリジナル比率で表示］か［正方形で表示］のいずれかを選択できます。オリジナル比率は、元の画像の縦横比を変えずに画像が縮小表示されます。正方形で表示した場合は、元の画像の縦横比を変えずに画像の中央部分を正方形の比率で表示します。画像の左右の端の部分が隠れることがあります。

1 120ページの方法で、フォトギャラリーの編集画面を表示します。

2 ここをクリックします。

3 表示の比率が変わりました。

2 表示の大きさを変更する

ヒント

プレビュー画面で拡大する

画像の［拡大表示］がオンになっているとき、プレビュー画面で画像をクリックすると1、画像が大きく表示されます。拡大表示を閉じるには、×をクリックします2。

1 クリックします。

2 クリックします。

1 ここをクリックします。

2 画像が縮小表示されます。

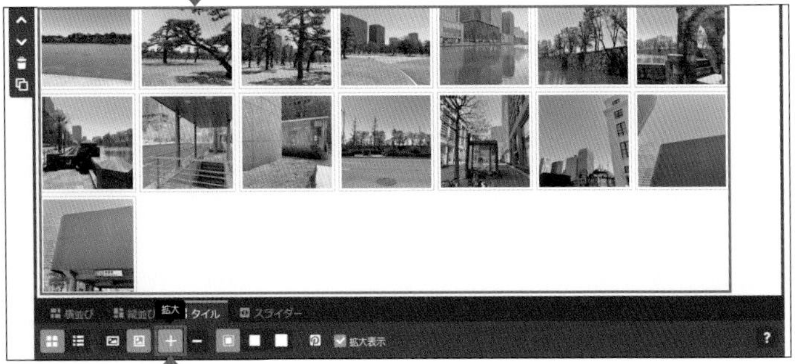

3 ここをクリックします。

4 画像が拡大表示されました。

5 120ページの方法で、
［保存］をクリックして保存しておきます。

Section

41 表示スタイルを変更しよう

ここで学ぶこと

- フォトギャラリー
- 表示スタイル
- 画像の枠

画像の周囲に表示する枠のスタイルを選択しましょう。スタイルには、画像に細い枠を付けて少し間を空けて配置するものや、枠のないもの、太い枠が付いたものなどがあります。画面の表示イメージを確認しながら気に入ったスタイルを選びましょう。

1 画像をくっつけて表示する

ヒント

スタイルを選択する

画像を表示するときの枠の表示スタイルには、次の3つのスタイルがあります。

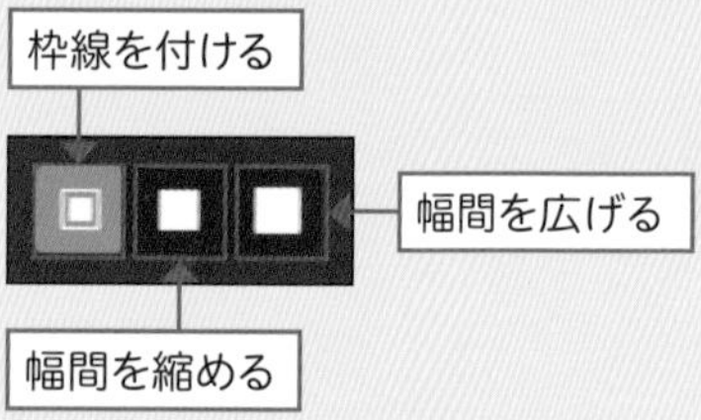

1 [タイル] が選択されていることを確認します。

2 [幅間を縮める] をクリックします。

3 画像がくっついて表示されます。

② 太枠で囲って表示する

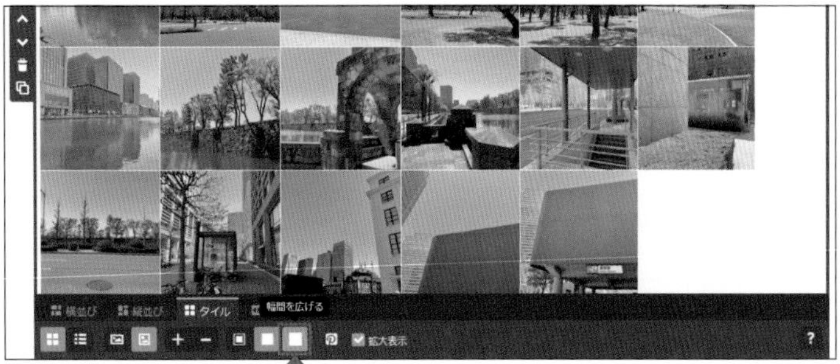

1 [幅間を広げる] をクリックします。

2 画像の間隔が広くなります。

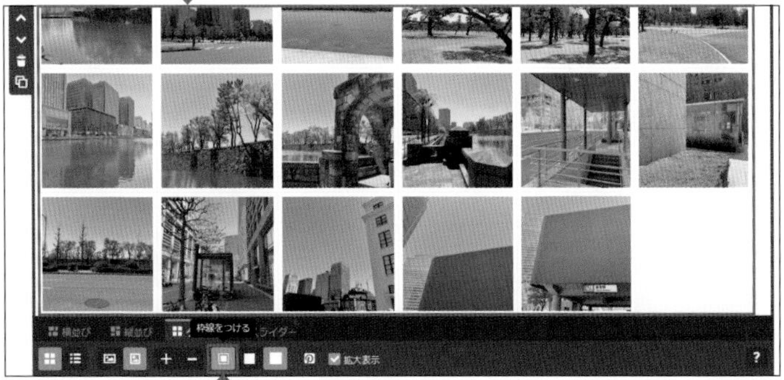

3 [枠線をつける] をクリックします。

4 元の表示に戻ります。

5 120ページの方法で、
[保存] をクリックして保存しておきます。

ヒント

枠線の表示について

枠線を表示しない場合は、[幅間を縮める] をクリックします。

ヒント

表示列が変わる場合もある

枠付きのスタイルを選択すると、1行に表示される画像の数が変わる場合もあります。画面のイメージを確認しながらスタイルを選択しましょう。

ヒント

オリジナル比率の場合

画像の表示方法で [オリジナル比率で表示] を選択している場合も、スタイルを設定できます。表示イメージは異なりますが、スタイルの設定方法は同じです。

Section

42 画像にキャプションをつけよう

ここで学ぶこと

- フォトギャラリー
- キャプション
- プレビュー

画像には、キャプションという説明文を指定できます。画像の内容をキャプション欄に入力しておきましょう。フォトギャラリーの編集画面をリスト表示に切り替えて操作します。なお、キャプションに指定した内容は、画像を拡大表示したときなどに表示されます。

① 画像をリスト表示にする

解説

リスト表示に切り替える

画像にキャプションを付けるには、フォトギャラリーの編集画面をリスト表示に切り替えます。[リスト表示]をクリックします。

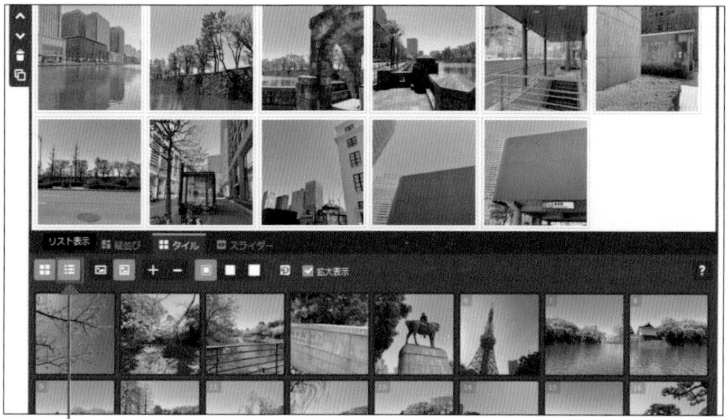

1 [リスト表示]をクリックします。

2 リスト表示に切り替わりました。

ヒント

リスト表示について

フォトギャラリーの編集画面で画像の表示方法をリスト表示に切り替えると、画像のキャプションを指定できます。また、画像を回転したり、画像にリンクを設定したりできます。

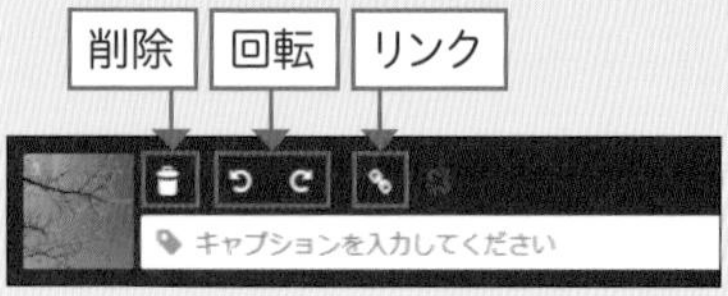

② キャプションを入力する

解説
キャプションを付ける

画像にキャプションを設定します。それぞれの画像の横のキャプション欄に内容を入力しましょう。画像を拡大して表示したり、コマ送りで表示すると、画像の下に表示されます。

ヒント
画像の表示順を変更する

リスト表示画面で画像を入れ替えるには、画像を上下にドラッグして移動します❶。

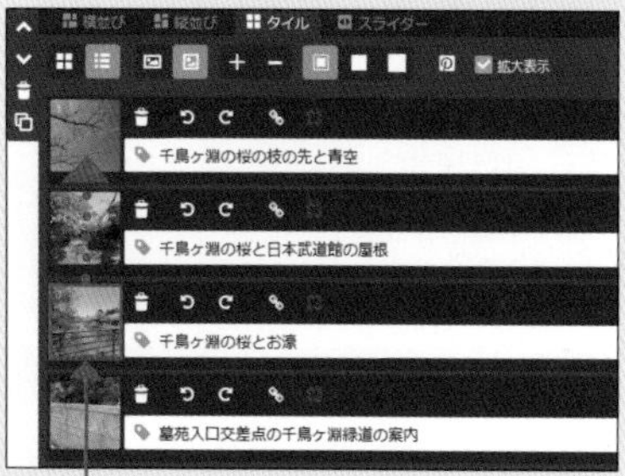

1 ドラッグします。

ヒント
一覧表示に戻る

フォトギャラリーの編集画面で画像の表示方法をリスト表示に切り替えたあと、一覧表示に戻るには、［グリッド表示］をクリックします❶。

1 クリックします。

1 キャプション欄をクリックして画像の内容を入力します。

2 ほかの画像もキャプションを入力します。

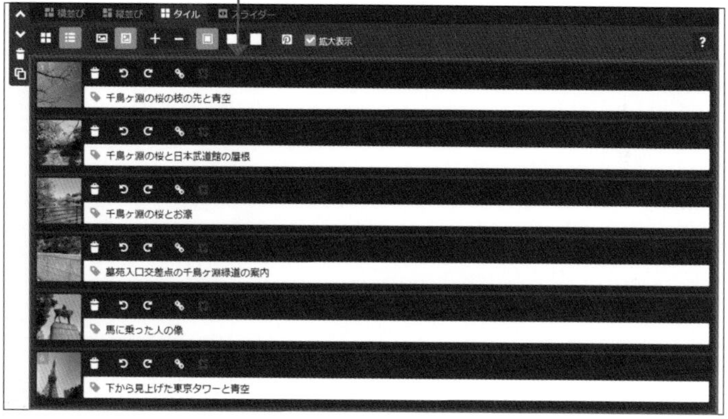

3 120ページの方法で、［保存］をクリックして保存しておきます。

4 プレビュー画面で画像を拡大して表示した場合などは、画像のキャプションが表示されます。

Section

43 画像にリンクを貼ろう

ここで学ぶこと

- フォトギャラリー
- リンク
- リンクの解除

画像をクリックしたときに、ほかのホームページやブログ記事などが表示されるように、画像にリンクを設定してみましょう。フォトギャラリーの画像にリンクを設定するには、フォトギャラリーの編集画面をリスト表示に切り替えて操作します。

1 リンク画面を表示する

解説

リンク設定画面を表示する

画像にリンクを設定するには、［リスト表示］をクリックしてフォトギャラリーの編集画面をリスト表示に切り替えます。リンクを設定する画像の横のボタンをクリックしてリンクの設定画面を開きます。

1 128ページの方法で、フォトギャラリーの編集画面をリスト表示に切り替えます。

2 リンクを設定する画像の［画像にリンク］をクリックします。

3 リンクを設定する画面が表示されます。

ヒント

一覧表示に戻る

フォトギャラリーの編集画面で画像の一覧表示に戻るには、［グリッド表示］をクリックします。

② リンクを設定する

解説

リンクを設定する

リンク先を選択します。ここでは、画像をクリックすると、ほかのホームページが表示されるようにするため、[外部リンクまたはメールアドレス]欄にURLを入力します。ほかにも自分のホームページやブログ記事、ファイルダウンロードへのリンクを設定できます(55ページのヒント参照)。

ヒント

リンク先を表示する

画像にリンクを設定すると、画像をクリックするとリンク先が表示されます。リンクを設定していない場合は、画像が大きく表示されます(111ページ下のヒント参照)。

クリックすると、
リンク先が表示されます。

1 [外部リンクかメールアドレス]をクリックします。

2 リンク先を指定します。

3 [リンクを設定]をクリックします。

4 リンクが設定されました。

5 120ページの方法で、
[保存]をクリックして保存しておきます。

③ リンクを削除する

1 [リンクを削除]をクリックします。

2 リンクが解除されます。

Section

44 コマ送り表示にしよう

ここで学ぶこと

- スライダー
- 再生速度
- 自動再生

フォトギャラリーの画像は、一覧形式ではなく、拡大してコマ送り表示することもできます。その場合、画像が1枚ずつ順番に表示されます。画像を切り替える間隔などは指定できます。また、ページを開いたときに自動的に再生されるように指定することもできます。

1 コマ送り表示にする

解説

画像をコマ送り表示にする

画像を自動的に切り替えて表示されるようにするには、［スライダー］を選択します。画像を切り替えるタイミングなどは指定できます。

1 ［スライダー］をクリックします。

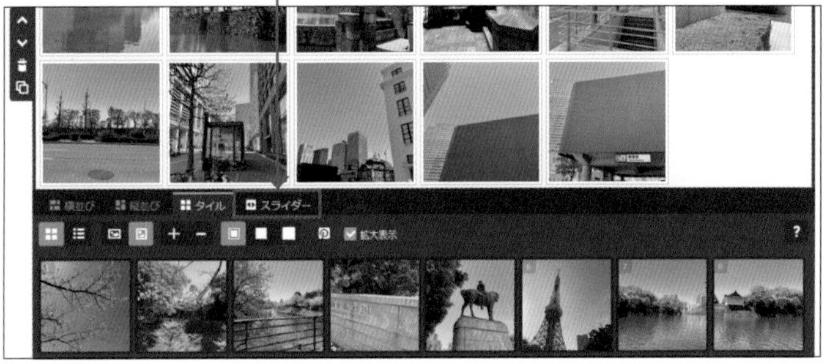

2 画像が大きく表示されます。

3 120ページの方法で、
［保存］をクリックして保存しておきます。

ヒント

リスト表示にする

フォトギャラリーの画像をリスト形式で表示するには、［リスト表示］をクリックします（128ページ参照）。

② 表示間隔などを指定する

ヒント

表示方法を指定する

コマ送り表示で画像を表示するときは、次のような設定を行えます。

写真を切り替える速度を指定します。

写真の下に画像の縮小図の一覧を表示します。

自動的に再生するか指定します。

写真を切り替えるボタンの色の濃さを指定します。

写真を拡大表示できるようにするか指定します。

1 ［スライダー］をクリックします。

2 ここを左右にドラッグして表示間隔を指定します。

3 表示間隔が変わります。

4 必要に応じて、サムネイルを表示するかなどを指定します。

5 120ページの方法で、［保存］をクリックして保存しておきます。

ヒント

表示方法の確認

コマ送り表示での表示間隔などを指定後、表示を確認する方法は、134ページで紹介しています。

③ コマ送り表示を確認する

解説

コマ送り表示を確認する

前のページで[自動再生]欄にチェックをつけていると、自動的にコマ送り表示されます。自動再生の設定にしていない場合は、再生のボタンをクリックして再生します❶。

1 クリックします。

ヒント

画像を大きく表示する

フォトギャラリーで[拡大表示]のチェックがついているとき、画面中央の⊗をクリックすると画像が大きく表示されます。コマ送り表示にするには、▶をクリックします1。

1 クリックします。

ヒント

指定した画像に切り替える

コマ送り表示中に、画像の縮小図をクリックすると1、選択した画像に表示が切り替わります。

1 クリックします。

1 プレビュー画面に切り替えます。

2 画像がコマ送り表示されます。

3 指定した間隔で自動的に画像が切り替わります。

4 ここをクリックします。

5 コマ送り表示がストップします。

6 ここをクリックすると、コマ送り表示になります。

第 6 章

ページを カスタマイズしよう

Section 45　ホームページの雰囲気を変更するには
Section 46　レイアウトを変更しよう
Section 47　ホームページの色合いを変更しよう
Section 48　ロゴ画像を変更しよう
Section 49　背景にオリジナル画像を表示しよう
Section 50　背景画像の表示方法を変更しよう
Section 51　画像が切り替わるようにしよう
Section 52　画像の順番や切り替えのタイミングを指定しよう
Section 53　背景の色を変更しよう
Section 54　全体のスタイルを変更しよう
Section 55　見出しや本文のフォントを変更しよう
Section 56　ナビゲーションやリンクの文字の色を変更しよう

Section

45 ホームページの雰囲気を変更するには

ここで学ぶこと

- レイアウト
- スタイル
- 背景

ジンドゥーでは豊富なレイアウトの中から気に入ったものを選択するだけで、ホームページのデザインをかんたんに整えられます。また、レイアウト以外にも、ホームページの背景や色合いなど、デザインの一部を手軽に変更する方法もあります。どのような変更ができるのか知りましょう。

1 レイアウトを変更する

解説

レイアウトについて

選択したレイアウトによってホームページの雰囲気は大きく変わります。レイアウトは、141ページの方法でかんたんに変更できます。ナビゲーションの位置などを確認して気に入ったものを選択しましょう。レイアウトには、世界各都市の名前が付けられています。

補足

レイアウトは最初に選択できる

ホームページのレイアウトは、ホームページを作成するときに選択できます(32ページ参照)。また、あとから変更することもできます。

② プリセットで色合いを選択する

解説

プリセットを指定する

レイアウトには、背景の表示方法や色合いなどが異なるパターンがいくつか用意されています（143ページ参照）。パターンを選択すると、ホームページの背景や見出し文字などの色が変わります。

ヒント

見出しの色などを個別に指定するには

コンテンツが表示される部分や見出しの文字の色などを変更するには、スタイルを設定する方法があります（157ページ参照）。

プリセットを選択して色合いなどを変更できます。

プリセット変更後の例

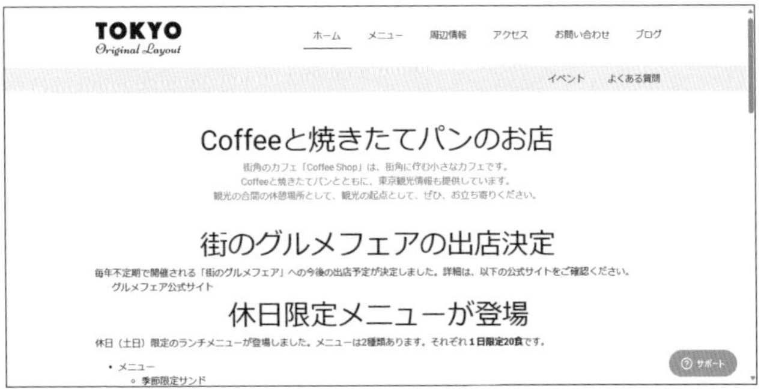

3 ロゴを変更する

解説

ロゴを指定する

ほとんどのレイアウトは、ロゴの画像を入れられます。オリジナルの画像を使用すれば、ホームページのイメージを変えられます。

解説

ヘッダーについて

ホームページのヘッダーのデザインを変更するには、タイトル、ロゴ、背景を指定します。ただし、選択したレイアウトによって指定できる内容は異なります。

4 スタイルを変更する

重要用語

スタイル

見出しや本文などのスタイルを設定する画面を表示すると、マウスポインターの形が変わります。変更したい箇所をクリックしてデザイン変更します。変更後のイメージを画面で確認しながら設定できます。

解説

複数の見出しデザインを一度に変えられる

スタイルの設定を変更すれば、見出しや本文の文字の形や大きさ、色などをまとめて変更できます。また、ナビゲーションの色やリンクが設定された文字の色なども指定できます。

スタイル設定画面を表示してスタイルを変更する箇所を選択します。

スタイルを変更すると、

そのスタイルが適用されているほかの文字の書式も自動的に変更されます。

5 背景を変更する

解説

背景を変更する

ホームページの背景を変更できます。背景は、［画像］［スライド表示］［動画］［カラー］のいずれかを指定できます（146～155ページ参照）。

ホームページの背景の画像や色などを指定できます。

背景変更後の例

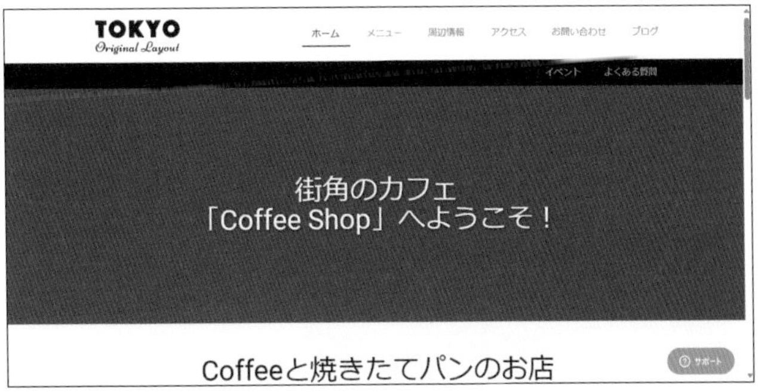

ヒント

写真や動画の表示もできる

背景には自分で用意した画像ファイルや写真を表示することもできます（146ページ参照）。また、動画を表示することもできます。

Section

46 レイアウトを変更しよう

ここで学ぶこと

- レイアウト
- デザインフィルター
- プレビュー

ホームページ全体のレイアウトを指定します。ページタイトルやナビゲーション、サイドバーの位置などを確認してレイアウトを選択しましょう。プレビュー画面で確認してレイアウトの変更を保存するかどうか指定します。なお、レイアウトには、世界各都市の名前が付けられています。

1 レイアウトの一覧を表示する

重要用語

レイアウト

レイアウトとは、ホームページのデザインを含むホームページ全体の構成です。多くのレイアウトが用意されていますので気に入ったものを選択しましょう。レイアウトによってナビゲーションやサイドバーなどの位置が異なります。作成したいホームページのイメージに近いものを選びましょう。

ヒント

レイアウト選択に迷ったら

レイアウト選択に迷ったら、一番右端の［デザインフィルターをお試しください］をクリックしてみましょう**1**。ヘルプページが表示されたら［デザインフィルター］をクリックします。ナビゲーションの表示方法やサイドバーの位置などを指定してレイアウトを絞り込めます。

1 クリックします。

1 管理メニューの［デザイン］をクリックします。

2 ［レイアウト］をクリックします。

3 レイアウトの一覧が表示されます。

2 レイアウトを選択する

解説

レイアウトを変更する

任意のレイアウトを選択すると、そのレイアウトを適用したイメージが表示されます。指定したレイアウトに変更する場合は、確認画面で[保存]をクリックします。ほかのレイアウトを選択する場合は[やり直す]をクリックします。

ヒント

変更後に調整する

レイアウトを変更すると、1行に表示される文字数などが異なるため、見出しや本文の文字などがずれてしまうこともあります。その場合は、文字を編集したりして適宜調整します。見出しや本文の文字の大きさを変更することもできます（158ページ参照）。

ヒント

レイアウトの選択をやめるには

レイアウトの一覧を非表示にして元の画面に戻るには、右上の ☒ をクリックします。

1 気に入ったレイアウトを選び［プレビュー］をクリックします。

2 レイアウト変更後のイメージが表示されます。

3 変更する場合は［保存］をクリックします。

4 レイアウトが変更されました。

5 ☒ をクリックします。

Section
47 ホームページの色合いを変更しよう

ここで学ぶこと

- レイアウト
- プリセット
- 色合い

レイアウトには、プリセットというデザインのパターンが用意されています。プリセットの選択によって、色合いや背景の表示方法などが異なります。プリセットを選択すると、ホームページの雰囲気が変わります。プレビュー画面を確認してから保存するかどうか指定します。

1 レイアウトの一覧を表示する

解説

プリセットについて

プリセットとは、色合いやサイドバーの位置、背景の表示方法などが異なるデザインのパターンのことです。レイアウトごとにデザインのパターンが複数用意されています。プリセットを表示して、気に入ったものを選択してみましょう。

ヒント

プリセットの選択をやめるには

プリセットの選択をやめる場合は、レイアウト選択の画面で × をクリックします。

1 管理メニューの［デザイン］をクリックします。

2 ［レイアウト］をクリックします。

3 レイアウトの一覧が表示されます。

4 レイアウトにマウスポインターを合わせて、［プリセット］をクリックします。

② プリセットを選択する

解説

プリセットを変更する

プリセットの変更を確定する場合は、確認メッセージの［保存］をクリックします。選択をやり直す場合は［やり直す］をクリックします。

1 プリセットが表示されます。

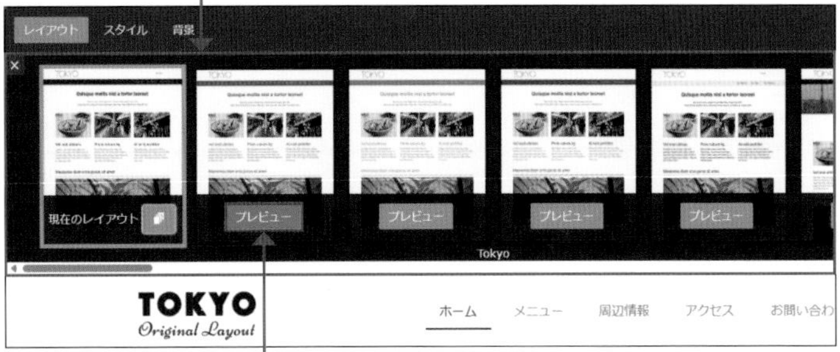

2 ［プレビュー］をクリックします。

3 変更後のイメージが表示されます。

4 変更する場合は［保存］をクリックします。

5 レイアウトが変更されました。

6 × をクリックします。

ヒント

レイアウトによって表示される内容は異なる

プリセットのパターンは、レイアウトによって異なります。ほかのレイアウトのプリセットを確認する場合は、レイアウトの一覧を表示して目的のレイアウトの［プリセット］をクリックします。

Section

48 ロゴ画像を変更しよう

ここで学ぶこと

- ロゴ
- 画像
- 配置

ほとんどのレイアウトでは、ヘッダーにオリジナルのロゴ画像を表示できます。ロゴを表示する場所は、選択しているレイアウトによって異なります。まずは、ロゴエリアに準備したロゴ画像をアップロードしましょう。続いて、ロゴの配置や大きさなどを整えます。

① ロゴ画像を表示する準備をする

ヒント

ロゴを選択する

ロゴの位置やあらかじめ表示されているロゴの画像は、ホームページを作成するときに選択したデザインによって異なります。ロゴ画像をクリックして差し替えるロゴを選択します。なお、ロゴマークが表示されていない場合、[ロゴエリア]をクリックし1、[ここへ画像をドラッグ]をクリックすると2、ロゴの画像をアップロードできます。なお、レイアウトによっては、ロゴを表示する領域がないものもあります。

1 クリックします。

2 クリックします。

1 ロゴが表示されているところをクリックします。

2 ここをクリックします。

② 画像を選択する

ヒント

ロゴ画像を拡大／縮小する

ロゴ画像を拡大するには、［＋］、縮小するには［—］をクリックします。画像を選択して指定します。

ヒント

ロゴ画像のサイズについて

あらかじめ表示されているロゴ画像の大きさは、選択しているレイアウトによって異なります。なお、レイアウトごとのロゴ画像の最大値は、ジンドゥーのサポートページ（「https://help.jimdo.com/hc/ja」）で確認できます。「ロゴサイズの最大値」というキーワードでページを検索してみましょう。

ヒント

配置を変更する

画像の配置を変更するには、［左揃え］［中央揃え］［右揃え］をクリックします。画像を選択して指定します。

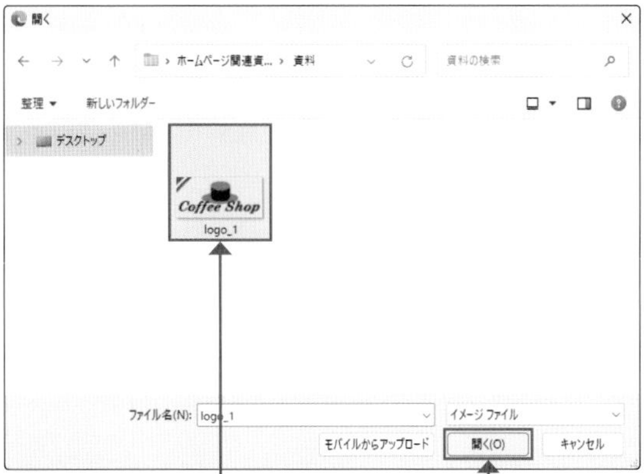

1 表示する画像を選択します。

2 ［開く］をクリックします。

3 画像が表示されます。

4 ここをクリックして配置を指定します。

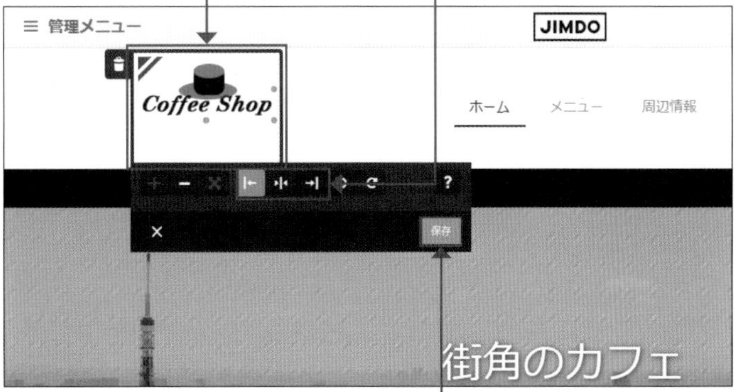

5 ［保存］をクリックします。

6 画像が表示されました。

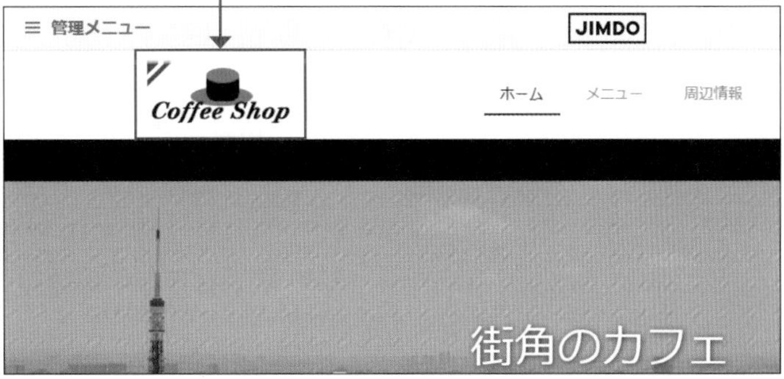

Section

49 背景にオリジナル画像を表示しよう

ここで学ぶこと

- レイアウト
- 背景
- 画像

ホームページの背景は変更できます。指定できる内容は、[画像][スライド表示][動画][カラー]のいずれかです。ここでは、[画像]を指定して、自分で用意した画像を表示する方法を紹介します。複数の画像を順に表示する場合は、[スライド表示]を指定します(150ページ参照)。

1 背景に画像を表示する準備をする

解説

背景を編集できない場合

レイアウトによっては、背景を編集できないものもあります。その場合は、ほかのレイアウトを選択してみましょう。

ヒント

すべてのページの背景を変更する

背景画像を追加後、背景画像をすべてのページに設定するには、[背景画像をすべてのページに設定する]をクリックします。選択しているレイアウトによっては、すべてのページに設定できない場合もあります。

1 管理メニューの[デザイン]をクリックします。

2 [背景]をクリックします。

3 ここをクリックします。

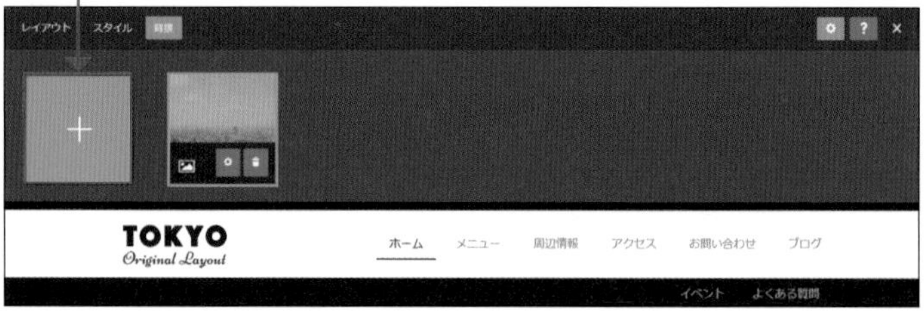

2 画像を選択する

1 ［画像］をクリックします。

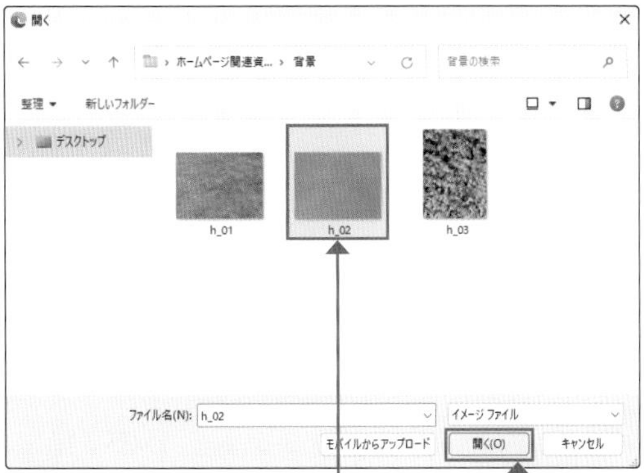

2 ファイルを選択します。

3 ［開く］をクリックします。

4 画像が追加されます。

5 背景の変更イメージが表示されます。

6 ［保存］をクリックします。

ヒント

ほかの画像を追加する

背景画像には、複数の画像をアップロードできます。画像を追加するには、手順❹の画面で＋をクリックし、追加する画像を選択します。

ヒント

ほかの画像を選択する

背景に表示する画像を変更するには、上のヒントの方法で画像を追加して、画像をクリックします1。

1 クリックします。

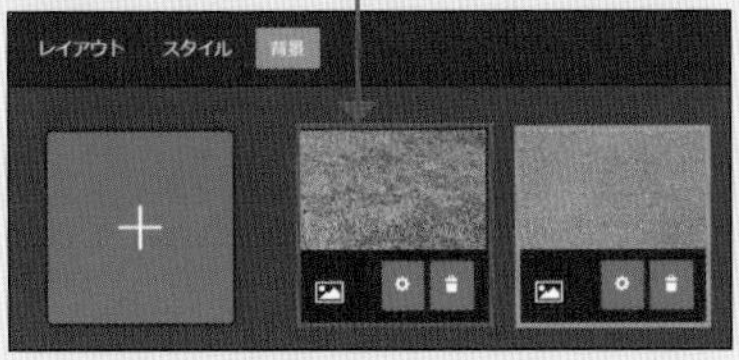

Section

50 背景画像の表示方法を変更しよう

ここで学ぶこと

- 背景
- 背景の中心
- 背景の固定

背景画像の表示方法を指定します。背景の画像で写真を表示するとき、写真の見せたい部分が背景の中心になるように位置を調整しましょう。また、指定した背景画像をすべてのページに表示する方法などを紹介します。ホームページをスクロールしたときに背景を固定することもできます。

1 背景の中心位置を指定する

ヒント

背景画像を追加する

背景画像を追加するには、背景の編集画面で＋をクリックして背景画像を選択します。

ヒント

背景を削除する

背景を削除するには、背景の編集画面で削除する背景画像の右下のボタンをクリックします1。

1 クリックします。

ヒント

設定済みの背景を編集する

設定済みの背景画像の内容を編集するには、編集する背景画像の⚙をクリックします。

1 146ページの方法で、背景画像を追加します。

2 背景の○の部分を背景の中心に位置するようドラッグします。

3 背景画像の中心位置がずれて表示されます。

4 変更する場合は[保存]をクリックします。

2 背景をすべてのページに表示する

ヒント

表示の固定について

ホームページを下方向にスクロールすると、ホームページのヘッダー部分に表示されている背景画像は見えなくなります。常に背景が見えるようにするには、スタイルの編集画面でコンテンツが表示される部分の背景色に透明を指定し、次のように設定を変更します。なお、レイアウトによっては、指定できない場合もあります。

1 クリックします。

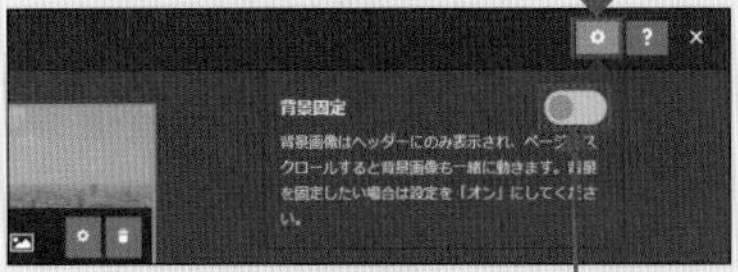

2 クリックします。

ヒント

レイアウトによって異なる

レイアウトによって背景画像が表示されるページは異なります。たとえば、TOKYOのレイアウトは、「ホーム」ページにのみ背景が表示されます。

ヒント

新規ページの背景

新規に作成したページの背景は、「ホーム」ページに設定されている背景が表示されます。背景は、あとから変更することもできます。

1 背景の編集画面を表示します。

2 すべてのページに指定する背景のここをクリックします。

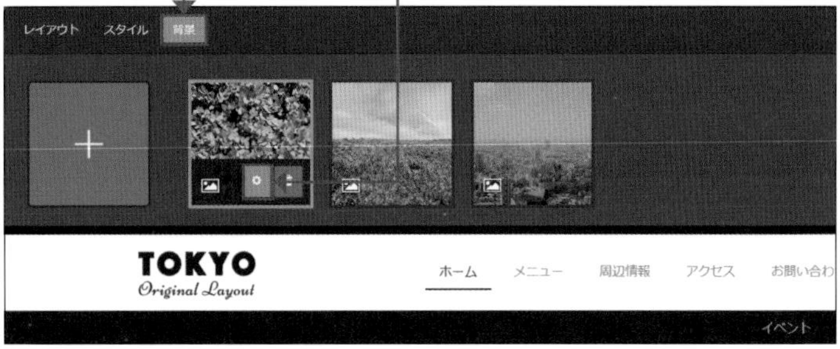

3 ［この背景画像をすべてのページに設定する］をクリックします。

4 ほかのページをクリックして設定を確認します。

5 設定を保存するには、［保存］をクリックします。

レイアウトによっては、背景画像が表示されるページは異なります（左のヒント参照）。

Section

51 画像が切り替わるようにしよう

ここで学ぶこと

- 背景
- スライド表示
- 画像

背景画像を表示するとき、複数の画像を紙芝居のように順に切り替えて表示するには、背景画像の表示方法を［スライド表示］に設定します。表示する画像の順番はかんたんに指定できます。また、切り替える速度なども合わせて指定できます。

1 背景画像をスライド表示にする

解説

画像を選択する

［スライド表示］では、2枚以上の画像を追加する必要があります。複数画像を選択するときは、ひとつ目の画像を選択したあと、Ctrl キーを押しながら同時に選択する画像をクリックします。ここからここまでというように連続した画像を追加するには、最初の画像をクリックしたあと、最後の画像を Shift キーを押しながらクリックします。

ヒント

動画を表示する

背景には、動画投稿サイトのYouTubeやVimeoの動画を表示することもできます。その場合、背景を選択するとき［動画］を選択し、リンク先などを指定します。

1 146ページの方法で、背景を追加する画面を開きます。

2 ここをクリックします。

3 ［スライド表示］を選択します。

4 画像を選択する画面が表示されます。

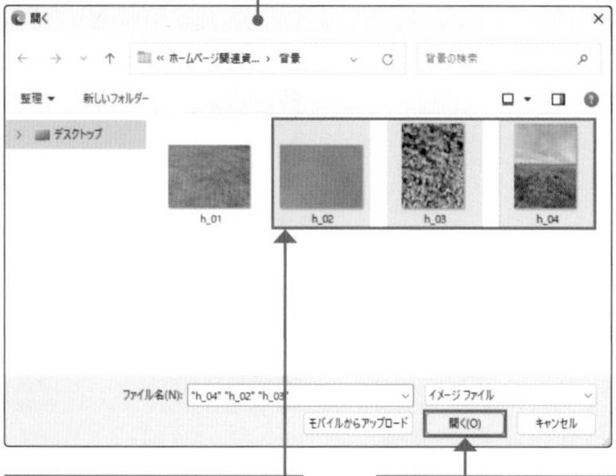

5 画像を選択します。

6 ［開く］をクリックします。

6
ページをカスタマイズしよう

② 表示を確認する

1 背景が指定されます。

2 [保存]をクリックします。

3 ホームページを表示すると最初の画像が表示されます。

4 しばらくすると、画像が切り替わります。

ヒント

画像の表示順を指定する

画像の表示順を指定する方法は、152ページで紹介しています。

ヒント

画像を切り替える速度を指定する

画像が切り替わってから次の画像に切り替わるまでの速さを指定する方法は、153ページで紹介しています。

Section

52 画像の順番や切り替えのタイミングを指定しよう

ここで学ぶこと

- 背景
- スライド表示設定
- 表示順

複数の背景画像を切り替えて表示するとき、表示する画像の順番を指定できます。背景画像の一覧を表示して画像を表示する順番に並べます。また、画像を切り替えるタイミングも指定できます。早く切り替えるか遅く切り替えるか調整しましょう。

1 表示順を変更する

1 背景の編集画面を表示します。

2 スライド表示を指定した背景のここをクリックします。

3 スライド表示設定の画面が表示されます。

4 順番を変更する画像をドラッグします。

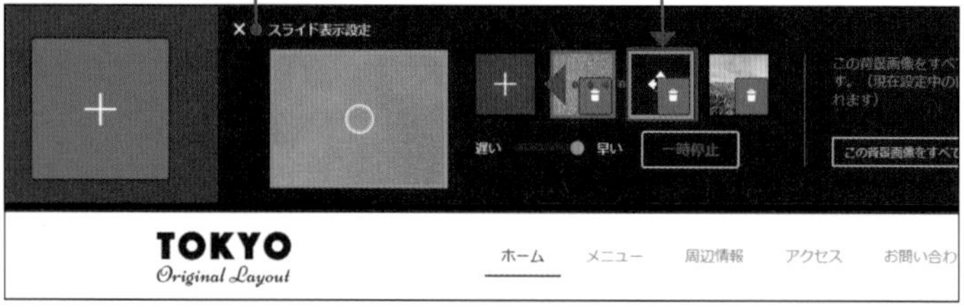

5 順番が変わりました。

6 ［保存］をクリックします。

ヒント

画像を追加する

スライド表示で画像を追加するには、スライドの表示の設定画面で追加した画像一覧の一番左端の＋をクリックして追加する画像を指定します。

ヒント

画像を削除する

スライド表示で表示する画像を削除するには、スライドの表示設定画面で削除する画像の🗑をクリックします。ただし、スライド表示では、2枚以上の画像が必要なので、2枚しかない画像のどちらかを削除することはできません。

2 切り替えの早さを指定する

ヒント

切り替えのタイミング

背景をスライド表示で表示すると、画像が順番に表示されます。画像を切り替えるタイミングは、早くしたり遅くしたり調整できます。

1 スライド表示設定の画面を表示します。

2 ここをドラッグしてタイミングを指定します。

3 切り替えの速度が変わりました。

4 設定を保存するには、[保存]をクリックします。

ヒント

スライドを開始する

[スライド表示]の背景を指定すると、編集画面でも背景の画像が切り替わります。編集画面で背景画像の切り替えを停止するには、[一時停止]をクリックします。

Section

53 背景の色を変更しよう

ここで学ぶこと

- 背景色
- RGB値
- カラー

背景に画像を表示するのではなく、シンプルに背景色を指定するには、背景の設定画面で［カラー］を選択して色を選びます。色は、一覧から選択できるほか、色のコードやRGB値で指定することもできます（155ページ上のヒント参照）。色を選択した後は、設定を［保存］してホームページに反映させます。

1 スタイルを変更する画面を表示する

解説

色の指定

背景の設定で［カラー］を選択すると、背景部分を指定した色で塗りつぶしたように表示できます。

ヒント

背景を削除する

追加した背景画像やカラーの指定を削除するには、背景の一覧から削除する背景の🗑をクリックします**1**。

1 クリックします。

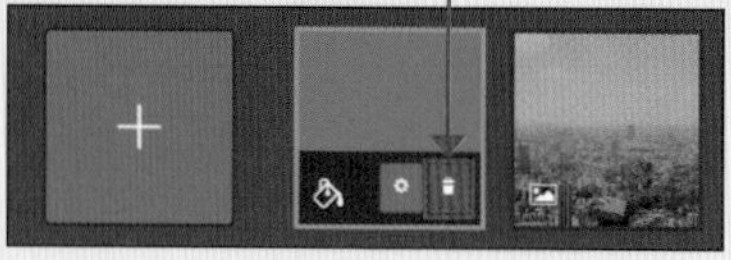

1 146ページの方法で、背景を追加する画面を開きます。

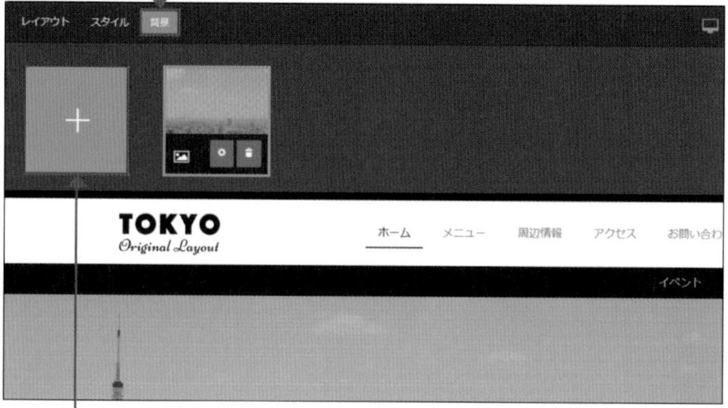

2 ここをクリックします。

3 ［カラー］をクリックします。

② 色を選択する

ヒント

色を選択する

色を選択するときは、まず、右に表示されている色の一覧から色合いを指定します1。次に、左側のキャンパスで色を指定します。キャンパス内の●をドラッグして色を指定しましょう2。四角の上の方は明るい色合い、下の方は暗い色合いです。左の方は薄い色、右の方は濃い色です。また、色をコードやRGB値で直接指定することもできます3。

1 クリックします。

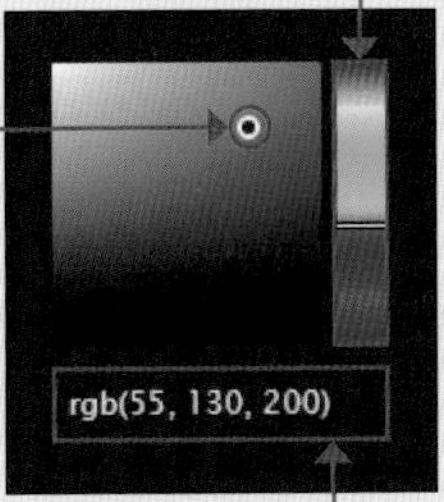

2 ドラッグします。

3 入力します。

1 色を指定する画面が表示されます。

2 ここをクリックして色合いを指定します。

3 キャンパス内をクリックして色を選択します。

4 色の変更イメージが表示されます。

5 変更する場合は[保存]をクリックします。

6 ☒をクリックしてスタイルの画面を閉じます。

7 色が変更されます。

ヒント

色を変更する

色を指定したあとに別の色にしたい場合は、背景の編集画面のカラーの⚙をクリックして色を選択します。

Section

54 全体のスタイルを変更しよう

ここで学ぶこと

- スタイル
- 見出し
- テキスト

ホームページの色合いや、見出しやテキストの字体など全体的なスタイルを変更します。見出しの種類やナビゲーション、リンクが設定されている文字など、ホームページを構成する各パーツのスタイルを個別に指定する方法については、158〜161ページで紹介します。

1 スタイルの設定画面を表示する

解説

全体のスタイルについて

スタイルの編集画面を表示すると、ホームページ全体のスタイルを指定する画面が表示されます。指定できる内容は、選択しているレイアウトによって異なります。

1 管理メニューの［デザイン］をクリックします。

2 ［スタイル］をクリックします。

3 スタイルを編集する画面が表示されます。

ヒント

詳細設定

スタイルの編集画面で［詳細設定］がオフの状態では、全体的なスタイルを指定できます。［詳細設定］をオンにすると、見出しの種類などを指定して個別にスタイルを変更できます（158ページ参照）。

② 見出しやテキストのフォントを指定する

解説

色を指定する

ページ内で使用する色を指定するには、[カラー]をクリックして色を選択します。見出し1や見出し2など個別に色を指定することもできます(158ページ参照)。

ヒント

表示するフォントを指定する

フォントを選択するとき、ゴシック体や明朝体などを指定してその中からフォントを選択するには、フォントを指定する画面で[フィルター]をクリックしてフォントの種類を選択します。

ヒント

文章の文字の書式を設定する

ホームページにコンテンツとして文章を追加している場合、文章の文字の書式は自由に変更できます。文字を選択し❶、太字や斜体、文字の色などを指定できます(52ページ参照)。

1 選択します。

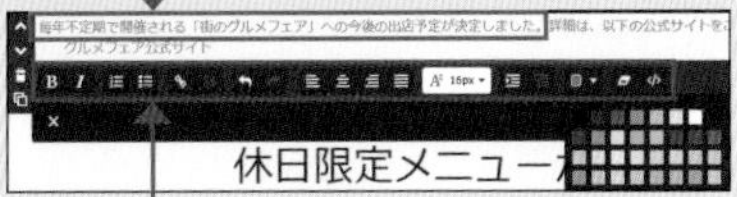

2 書式を設定します。

1 [見出し]の[フォント]をクリックしてフォントを選択します。

2 見出しのフォントが変わります。

3 [テキスト]の[フォント]をクリックしてフォントを選択します。

4 テキストのフォントが変わります。

5 [カラー]をクリックします。

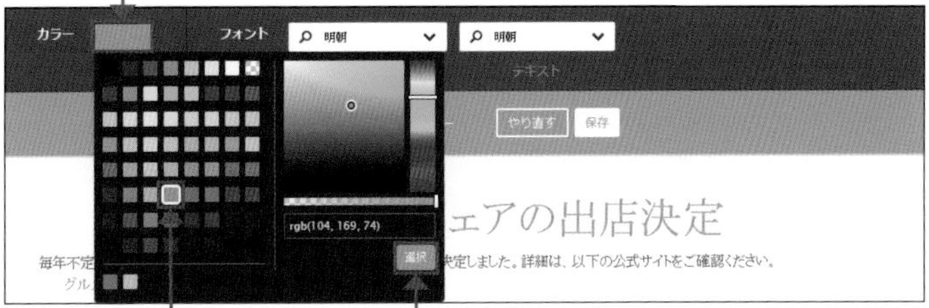

6 色を選択します。

7 [選択]をクリックします。

8 見出しの色などが変わります。

9 設定を保存するには、[保存]をクリックします。

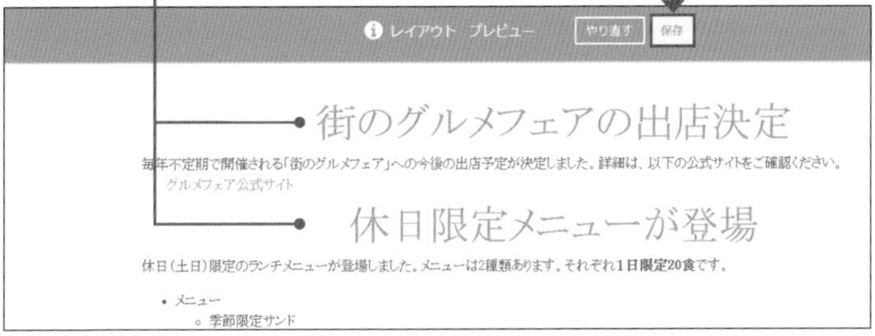

Section

55 見出しや本文のフォントを変更しよう

ここで学ぶこと

- スタイル
- 見出し
- 本文

見出しや本文のフォントの色や大きさなどは、選択しているレイアウトによって異なります。これらを変更するには、スタイルの機能を利用して、個別に書式を指定します。なお、見出しのスタイルを変更すると、同じレベルの見出しが設定されているほかの文字の書式も変更されます。

① 見出しを選択する

ヒント

スタイル機能について

スタイル機能を利用すると、コンテンツが表示される部分の色やナビゲーションの色、見出しや本文の書式などをかんたんに変更できます。メニューから［スタイル］をクリックし、マウスポインターがペンキのマークになったら変更する部分をクリックします。なお、変更できる内容は、選択した箇所によって異なります。

解説

見出しの箇所を選択する

見出しには、［大］［中］［小］のレベルがあります。ここでは、見出し［大］が設定されている見出しをクリックします。

ヒント

スタイル設定画面を閉じる

スタイル設定画面が開いているときは、続けて、ほかの箇所のスタイルを指定できます。

1 156ページの方法で、スタイルの編集画面を開きます。

2 ［詳細設定］をクリックしてオンにします。

3 ［詳細設定］が［オン］になりました。

4 変更する見出し（ここでは［見出し［大］）をクリックします。

2 見出しのスタイルを変更する

ヒント

本文のスタイルを変更する

本文のスタイルを変更するには、文章が入力されている箇所をクリックして書式の内容を指定します。フォントやフォントサイズ、行間幅やカラーなどを選択できます。

ヒント

フォント色を指定する

見出しのスタイルでフォントを指定するには、左側の枠からフォントを選びます。文字の色を指定するには、[フォントカラー]をクリックして色を指定します1。

1 クリックします。

ヒント

スタイル設定画面を閉じる

見出しスタイルの設定後、スタイル設定画面を閉じるには、右上の☒をクリックします。

ヒント

文字の配置を指定する

本文や見出しのスタイルで文字の配置を指定するには、[左][中央][右]のいずれかをクリックします1。

1 クリックします。

1 選択した見出しが指定されている箇所に枠が付きます。

2 選択した箇所で指定できる設定項目が表示されます。

3 [フォントサイズ]をクリックします。

4 サイズを選択します。

5 文字の大きさが変わります。

6 [太字]をクリックします。

7 スタイル変更後のイメージが表示されます。

8 変更する場合は[保存]をクリックします。

Section

56 ナビゲーションやリンクの文字の色を変更しよう

ここで学ぶこと

- スタイル
- ナビゲーション
- リンク

ナビゲーションに表示されているページのタイトルやリンクが設定された箇所の文字の色を変更するには、スタイルを指定します。なお、リンクが設定されている箇所では、その文字にマウスポインターを移動したときの文字の色も指定できます。スタイルの設定画面で色を選択します。

1 リンクが設定された箇所を選択する

解説

リンクの色を指定する

リンクが設定された文字は、ほかの文章と区別ができるように異なる色で表示されたり下線が付いたりします。この色を変更するには、スタイル設定でリンクの色を指定します。

ヒント

スタイルの設定を元に戻すには

スタイルの設定を元の初期状態に戻すには、個別のスタイルを変更する画面で［標準の設定に戻す］をクリックします**1**。ただし、［文章］のコンテンツなどは、スタイルの設定よりもコンテンツの作成時に指定した文字の書式が優先されます。

1 クリックします。

1 156ページの方法で、スタイルの編集画面を開きます。

2 ナビゲーションのページタイトルの部分をクリックします。

2 文字の色を変更する

1 ［フォントカラー（active）］をクリックします。

2 色を選択します。

3 ［選択］をクリックします。

4 リンクが設定されている箇所にマウスポインターを合わせます。

5 文字の色が変わります。

6 変更する場合は、［保存］をクリックします。

ヒント

activeについて

リンクが設定されている箇所の文字の色は［フォントカラー］、文字にマウスポインターを移動したときの文字の色は［フォントカラー（active）］で指定します。また、文字の背景の色を指定できる場合、背景部分の色は［背景色］、文字にマウスポインターを移動したときの背景の色は［背景色（active）］で指定します。

ヒント

リンクが設定された箇所の文字の色を変更する

リンクが設定されている箇所の文字の色を変更するには、見出しや文章などのスタイルを個別に指定する画面を表示してリンクが設定されている箇所をクリックします1。文字の色は［リンクカラー］、リンクが設定されている箇所にマウスポインターを合わせたときの文字の色は［リンクカラー（active）］を指定します2。

1 クリックします。

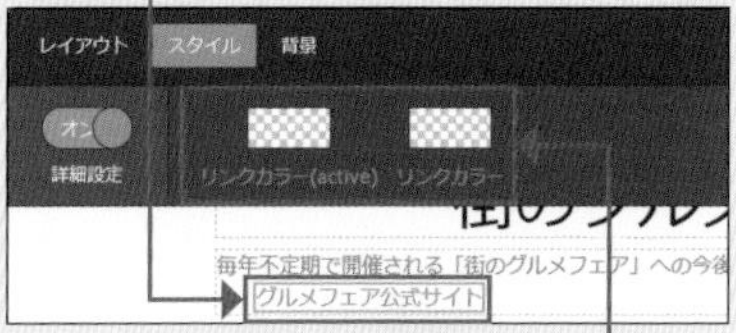

2 設定します。

応用技 もっとデザインを変更するには

この章で紹介したように、ホームページのデザインの一部は、かんたんに変更することができます。デザインの細部にこだわってもっと自由に変更をしたい場合は、次のような方法もあります。ただし、この場合は、HTMLやCSSなどの、ホームページの内容や見た目を指定する言語の知識が必要になります。

ヘッダー編集

管理メニューの[基本設定]をクリックし、[ヘッダー編集]をクリックすると1、[script][style][meta][link]タグなどの編集ができます2。ここでヘッダーを編集すると、見出しの背景に色を付けるなどデザインを変更できます。

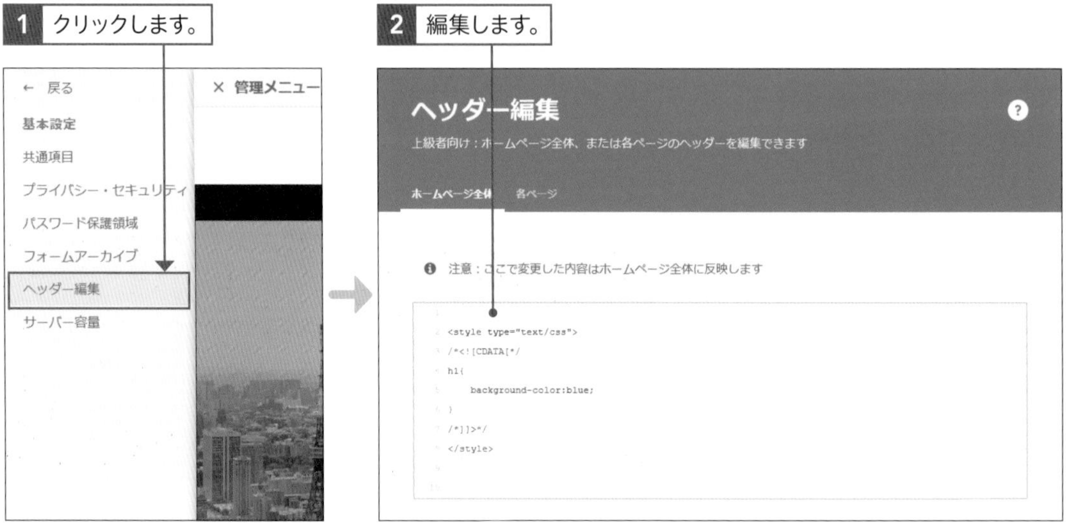

独自レイアウト

オリジナルのレイアウトをいちから作成して利用する場合には、管理メニューの[デザイン]を選択し、[独自レイアウト]を選択します1。

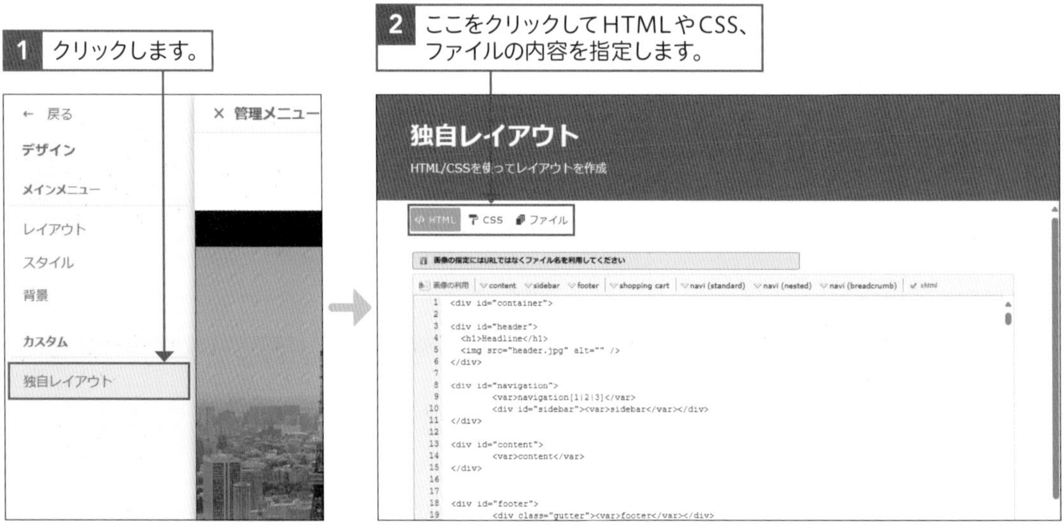

第7章

ホームページに集客しよう

Section 57　ホームページ作成後にすることを知ろう
Section 58　Facebookの「いいね！」ボタンを設置しよう
Section 59　Xのポストをホームページに表示しよう
Section 60　YouTubeの動画を配置しよう
Section 61　Googleビジネスプロフィールで宣伝しよう
Section 62　Googleに自分のホームページを登録しよう
Section 63　どのページが人気があるのか調べよう（アクセス解析）

Section

57 ホームページ作成後にすることを知ろう

ここで学ぶこと

- ページタイトル
- 代替テキスト
- SEO

多くの人にホームページを見てもらうためには、さまざまな工夫が必要です。特に、ホームページを探すために利用される検索サイトへの対策は重要です。検索サイトでかんたんに自分のホームページが見つかるようにしておけば、ホームページの訪問者の増加が期待できます。

1 ページを確認する

重要用語

SEO

検索エンジンの検索結果で上位に表示されるホームページは、多くの人に見てもらえる可能性が高くなります。そのため、ホームページ管理者は、自分のホームページが上位に表示されるように工夫します。これをSEOといいます。SEOにはさまざまな手法があります。どのようなキーワードで検索されたときに、自分のホームページがすぐに見つかるようにしたいかを考えてみましょう。ページタイトルや概要、代替テキストなどに、そのキーワードを入れておくことは、SEO対策のひとつです。ジンドゥーのサポートページに、SEO対策のチェックリストがあります。一度見ておくとよいでしょう。

解説

検索エンジン対策について

ジンドゥーのSEO対策の画面を確認します。Googleの表示を確認できない場合は、検索エンジンに認識してもらえるようにしましょう（180ページ参照）。

1 管理メニューの［パフォーマンス］をクリックし、SEOをクリックしてSEOのメニューを表示します。

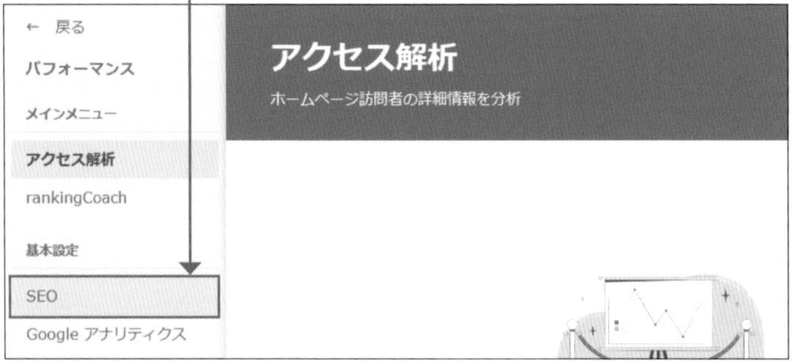
← 戻る
パフォーマンス
メインメニュー
アクセス解析
rankingCoach
基本設定
SEO
Google アナリティクス
アクセス解析
ホームページ訪問者の詳細情報を分析

2 画面をスクロールします。

内するウェブサイトです。お店のニュースやイベント情報、メニューなどを紹介しています。
Googleプレビュー（?）
「Coffee Shop」公式サイト - 「Coffee Shop」のご案内
https://coffeeshop-s01.jimdofree.com/
街角のカフェ「Coffee Shop」をご案内するウェブサイトです。お店のニュースやイベント情報、メニューなどを紹介しています。
Google の検索結果でどのように表示されるか確認
「Coffee Shop」

3 ［Googleの検索結果でどのように表示されるか確認］をクリックすると、検索結果の表示イメージが確認できます。

② 代替テキストを指定する

解説

代替テキストについて

代替テキストは、画像を表示できないときの代わりに表示される文字です。目の不自由な方が読み上げ機能を使ってホームページを確認するときや、検索エンジンが画像情報を認識する手がかりとしても利用されます。画像の内容を指定します。フォトギャラリーの画像は、キャプション欄に代替テキストを入力します。

ヒント

ページタイトルについて

ページタイトルの内容も、SEO対策には有効とされています。全ページ共通のページタイトルの設定方法は、62ページを参照してください。ジンドゥークリエイターの有料プランをお使いの場合は、個別にページタイトルを指定できます。

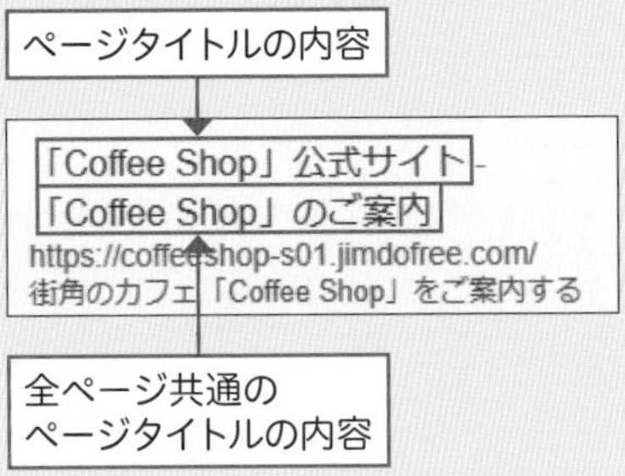

重要用語

検索エンジン

検索エンジンとは、情報を検索するときに利用する検索サイトです。「Google」や「Yahoo ! JAPAN」などがあります。さまざまな視点でチェックした内容を踏まえて検索結果を表示するとされています。

1 画像の編集画面を表示します。

2 ［キャプションと代替テキスト］をクリックします。

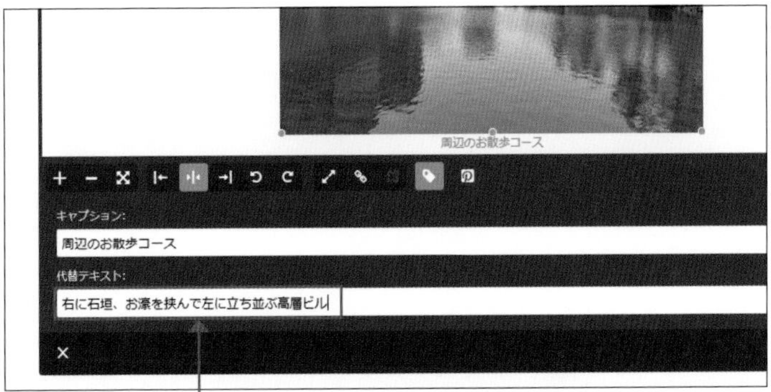

3 ［代替テキスト］に画像のタイトルを入力します。

4 ［保存］をクリックします。

Section

58 Facebookの「いいね！」ボタンを設置しよう

ここで学ぶこと

- SNS
- Facebook
- 「いいね！」ボタン

ホームページの訪問者を増やすには、検索エンジン対策だけでなくさまざまな方法があります。たとえば、FacebookやXなどのソーシャルネットワークサービスの情報が、ホームページを訪問するきっかけになることもよくあります。ここは、Facebookの「いいね！」ボタンを表示する方法を紹介します。

1 「いいね！」ボタンを設定する

重要用語

SNSとFacebook

SNS（ソーシャルネットワークサービス）とは、友人や知人などとインターネット上でコミュニケーションをとる場を提供する会員制のサービスです。Facebookとは、SNS（ソーシャルネットワークサービス）のひとつです。ここでは、Facebookのアカウントを取得している状態を想定して操作を紹介します。

ヒント

アカウントの作成

Facebookのアカウント作成は、Facebookのページ「https://www.facebook.com/」で行えます。

1 ボタンを追加する場所にマウスカーソルを合わせます。

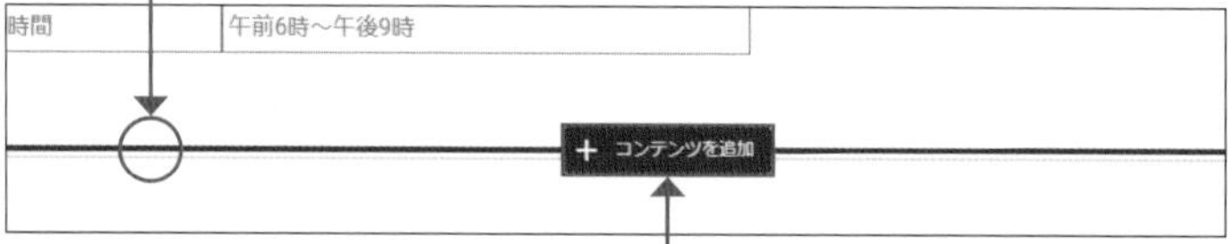

2 ［コンテンツを追加］と表示されたらクリックします。

3 追加できる項目の一覧が表示されます。

4 ［…その他のコンテンツ&アドオン］をクリックします。

5 ［Facebook］をクリックします。

② ボタンの表示方法を指定する

解説

ボタンを表示する

Facebookの「いいね！」ボタンを表示します。［ホームページ全体にいいね！］にチェックを付けると、開いているページだけでなくホームページ全体に「いいね！」します。

ヒント

表示を確認する

プレビュー画面に切り替えると、［Facebookに接続する］のボタンが表示されます。クリックすると、［いいね！ボタン］が表示されます。

ヒント

Facebookページについて

自分で作成したFacebookページを宣伝するには、［Facebookページ］を設置します**1**。作成したFacebookのURLを指定します**2**。

1 クリックします。

2 入力します。

3 Facebookページの情報が表示されます。

1 ［いいね！ボタン］をクリックします。

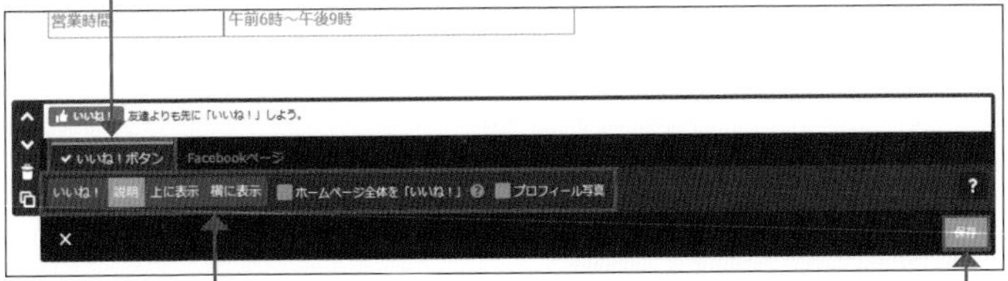

2 「いいね！」のボタンの表示方法を指定します。

3 ［保存］をクリックします。

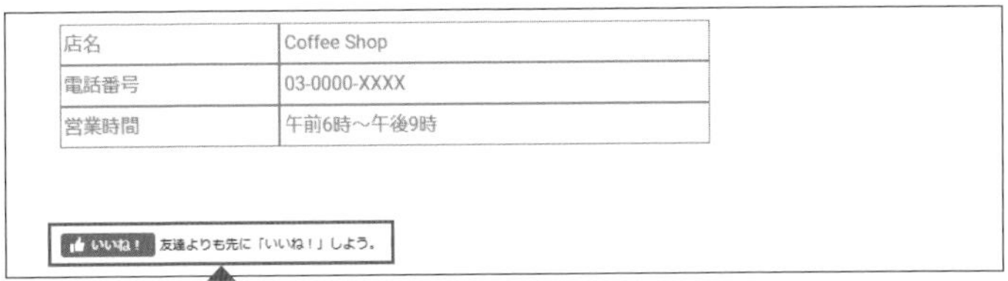

4 「いいね！」ボタンが表示されました。

ヒント シェアボタンについて

ホームページの情報をほかの人に手軽に紹介してもらうには、［シェアボタン］を配置する方法があります。新規コンテンツの［シェアボタン］を追加して使用するサービスを選択するだけで、FacebookやXなどを通じて、ホームページの情報を共有（シェア）するためのボタンを表示できます。

1 新規コンテンツを追加し、［シェアボタン］をクリックします。

2 表示するサービスを選択し、［保存］をクリックします。

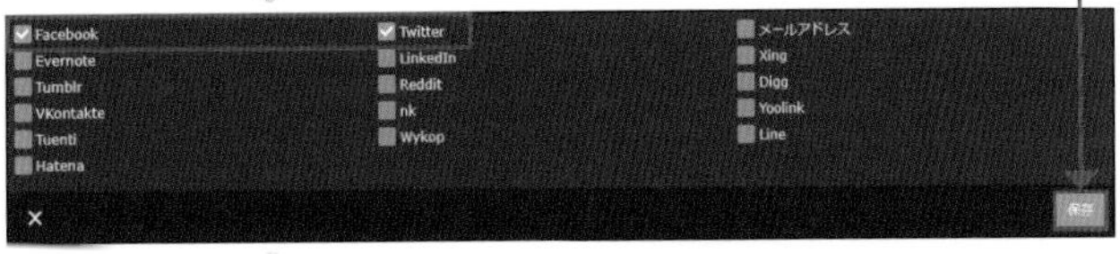

3 表示されたシェアボタンをクリックすると、

4 Facebookでリンク先をシェアする情報の入力画面などが表示されます。

Section 59

Xのポストをホームページに表示しよう

ここで学ぶこと

- X
- Twitter
- シェアボタン

ホームページに、Xの情報を表示してみましょう。それには、Xのフォローボタンを追加する方法と、Xのタイムラインを表示して投稿した内容をホームページに表示する方法があります。タイムラインを表示するには、［ウィジェット/HTML］を追加します。

1 フォローボタンを設定する

重要用語

X

Xとは、140文字程度の短い文章を投稿してさまざまな人と情報を共有するサービスです。投稿した内容に返信をしたりしながら多くの人とコミュニケーションをとることができます。Xのサービスを利用するには、アカウントを登録する必要があります。ここでは、アカウントを取得している状態を想定して操作を紹介します。なお、Xは、以前はTwitterという名前のサービスでしたが、名称が変わりました。ジンドゥーの編集画面などでは、Twitterという名称が残っている場合もありますが、適宜読み替えて操作しましょう。

ヒント

アカウントの作成

Xのアカウント作成は、Xのページ「https://twitter.com/」で行えます。

1 フォローボタンを表示する場所にマウスカーソルを合わせます。

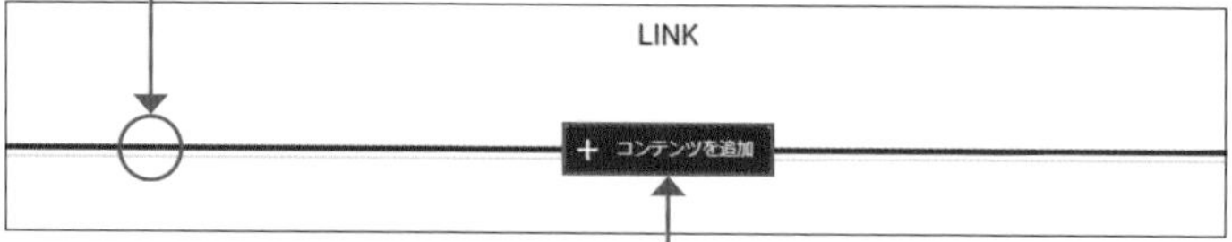

2 ［コンテンツを追加］と表示されたらクリックします。

3 追加できる項目の一覧が表示されます。

4 ［…その他のコンテンツ&アドオン］をクリックします。

5 ［Twitter］をクリックします。

② 表示方法を指定する

解説

表示を確認する

プレビュー画面に切り替えると、[Twitterに接続する]のボタンが表示されます**1**。クリックすると、フォローボタンが表示されます**2**。

1 クリックします。

2 フォローボタンが表示されます。

ヒント

フォローボタンを表示する

フォローボタンをクリックすると、Xのアカウントをフォローするページが表示されます。ログインして操作します。

1 Xのユーザー名を入力します。

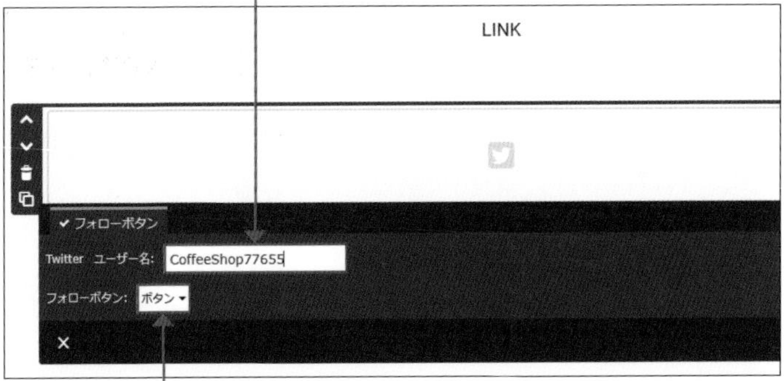

2 表示方法を指定します。

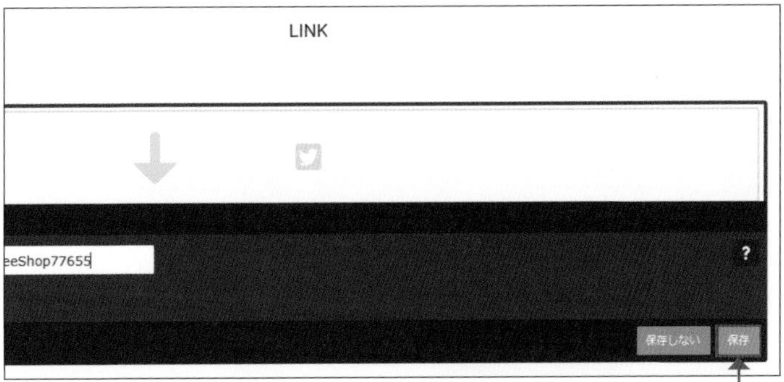

3 [保存]をクリックします。

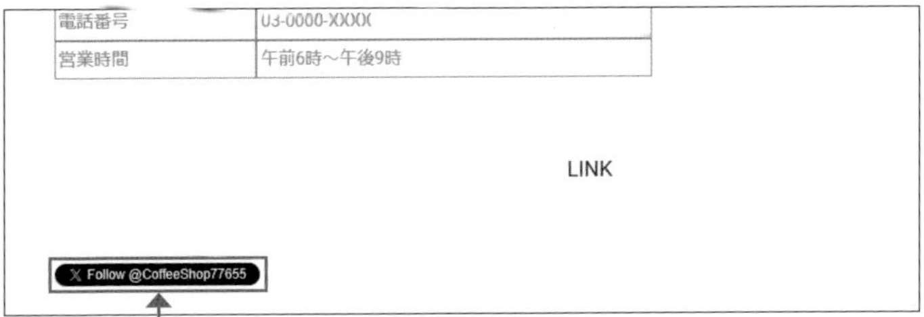

4 フォローボタンが表示されます

③ Xのポストを表示する

解説

Xの内容を表示する

Xに投稿した内容をホームページに表示するには、埋め込みタイムラインウィジェットを利用します。まず、埋め込みタイムラインウィジェットでコードを取得します。次にジンドゥーの[ウィジェット/HTML]のコンテンツを追加し、コードを貼り付けます。

ヒント

内容が表示されない場合

Xのアカウントが非公開の設定になっているときは、投稿内容は表示されないので注意します。また、Xの仕様変更により、Xにログインしないと投稿を表示できない場合があります。

1 「https://publish.twitter.com/」のページを表示します。

2 Xのタイムラインまたはモーメントのリンクを入力します。

3 →をクリックします。

4 ここをクリックします。

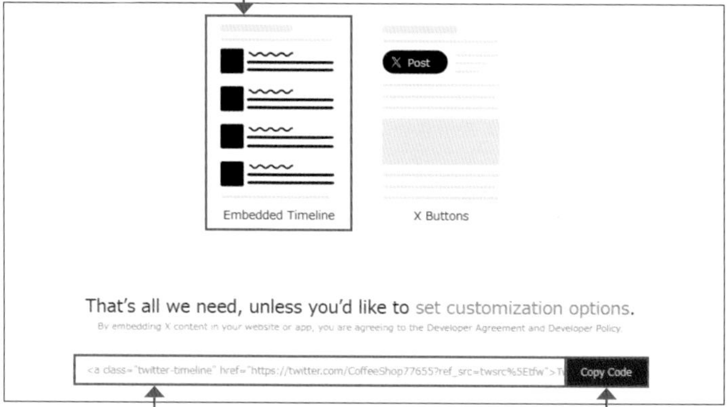

5 コードが表示されます。

6 [Copy Code]をクリックします。

④ ウィジェットを追加する

ヒント

大きさを変更する

Xの投稿を表示する大きさを指定するには、[set customization options]をクリックします**1**。表示される画面で幅や高さなどを指定し**2**、更新します**3**。表示されるコードをコピーし**4**、手順**6**以降と同様に操作します。

1 クリックします。

1 ジンドゥーのホームページのタブをクリックします。

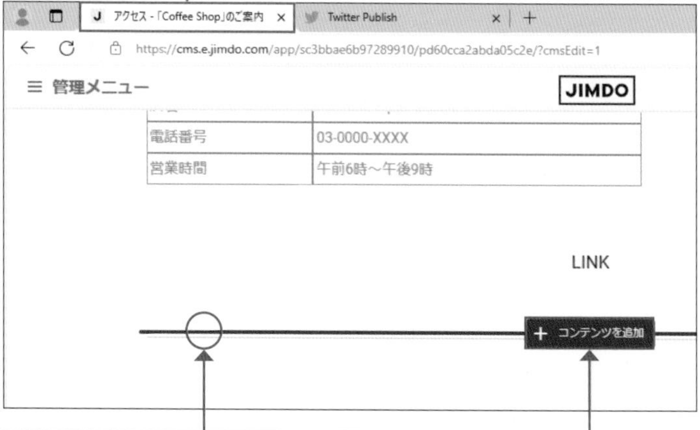

2 [コンテンツを追加]をクリックします。

3 投稿を表示する場所にマウスポインターを合わせます。

2 指定します。

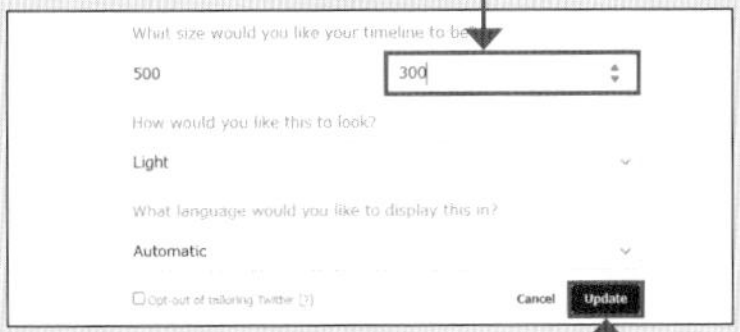

3 クリックします。

4 クリックします。

5 指定した設定で表示されます。

ヒント

シェアボタンについて

Xを通じてホームページの情報を紹介してもらうには、［シェアボタン］を追加する方法があります（167ページのヒント参照）。

1 クリックします。

2 Xでリンク先をシェアする情報の入力画面が表示されます。

4 追加できる項目の一覧が表示されます。

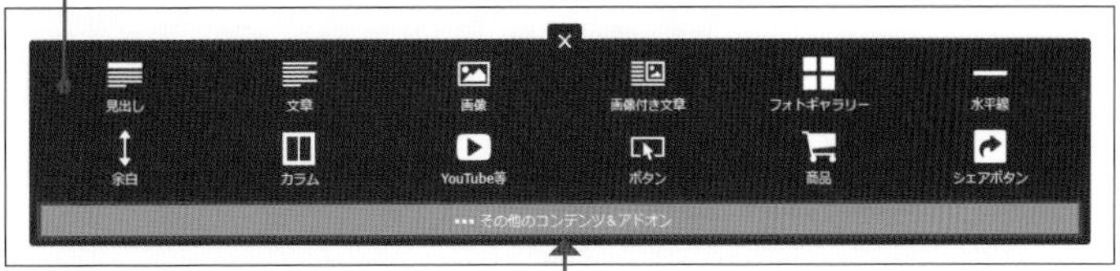

5 ［…その他のコンテンツ&アドオン］をクリックします。

6 ［ウィジェット/HTML］をクリックします。

7 ここをクリックします。

8 Ctrl + V キーを押してコードを貼り付けます。

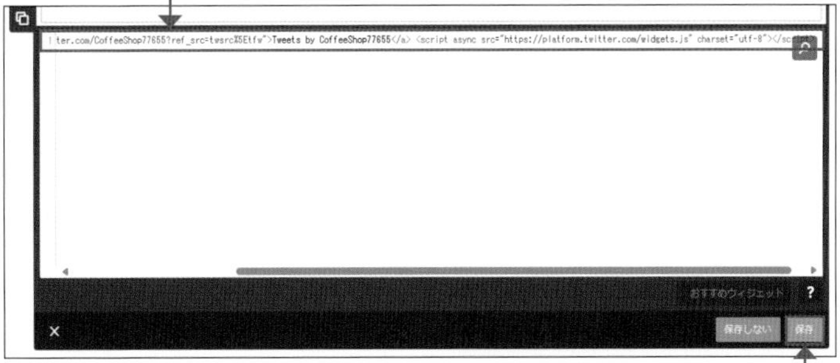

9 ［保存］をクリックします。

10 Xの投稿内容が表示されます。

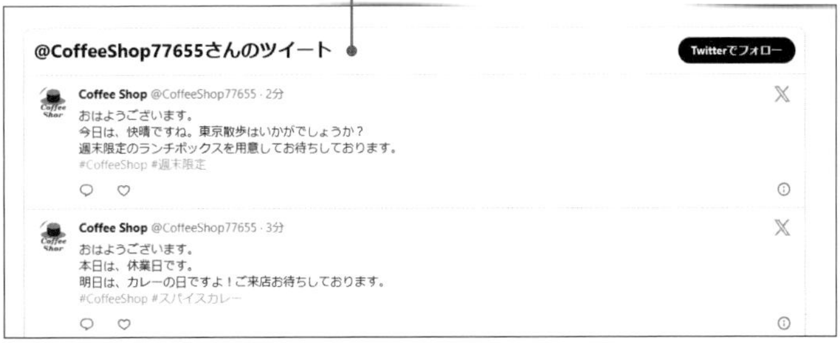

Section

60 YouTubeの動画を配置しよう

ここで学ぶこと

- YouTube
- 動画
- アップロード

スマートフォンやデジタルカメラなどで撮影した動画をホームページに表示するには、動画をYouTubeにアップして、それをホームページで表示する方法があります。この場合、YouTubeにアップした動画のURLを指定するだけで、かんたんに動画を表示することができて便利です。

1 YouTubeでログインする

重要用語

YouTube

YouTubeとは、世界最大の動画共有サイトです。YouTubeを利用すれば、自分で作成した動画を無料で公開することができます。

解説

ログインについて

YouTubeに動画をアップするには、アカウントを登録する必要があります。Googleアカウントを取得している場合は、Googleアカウントでログインできます。アカウントを取得していない方は、180ページの操作を行ってアカウントを取得してください。

1 YouTubeのページ「https://www.youtube.com/」を表示します。

2 ［ログイン］をクリックします。

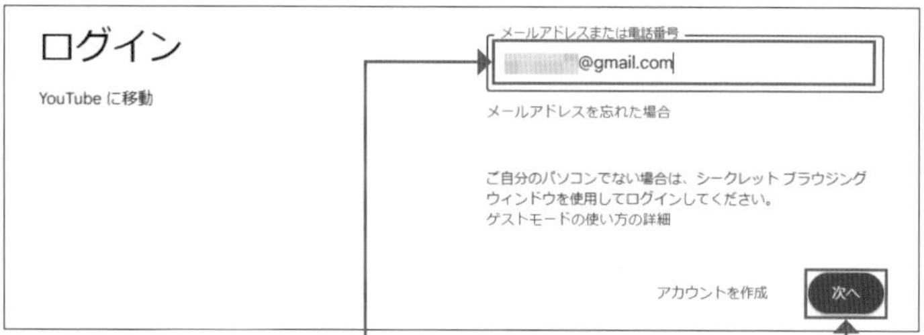

3 メールアドレスを入力します。

4 ［次へ］をクリックします。

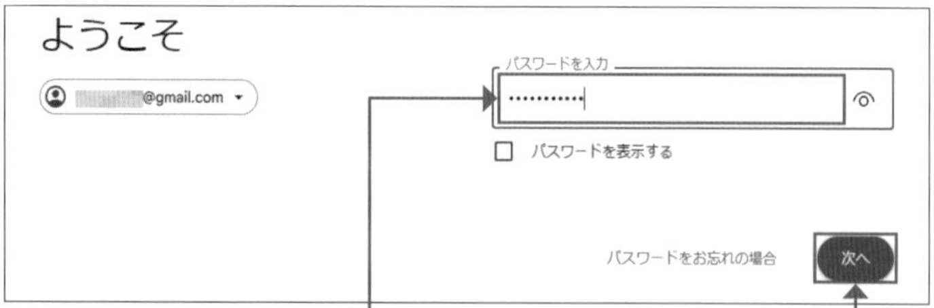

5 パスワードを入力します。

6 ［次へ］をクリックします。

② 動画をアップする

解説

動画をアップロードする

自分で作成した動画をYouTubeにアップしましょう。YouTubeでは、「.MOV」「.MPEG4」「.WMV」「.AVI」「.FLV」などさまざまな形式の動画ファイルを利用できます。動画のタイトルや説明などを入力して保存します。

ヒント

動画の処理には少し時間がかかる

YouTubeにアップする動画を選択すると、動画の処理が始まります。動画が処理されるまでは少し時間がかかります。動画の処理が終わるまで少し待ちましょう。

1 [作成]をクリックします。

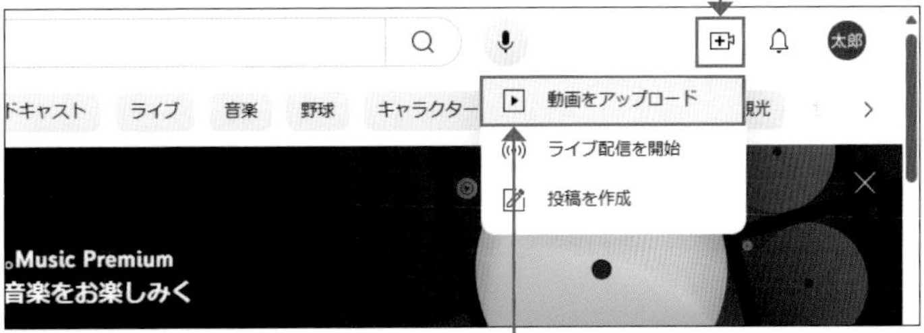

2 [動画をアップロード]をクリックします。

3 [ファイルを選択]をクリックします。

4 アップする動画の保存先を指定します。

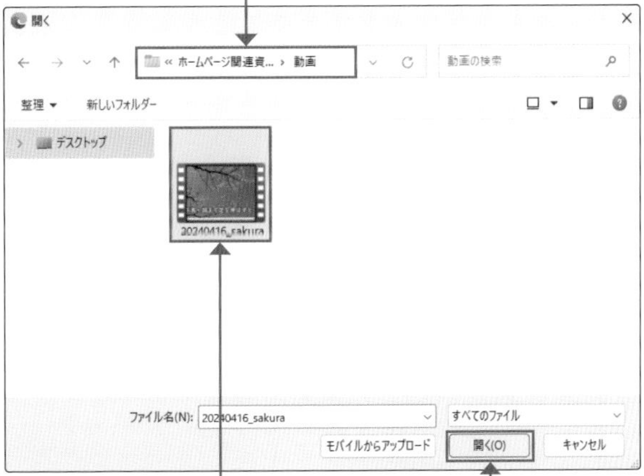

5 動画を選択します。

6 [開く]をクリックします。

ヒント

動画を加工する

スマートフォンやデジタルカメラで撮影した動画は、YouTubeにそのままアップすることもできますが、動画にタイトルや説明を補足するなどさまざまな加工をする場合は、動画編集ソフトを使用する方法があります。また、YouTubeの動画編集機能を利用してかんたんな加工をする方法もあります。

ヒント

サムネイルを指定する

動画を示す小さな縮小図をサムネイルといいます。サムネイルの画像は、手順8の画面の下の[サムネイル]の[自動生成]をクリックし、画像をクリックすると変更できます。オリジナルの画像を指定したい場合は、本人確認が必要です。

ヒント

動画の公開に関する設定

動画を限定公開にするなど、公開に関する設定を変更するには、YouTubeにログインして、左側のメニューの[コンテンツ]をクリックして、アップロードした動画の[公開設定]欄で指定できます。また、[詳細]をクリックすると、タイトルや説明、サムネイルという動画の縮小図に表示される画像を指定できます。

7 動画の情報などを入力します。

8 画面をスクロールして動画に関する設定を確認します。

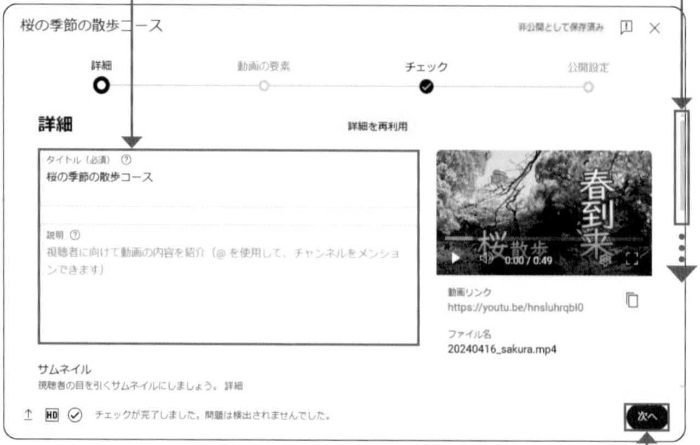

9 ［次へ］をクリックします。

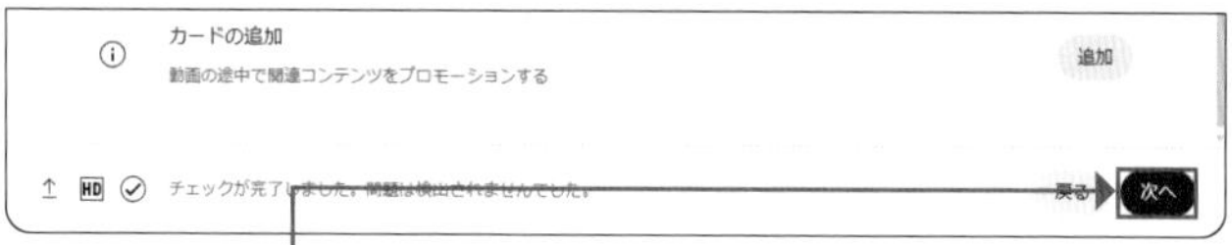

10 ［次へ］をクリックします。

11 続いて表示される画面で［次へ］をクリックします。

12 公開の設定を行います。

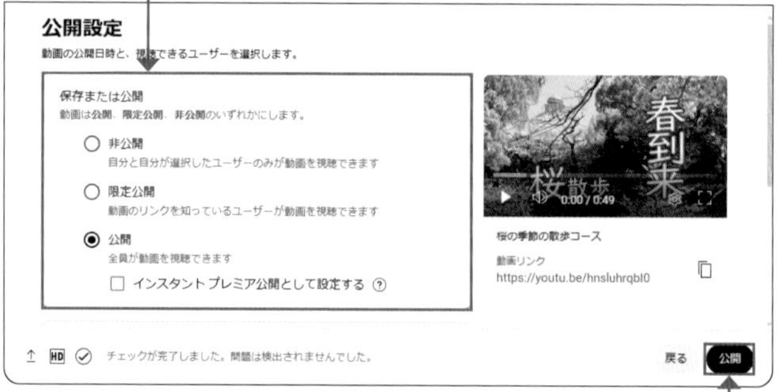

13 ここでは、［公開］をクリックします。

14 ここをクリックして動画へのリンクをコピーしておきます。

15 ［閉じる］をクリックします。

3 動画を表示する

解説
URLを指定する

ホームページに動画を表示しましょう。それには、YouTubeにアップした動画のURLを指定します。URLをコピーして貼り付けるとよいでしょう。

解説
動画を再生する

動画を再生するには、ホームページをプレビュー画面に切り替えて、▶をクリックします1。

1 クリックします。

ヒント
動画の再生をストップする

動画の再生中に再生をストップするには、画面左下のボタンをクリックします1。また、動画を拡大表示したり、音声の音量を調整するには、動画の下に表示されているボタンを使います。

1 クリックします。

1 ジンドゥーのページを表示してログインします。

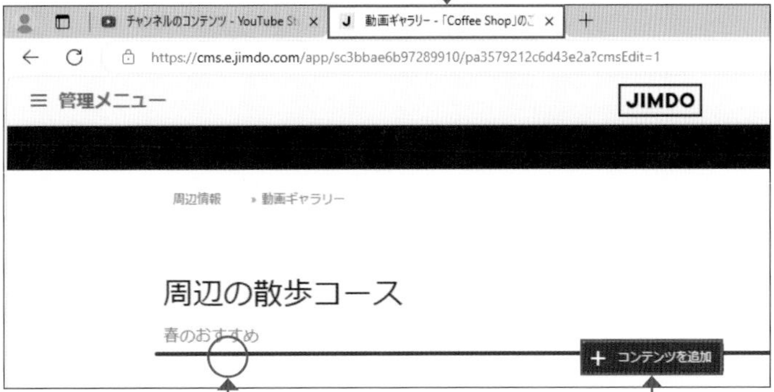

2 動画を追加する場所にマウスポインターを合わせます。

3 ［コンテンツを追加］をクリックします。

4 追加できる項目の一覧が表示されます。

5 ［YouTube等］をクリックします。

6 動画のリンクを指定します。ここをクリックし、Ctrl + V キーを押して貼り付けます。

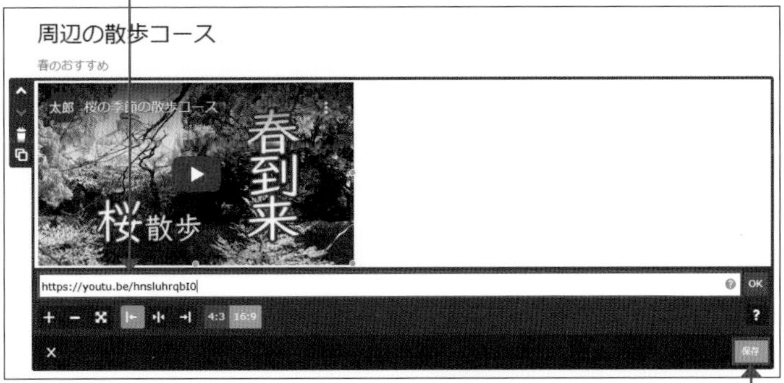

7 ［保存］をクリックします。

Section

61 Googleビジネスプロフィールで宣伝しよう

ここで学ぶこと

- Googleビジネスプロフィール
- 場所の検索
- お店の登録

Googleビジネスプロフィールでお店やサービスなどの情報を登録すると、Googleの地図や検索などで、それらの情報を表示できるようになります。Googleビジネスプロフィールへの情報登録は無料で行うことができます。表示する情報は自分で入力できますので正確な情報を伝えられて便利です。

1 登録画面を表示する

解説

ログインについて

Googleビジネスプロフィールのサービスを利用するには、Googleアカウントでログインします。Googleアカウントを取得していない方は、180ページの操作を行ってアカウントを取得してください。

重要用語

Googleビジネスプロフィール

Googleビジネスプロフィール（旧Googleマイビジネス）とは、Google社が運営するサービスのひとつで、お店やサービス、場所の情報などをまとめて提供するものです。Googleビジネスプロフィールに情報を登録すると、Googleの地図や検索などで、自分で指定した正しい情報を表示することなどができます。また、お客様とインターネット上で交流する場を設けることなどができます。

1 Googleビジネスプロフィールのホームページ「https://www.google.com/intl/ja_jp/business/」を表示します。

2 ［ログイン］をクリックします。

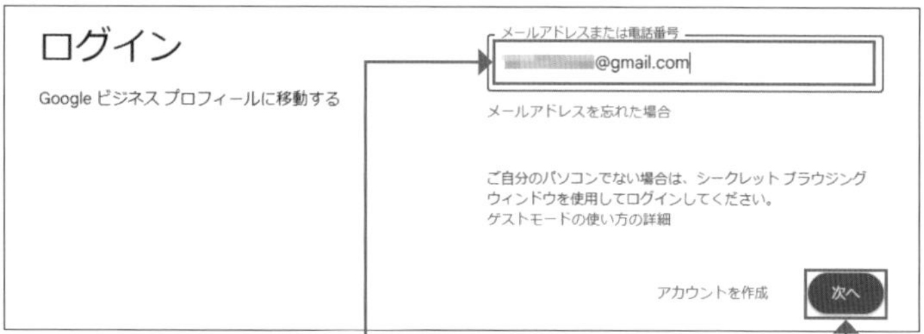

3 メールアドレスを入力します。

4 ［次へ］をクリックします。

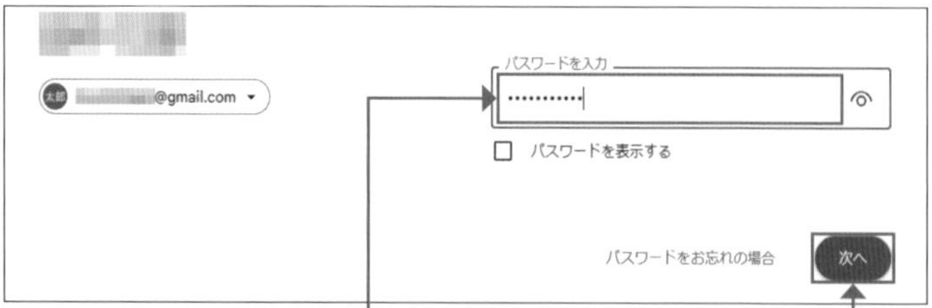

5 パスワードを入力します。

6 ［次へ］をクリックします。

2 登録内容を指定する

解説

検索結果から情報を確認できる

Googleビジネスプロフィールに登録すると、地図上に表示されるマーカーをクリックするだけでお店の情報などを確認できるようになります。情報の内容は、自分で指定できますので、お店の営業時間などを正確に伝えられます。

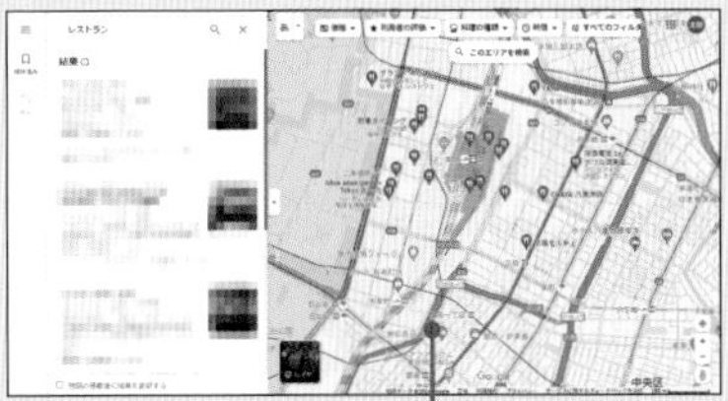

マーカーをクリックすると、情報が表示されます。

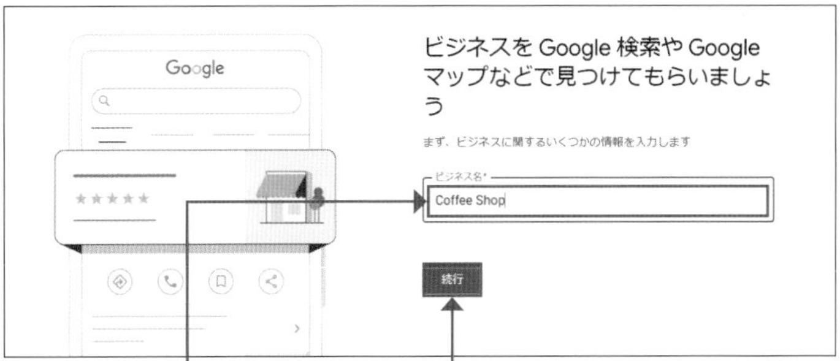

1 ビジネス名を入力します。

2 [続行]をクリックします。

3 ビジネスの種類を選択します。

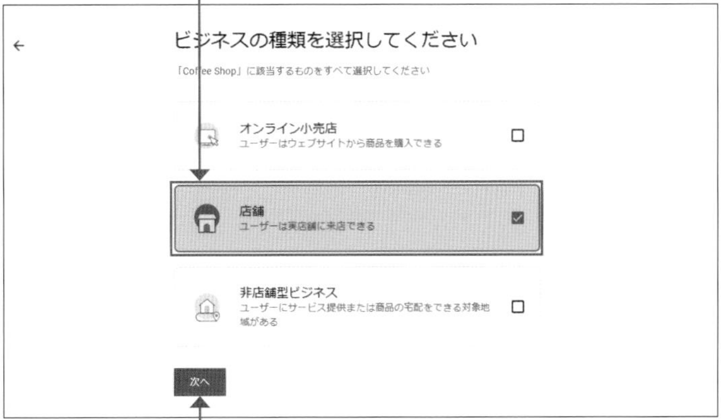

4 [次へ]をクリックします。

5 ビジネスのカテゴリを入力し、表示される選択肢をクリックします。

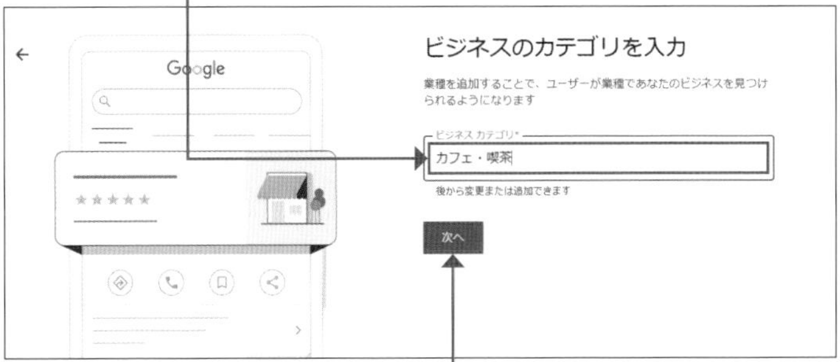

6 [次へ]をクリックします。

7 このあと、表示される質問に答えます。質問内容は、選択した内容によって異なります。

解説

名前や所在地を指定する

ホームページで紹介している会社名や店舗名などを指定します。また、所在地などを入力します。

解説

そのほかの情報を入力する

画面の指示に従って、ビジネスのカテゴリなどの情報を入力します。カテゴリを入力すると選択肢が表示されます。クリックして指定しましょう。なお、入力する内容によって表示される画面は異なります。

3 そのほかの情報を指定する

ヒント

マーカーを指定する

ビジネスの所在地を指定すると、マーカーが表示されます。所在地を示すマーカーが正しい位置になるようにドラッグして調整しましょう。

1 住所を入力する画面が表示された場合は、住所を入力します。

2 ［次へ］をクリックします。

3 場所を指定する画面が表示された場合は、「調整」をクリックします。

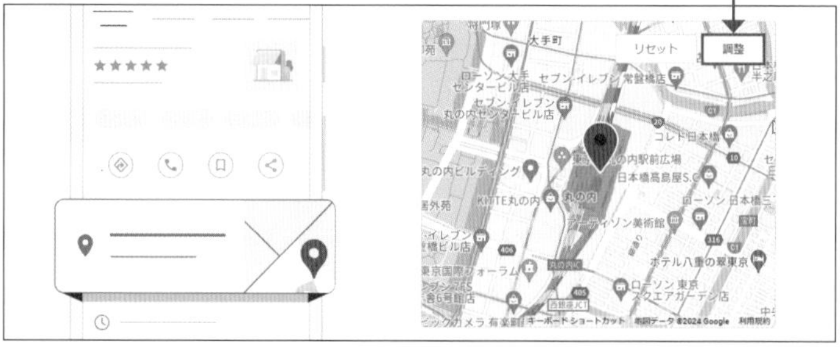

4 地図を拡大したり縮小したりして表示します。

5 ドラッグしてマーカーの位置を調整します。

6 ［完了］をクリックします。

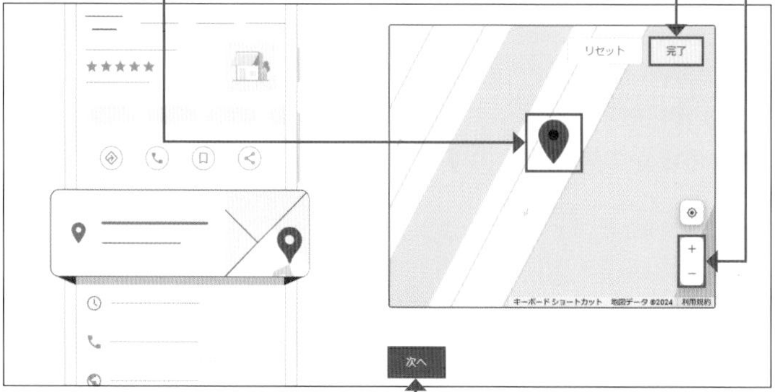

7 ［次へ］をクリックします。

ヒント

連絡先について

登録作業を完了するには、本人確認を行う必要があります。電話で確認を行えるようにするには、このあとの操作で電話番号を入力しておきます。

4 連絡先情報などを指定する

解説

登録内容を入力する

Googleビジネスプロフィールに登録したあとは、Googleビジネスプロフィールのビジネス情報の編集画面でお店の営業時間や定休日、紹介文などを入力しておきましょう。写真などを追加することもできます。

ヒント

オーナー確認を行う

登録作業を完了するには、本人確認を行う必要があります。手順6で[後で確認]を選択した場合は、Googleビジネスプロフィールの[オーナー確認を行う]をクリックして本人確認を行います。または、Google ビジネス プロフィールで使用しているGoogleアカウントのメールアドレス宛に届くメールを確認して設定することもできます。

ヒント

Google ビジネスプロフィールを管理する

Google ビジネス プロフィールの内容をあとで編集するには、176ページの方法でGoogle ビジネス プロフィールのページを表示し、[管理を開始]をクリックします1。ログインをして画面を表示します。

1 クリックします。

1 連絡先を入力します。省略もできますが、電話番号を入力しておくと、あとで必要になる本人確認を電話で行えます。

2 [スキップ]または[次へ]で画面を進めます。

3 このあと表示される質問に答えます。

4 オーナー確認を行う方法を選択します。

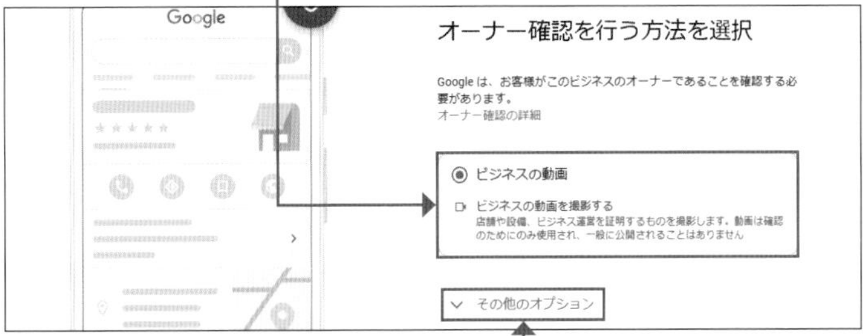

5 後で設定する場合は、[その他のオプション]をクリックします。

6 本人確認を後で行う場合は、[後で確認]をクリックします。

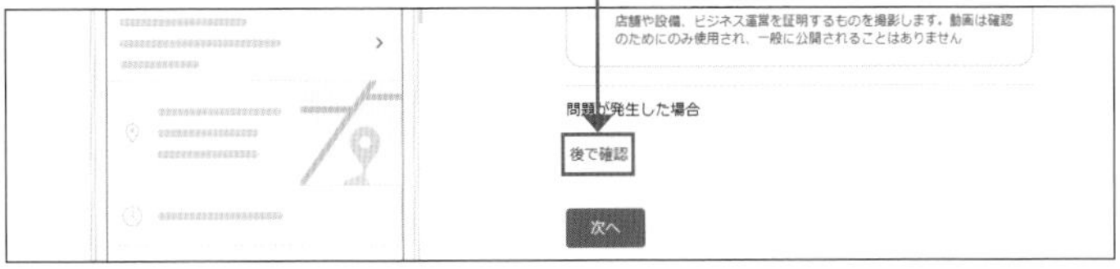

7 このあと表示されるメッセージや質問に答えて画面を進めていきます。

8 Googleビジネスプロフィールのページが表示されます。必要な情報を入力しておきましょう。

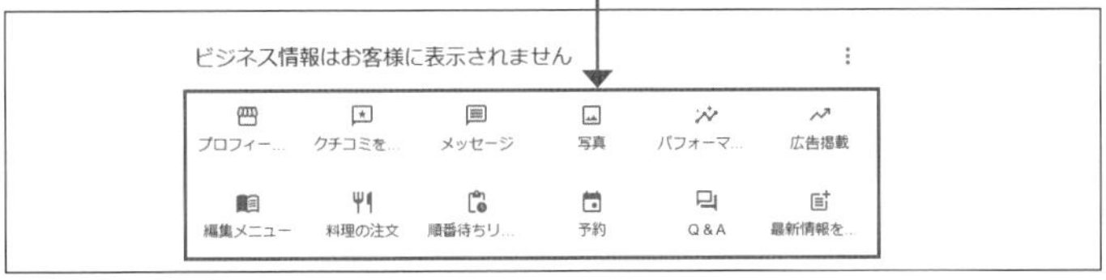

Section 62

Googleに自分のホームページを登録しよう

ここで学ぶこと

- ホームページ登録
- Googleアカウント
- Google Search Console

検索エンジンに自分のホームページの存在を知ってもらうには、検索エンジンにホームページを登録する方法があります。ここでは、Googleにホームページを登録する方法を紹介します。そのほかの検索エンジンについては、各検索エンジンのサイトをご確認ください。

1 アカウントを取得する

解説

アカウントを取得する

Googleに自分のホームページを登録するには、Google Search Consoleを使います。Google Search Consoleを使用するには、Googleのアカウントが必要です。ここでは、まずアカウントの取得方法を紹介します。すでにアカウントを取得している場合は、184ページに進んでください。

解説

アカウントの種類について

Googleアカウントを設定するとき、「個人で使用」「子供用」「仕事／ビジネス」用を選べます。ビジネス用を選択すると、アカウントの設定後にGoogle ビジネスプロフィールの設定をスムーズに行えるなど、よりビジネス向きのものになっています。ビジネス用のGoogleアカウントは、有料または無料を選択できますが、ここでは、無料のアカウントを取得しています。有料プランの内容などは、Googleのサポートページなどでご確認ください。

1 Googleのページ「https://www.google.co.jp」を開きます。

2 ［ログイン］をクリックします。

3 ［アカウントを作成］をクリックします。

4 アカウントの種類を選択します。ここでは、［仕事／ビジネス用］を選択しています。

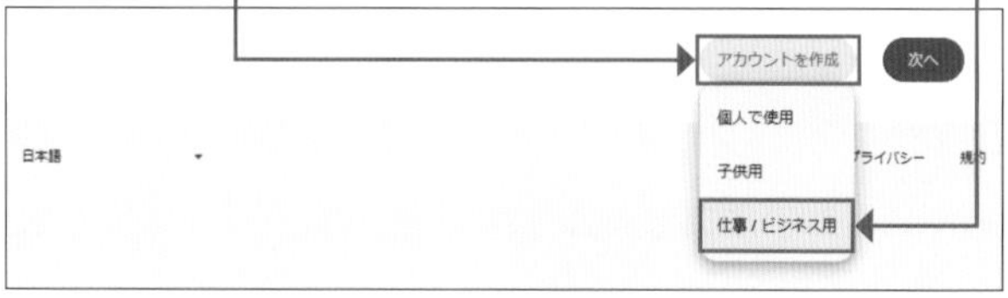

5 ビジネスのアカウントの種類を選択します。

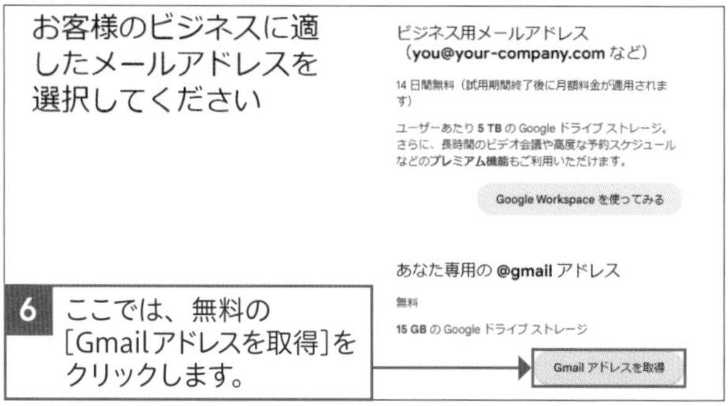

6 ここでは、無料の［Gmailアドレスを取得］をクリックします。

② 登録内容を入力する

ヒント

既存のメールアドレスで登録する

既に持っているメールアドレスを使用してGoogleのアカウントを登録するには、手順4のあとの画面で［既存のメールアドレスを使用］をクリックします1。続いて、画面の指示に従って自分のメールアドレスを指定してアカウントを登録します。

1 クリックします。

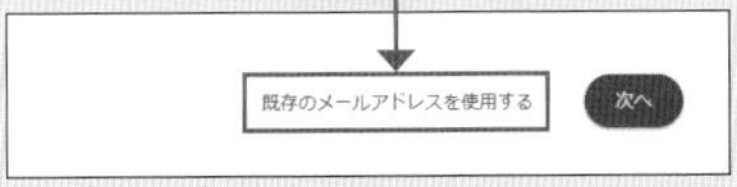

1 ［姓］［名］を入力します。

2 ［次へ］をクリックします。

3 次の画面が表示された場合は、生年月日などの情報を入力します。

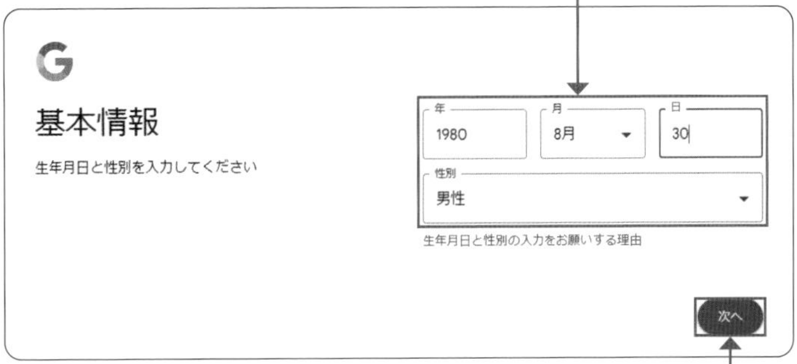

4 ［次へ］をクリックします。

5 取得するメールアドレスを指定します。

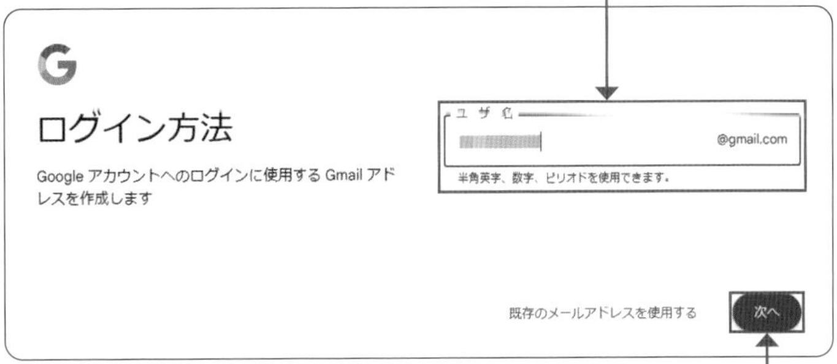

6 ［次へ］をクリックします。

③ 続きを入力する

1 パスワードを入力します。

2 確認のため同じパスワードを入力します。

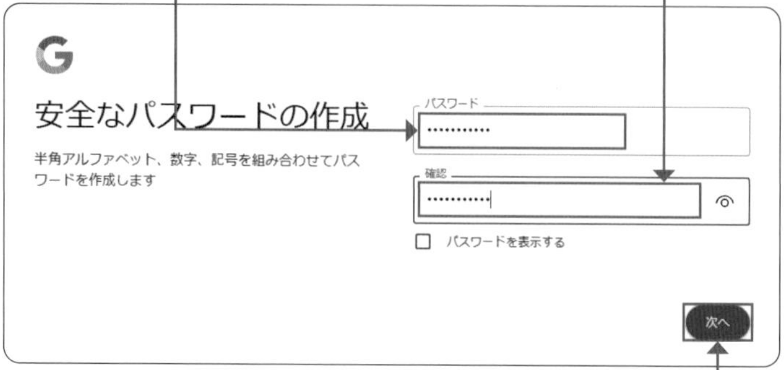

3 ［次へ］をクリックします。

4 再設定用のメールアドレスを指定します。

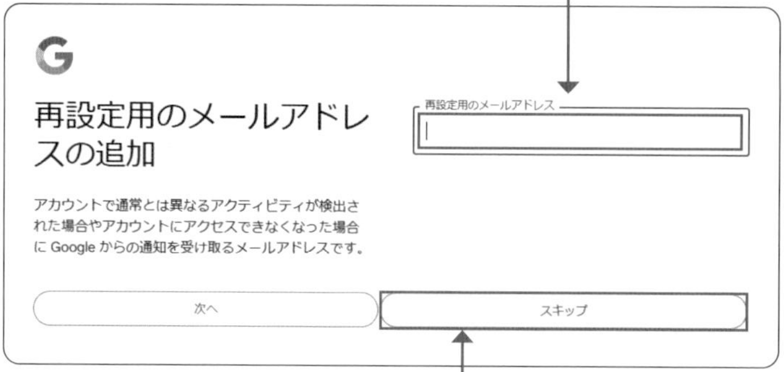

5 ここでは、［スキップ］で次に進めています。

6 セキュリティ保護のための電話番号を指定します。

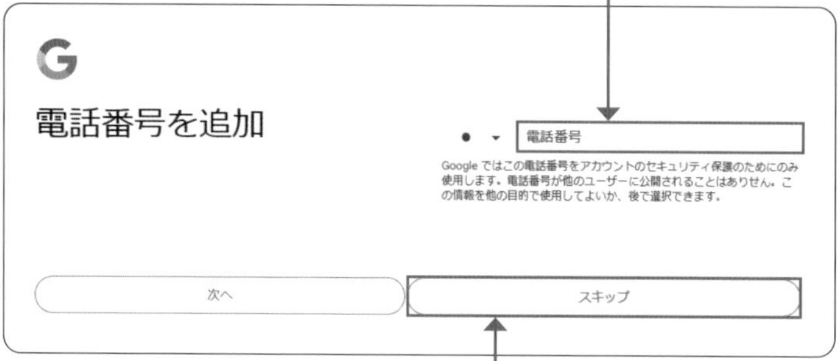

7 ここでは、［スキップ］で次に進めています。

ヒント
Googleアカウントで利用できるメールサービス

新しいメールアドレスを指定してGoogleアカウントを取得すると、GmailというWebメールサービスを利用できるようになります。指定したユーザー名は、Gmailのメールアドレスになります。メールを確認するには、作成したアカウントでGoogleにログイン後、次のように操作します。

1 クリックします。

2 クリックします。

3 メール画面が表示されます。

④ アカウント情報を確認する

解説

アカウントの登録について

Googleアカウントを取得するには、ユーザー名やパスワードなどの必要な情報を入力して画面を進めます。プライバシーポリシーと利用規約に同意してアカウントを取得します。

1 アカウントを確認します。

G
アカウント情報の確認
このメールアドレスは、後ほどログインに使用できます
太郎
@gmail.com
次へ

2 [次へ]をクリックします。

3 プライバシーと利用規約を確認します。

4 スクロールして最後まで内容を確認します。

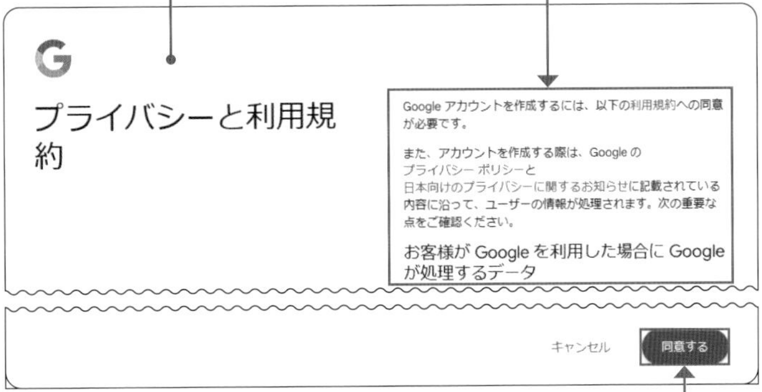
G
プライバシーと利用規約
Google アカウントを作成するには、以下の利用規約への同意が必要です。
また、アカウントを作成する際は、Google の
プライバシー ポリシーと
日本向けのプライバシーに関するお知らせに記載されている内容に沿って、ユーザーの情報が処理されます。次の重要な点をご確認ください。
お客様が Google を利用した場合に Google が処理するデータ
キャンセル
同意する

5 [同意する]をクリックします。

6 アカウントの設定が完了します。

7 [続ける]をクリックすると、ログインした状態になります。

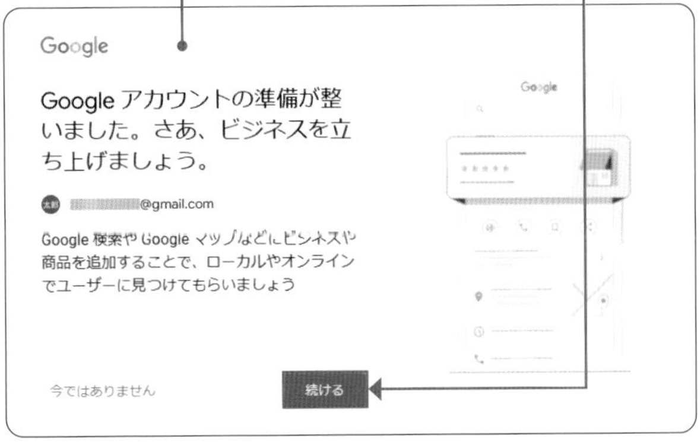
Google
Google アカウントの準備が整いました。さあ、ビジネスを立ち上げましょう。
太郎
@gmail.com
Google 検索や Google マップなどにビジネスや商品を追加することで、ローカルやオンラインでユーザーに見つけてもらいましょう
今ではありません
続ける

8 このあと、続けてビジネス情報を追加する方法は、176ページを参照します。

ヒント

YouTubeでも使える

Googleアカウントは、YouTubeを利用するときにも使用できます（172ページ参照）。

5 Google Search Consoleを表示する

重要用語

Google Search Console

Google Search Consoleとは、Google社が提供するホームページ管理者のためのサービスのひとつです。Google Search Consoleを利用すると、自分のホームページをGoogleに登録したり、自分のホームページの検索状況などを確認できます。機能の詳細については、別途書籍やジンドゥーのサポートページなどでご確認ください。

解説

所有者の証明をする

Google Search Consoleを使って、ホームページの所有者であることをGoogleに証明します。方法はいくつかありますが、ここでは、[HTMLタグ]を選択します。メタタグをコピーしてジンドゥーの設定画面に貼り付けます。ジンドゥーの[ヘッダー編集]画面に、既に何かコードが表示されている場合、既存のコードは消さずに残したままにします。

ヒント

被リンクについて

SEO対策は、ほかにもあります。たとえば、人気のあるホームページからの被リンクを増やすこともSEO対策として重要です。被リンクとは、ほかのホームページから自分のホームページへリンクを設定してもらうことです。人気のあるホームページからの被リンクを多く受けているホームページは、検索エンジンからの評価が高くなるとされています。

1 「https://search.google.com/search-console/welcome」のページを表示します。

2 Google Search Consoleのページが表示されます。

3 [URLプレフィックス]をクリックします。

4 サイトのURLを入力します。

5 [続行]をクリックします。

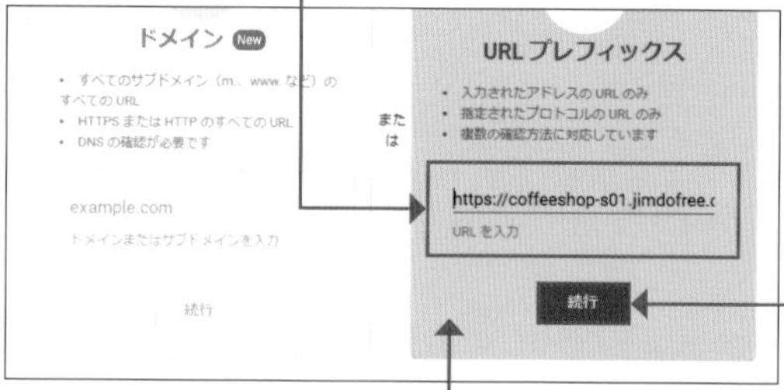

6 画面をスクロールします。

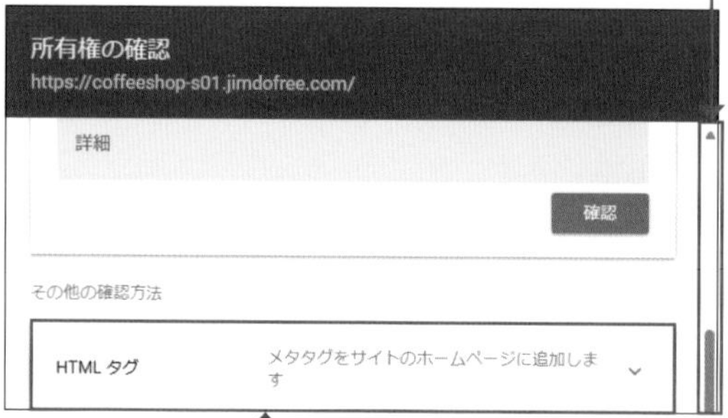

7 [その他の確認方法]の[HTMLタグ]をクリックします。

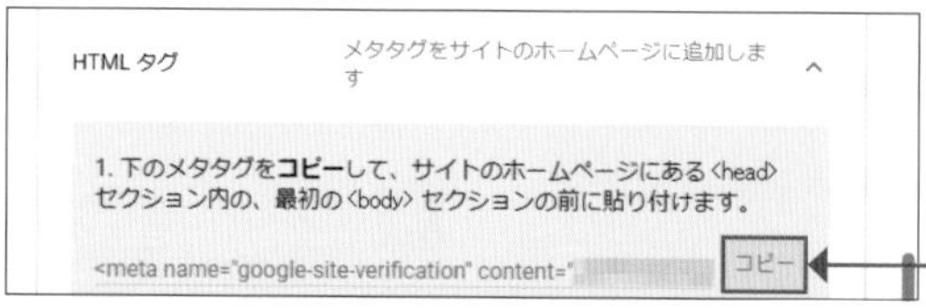

8 [コピー]をクリックします。

6 ホームページを登録する

ヒント

検索エンジンにリクエストする

Google Search Consoleの登録した後、Google検索エンジンがホームページを巡回できるようにホームページが登録されているかを確認するには、Google Search Consoleの[URL検査]をクリックします1。続いて、ホームページのアドレスを指定します2。Googleに登録されていない場合は、[インデックス登録をリクエスト]をクリックして設定を行う方法があります3。

1 クリックします。

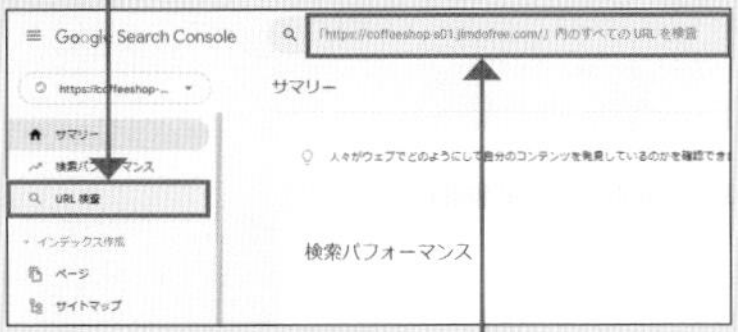

2 入力します。

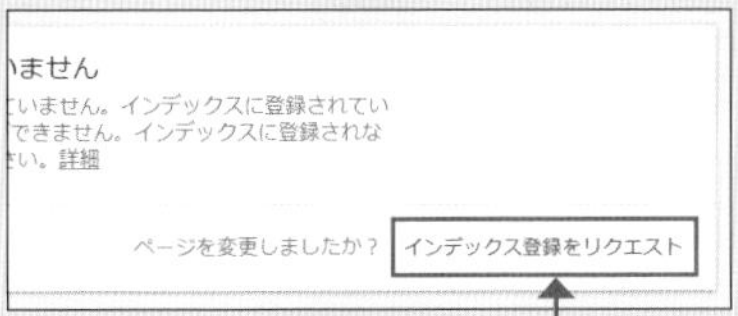

3 クリックします。

ヒント

サイトマップの送信

Google Search Consoleの登録後、ホームページを早く認識してもらうためには、サイトマップを送信する方法もあります。設定方法については、ジンドゥーのサポートページを確認してください。

1 新しいタブを表示し、ジンドゥーの編集画面を表示します。

2 管理メニューの[基本設定]をクリックします。

3 [ヘッダー編集]をクリックします。

4 ここをクリックして、Ctrl + V キーを押してメタタグを貼り付けます。既存のコードは消さずに残します。

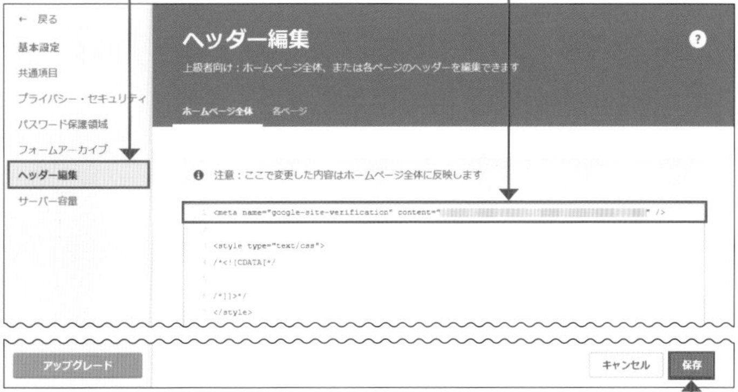

5 [保存]をクリックします。

6 Googleの画面を表示します。

7 [確認]をクリックします。

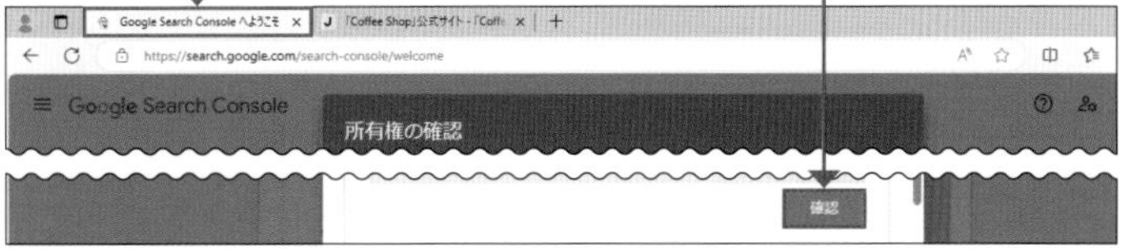

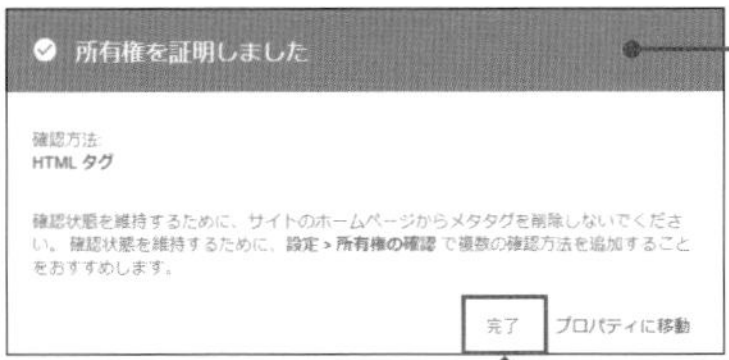

8 メッセージが表示されます。

9 [完了]をクリックしてGoogle Search Consoleの画面に戻ります。

Section
63 どのページが人気があるのか調べよう(アクセス解析)

ここで学ぶこと
- アクセス解析
- 訪問者数
- Googleアナリティクス

ホームページをよりよいものにするには、訪問者の求める情報などを把握する必要があります。それには、アクセス解析を行います。ジンドゥークリエイターの有料プランを使っている場合は、アクセス解析機能を利用できます。FREEプランの場合は、187ページからのGoogle アナリティクスを利用しましょう。

1 アクセス解析画面を表示する

重要用語

アクセス解析

アクセス解析とは、ホームページを管理・運営する人が、ホームページ訪問者の閲覧状況を把握することです。たとえば、日付ごとの訪問者数、ページ毎の訪問者数、訪問者が使用しているブラウザーの情報など、訪問者に関するさまざまな情報を確認します。これらの情報は、よりよいホームページにするための参考資料として利用できます。

ヒント

はじめて使用する場合

アクセス解析をはじめて利用する場合、[アクセス解析が無効です]と表示された場合は、[アカウントを有効にする]をクリックします。データが収集されるまではしばらく時間がかかります。なお、ジンドゥークリエイターのFREEプランでは、ジンドゥーのアクセス解析機能は利用できません。

1 管理メニューの[パフォーマンス]をクリックします。

2 [アクセス解析]をクリックします。

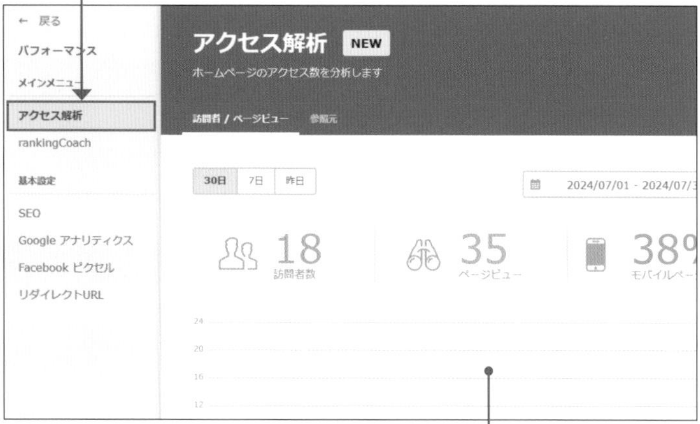

3 アクセス解析の画面が表示されます。

2 Google アナリティクスの設定を始める

重要用語

Google アナリティクス

Googleアナリティクスとは、Google社が提供するホームページのアクセス解析サービスです。とても高機能なアクセス解析サービスですが、無料で使用することができます。ジンドゥークリエイターの有料プランをお使いの場合も便利に活用できます。

解説

Google アナリティクスを使う準備をする

Google アナリティクスを利用するには、Googleにログインします。Googleアカウントを取得していない場合は、180ページの方法でアカウントを取得します。

1 Google アナリティクスのページ「https://marketingplatform.google.com/intl/ja/about/analytics/」を表示します。

2 ここをクリックします。

3 Googleアカウントのログイン画面が表示された場合は、ログインします（172ページ参照）。

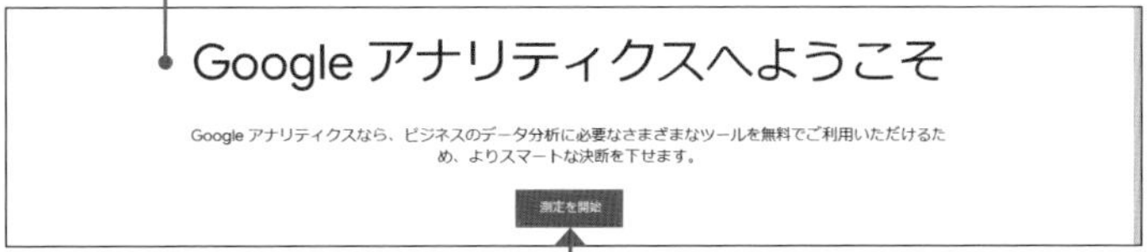

4 ［測定を開始］をクリックします。

5 ［アカウント名］にアカウントを区別するための任意の名前を入力します。

6 画面をスクロールします。

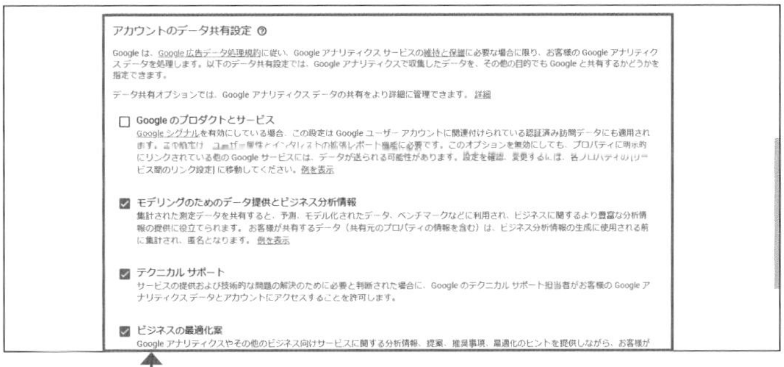

7 データの共有範囲を指定します。

8 画面をスクロールして画面下の［次へ］をクリックします。

3 プロパティを作成する

解説

プロパティを作成する

自分のホームページのアクセス解析ができるようにするには、プロパティを作成して自分のホームページの情報を追加します。プロパティ名や国情報、通貨の情報などを指定して画面を進めます。

1 任意のプロパティ名を指定します。

2 タイムゾーンを指定します。

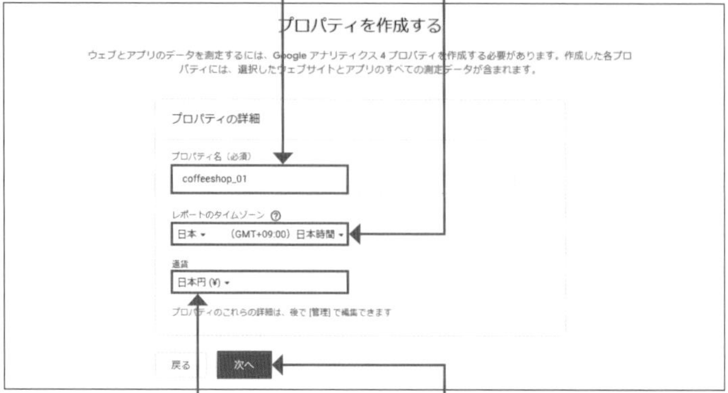

3 通貨を指定します。

4 ［次へ］をクリックします。

5 ビジネスの説明を指定します。
［業種］をクリックして一覧から業種を選択します。

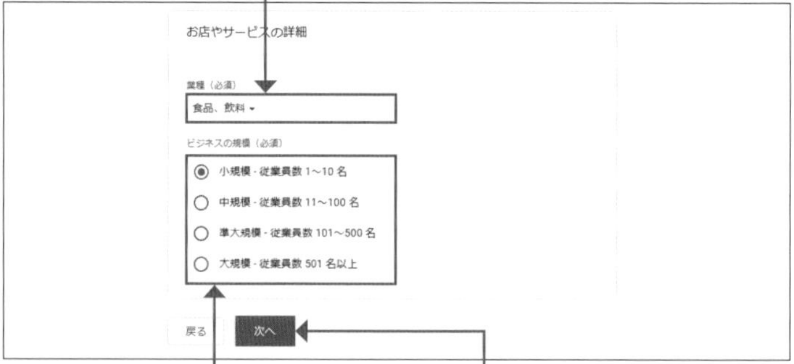

6 規模を選択します。

7 ［次へ］をクリックします。

8 ビジネス目標を選択します。複数選択することもできます。

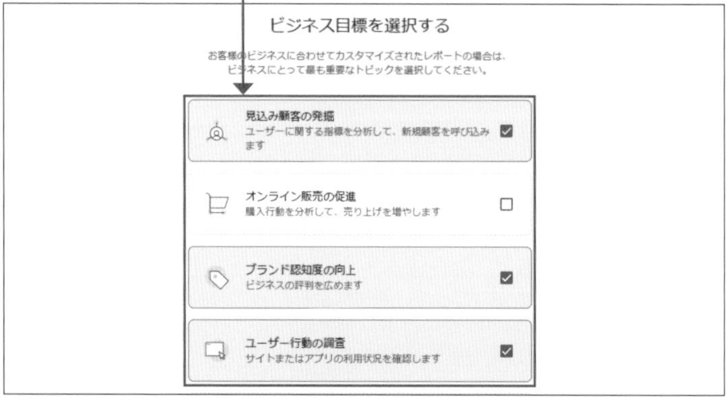

9 画面をスクロールして、画面下の［作成］をクリックします。

④ ストリームを作成する

解説

データストリームを作成する

アクセス解析をするときの、データの収集元を指定します。ここでは、「ウェブ」を選択します。ホームページのアドレスなどを指定して画面を進めます。

1 ここをクリックして［日本］を選択します。

Google アナリティクス利用規約
Google アナリティクスをご利用いただくには、まず、お住まいの国または地域の利用規約に同意していただく必要があります。
日本
Google Marketing Platform
Google アナリティクス利用規約
本 Google アナリティクス利用規約（以下「本契約」）は、Google LLC（以下（「Google」）と本契約を履行する当事者（以下「お客様」）との間で締結されるものです。本契約は、お客様が標準の Google アナリティクス（以下
GDPR で必須となるデータ処理規約にも同意します。詳細
同意する
同意しない

2 画面をスクロールして内容を確認し、［同意する］をクリックします。

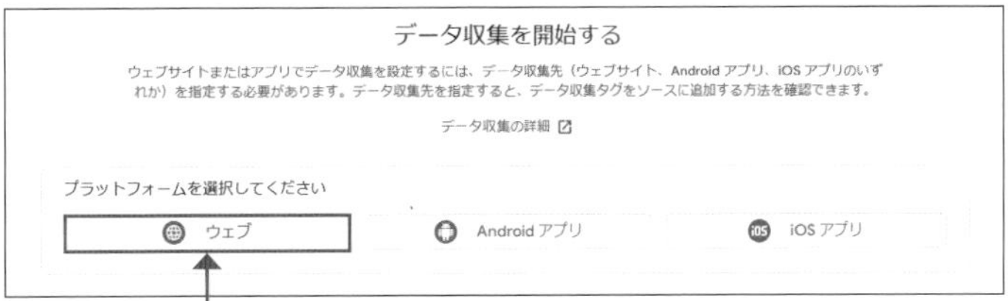
データ収集を開始する
ウェブサイトまたはアプリでデータ収集を設定するには、データ収集先（ウェブサイト、Android アプリ、iOS アプリのいずれか）を指定する必要があります。データ収集先を指定すると、データ収集タグをソースに追加する方法を確認できます。
データ収集の詳細
プラットフォームを選択してください
ウェブ
Android アプリ
iOS アプリ

3 プラットフォームの選択で［ウェブ］をクリックします。

4 ここをクリックしてホームページのアドレスの先頭部分を選択します。

5 ホームページのアドレスを入力します。

6 ［ストリーム名］としてウェブサイトの名前を入力します。

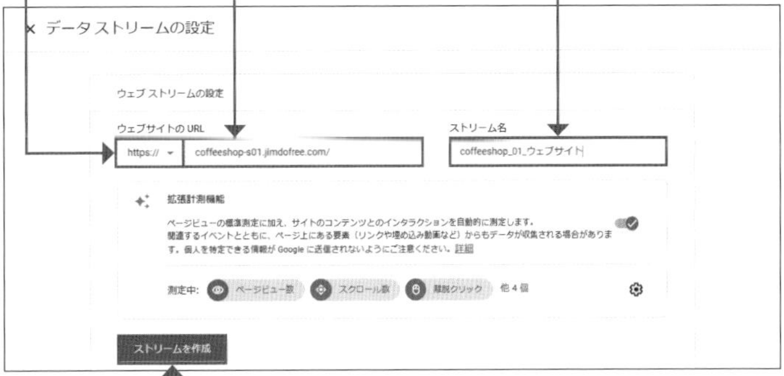
データストリームの設定
ウェブストリームの設定
ウェブサイトの URL
https://
coffeeshop-s01.jimdofree.com/
ストリーム名
coffeeshop_01_ウェブサイト
拡張計測機能
ページビューの標準測定に加え、サイトのコンテンツとのインタラクションを自動的に測定します。
関連するイベントとともに、ページ上にある要素（リンクや埋め込み動画など）からもデータが収集される場合があります。個人を特定できる情報が Google に送信されないようにご注意ください。詳細
測定中:
ページビュー数
スクロール数
離脱クリック
他 4 個
ストリームを作成

7 ［ストリームを作成］（作成して続行）をクリックします。

5 Googleタグをコピーする

ヒント
Googleタグを表示する

Google アナリティクスで自分のホームページのアクセス解析を行うには、Google アナリティクスの画面に表示されるGoogleタグをジンドゥーの設定画面にコピーする必要があります。まずは、Googleタグの表示を確認しましょう。

1 画面が切り替わるまで少し待ちます。

2 ジンドゥークリエイター有料プランの場合は、[実装手順]（[Googleタグの設定]）の横の⊗をクリックし、[ウェブストリームの詳細]画面の[測定ID]の測定IDをコピーし（194ページ参照）、下のヒントの方法で測定IDを指定する方法があります。

3 ジンドゥークリエイター無料プランの場合は、[手動でインストールする]をクリックします。この画面が表示されない場合、次の手順に進みます。

4 Googleタグが表示されます。

5 [コピー]のボタンをクリックします。

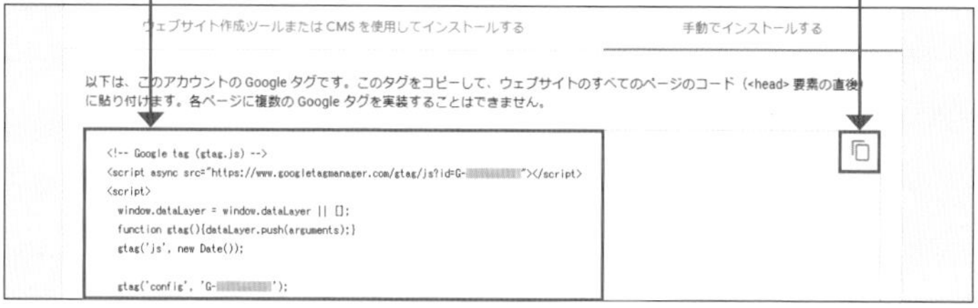

6 この画面は閉じないで、このままにしておきます。

ヒント ジンドゥークリエイターの有料プランの場合

ジンドゥークリエイターの有料プランの場合は、手順2で表示した測定IDをコピーします。次に、ジンドゥーの編集画面で[管理メニュー]の[パフォーマンス] − [Googleアナリティクス]をクリックします1。続いて、[Googleアナリティクス]の画面にコードを貼り付けて2、保存します3。192ページの手順3に進みます。

1 クリックします。

2 貼り付けます。

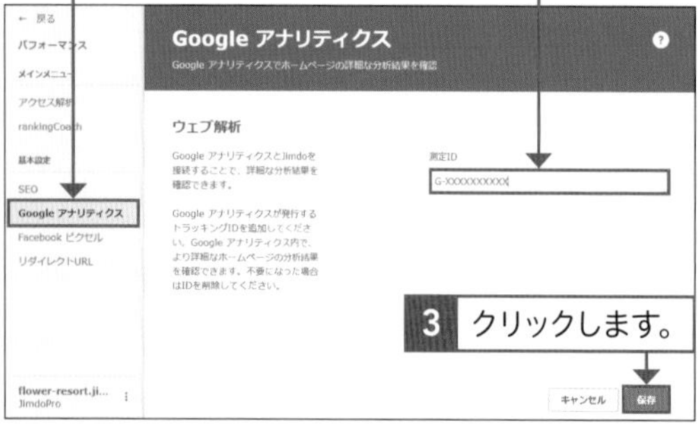

3 クリックします。

Googleアナリティクスが利用できるようになります。

6 ジンドゥー側の設定を行う

解説

Googleタグの貼り付け

190ページで表示したGoogleタグをコピーしてジンドゥーの設定画面に貼り付けます。ジンドゥークリエイターのFREEプランの場合は、［ヘッダー編集］画面に貼り付けます。［ヘッダー編集］画面にほかのコードが入力されている場合、ほかのコードは消さないようにしてください。

1 新しいタブを表示し、ジンドゥーの編集画面を表示します。

2 管理メニューの［基本設定］をクリックします。

3 ［ヘッダー編集］をクリックします。

4 ここをクリックしてCtrl＋Vキーを押してコードを貼り付けます。既存のコードは消さずに残します。

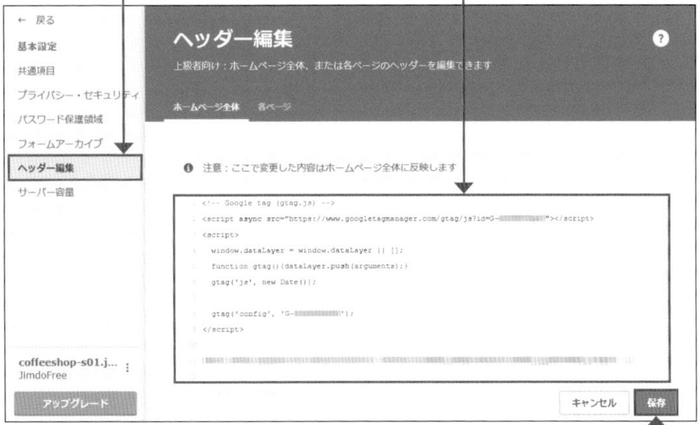

5 ［保存］をクリックします。

6 保存が完了します。

ヒント

ページを更新する

検索結果の上位に表示されるようにするには、ページを頻繁に更新することも重要と言われています。ホームページを作成した後は、そのままにせずに積極的に新しい情報を掲載しましょう。

7 Googleアナリティクスの画面を進める

解説

ウェブサイトをテストする

手順1の画面で、Googleアナリティクスで設定したウェブサイトのテストをするには、[テスト]をクリックします。設定ができている場合は、チェックマークが表示されます。

1 Googleアナリティクスのタブをクリックして画面を切り替えます。

2 [実装手順]（[Googleタグの設定]）の横の⊗をクリックします。

3 [ウェブストリームの詳細]の横の⊗をクリックします。

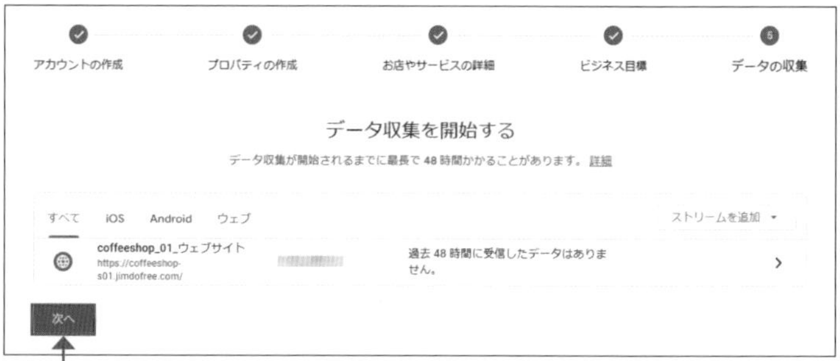

4 [次へ]をクリックします。

8 続きの設定をする

ヒント

ページを充実させることも重要

検索エンジンにとってホームページの内容がどのようなものなのかわかりづらい場合は、検索結果の上位に表示されることは期待できません。ページを見る人にとって見たい内容がすぐに見つかるようにページの構成を検討し、内容もわかりやすくなるよう工夫しましょう。さらに、見る人にとって親切なページになるように、ページの内容を充実させましょう。

データ収集は保留中です
アカウントとプロパティの作成が完了しました。プロパティでデータ収集が始まるまでには、最長で 48 時間ほどかかることがあります。詳細
レポートでは、見込み顧客の発掘、ユーザーの行動の調査およびブランド認知度の向上に焦点を当てます。
GA4 の重要なタスクを確認
Android モバイルアプリをダウンロード
iOS モバイルアプリをダウンロード
ホームに移動

1 ［ホームに移動］をクリックします。

2 設定に関する説明画面が表示された場合は、内容を確認して画面を進めます。

3 メール配信に関する画面が表示されたら、内容を確認し、必要時に応じて受信するメールを選択します。

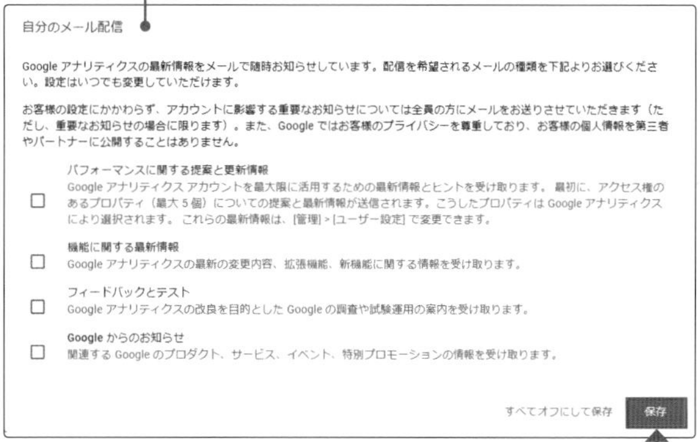
自分のメール配信
Google アナリティクスの最新情報をメールで随時お知らせしています。配信を希望されるメールの種類を下記よりお選びください。設定はいつでも変更していただけます。
お客様の設定にかかわらず、アカウントに影響する重要なお知らせについては全員の方にメールをお送りさせていただきます（ただし、重要なお知らせの場合に限ります）。また、Google ではお客様のプライバシーを尊重しており、お客様の個人情報を第三者やパートナーに公開することはありません。
パフォーマンスに関する提案と更新情報
Google アナリティクス アカウントを最大限に活用するための最新情報とヒントを受け取ります。 最初に、アクセス権のあるプロパティ（最大 5 個）についての提案と最新情報が送信されます。こうしたプロパティは Google アナリティクスにより選択されます。 これらの最新情報は、[管理] > [ユーザー設定] で変更できます。
機能に関する最新情報
Google アナリティクスの最新の変更内容、拡張機能、新機能に関する情報を受け取ります。
フィードバックとテスト
Google アナリティクスの改良を目的とした Google の調査や試験運用の案内を受け取ります。
Google からのお知らせ
関連する Google のプロダクト、サービス、イベント、特別プロモーションの情報を受け取ります。
すべてオフにして保存
保存

4 ［保存］をクリックします。

5 Googleアナリティクスのホーム画面が表示されます。

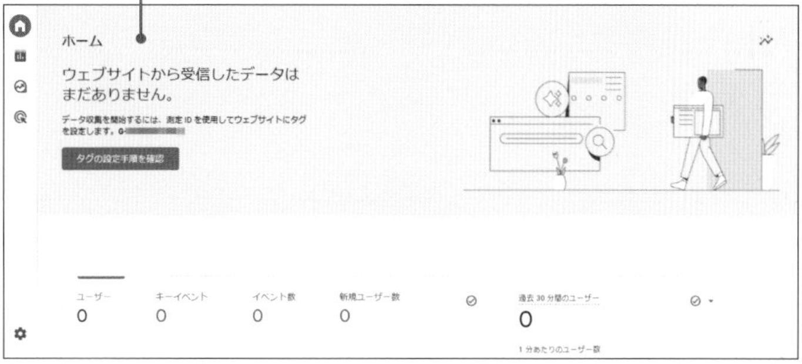
ホーム
ウェブサイトから受信したデータはまだありません。
データ収集を開始するには、測定 ID を使用してウェブサイトにタグを設定します。G-
タグの設定手順を確認
ユーザー
0
キーイベント
0
イベント数
0
新規ユーザー数
0
過去 30 分間のユーザー
0
1 分あたりのユーザー数

9 測定IDやGoogleタグをあとから確認する

ヒント

アクセス解析結果を確認する

Google アナリティクスを利用すると、さまざまなアクセス解析結果を得ることができます。機能の詳細については、専用書籍などを参照してください。

Googleアナリティクス

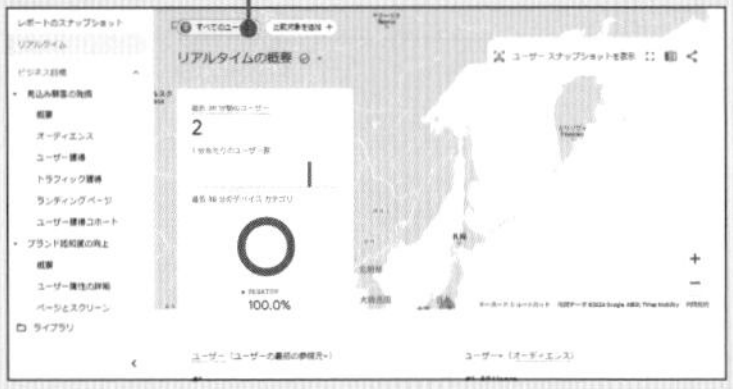

1 Googleアナリティクスの画面を表示します。

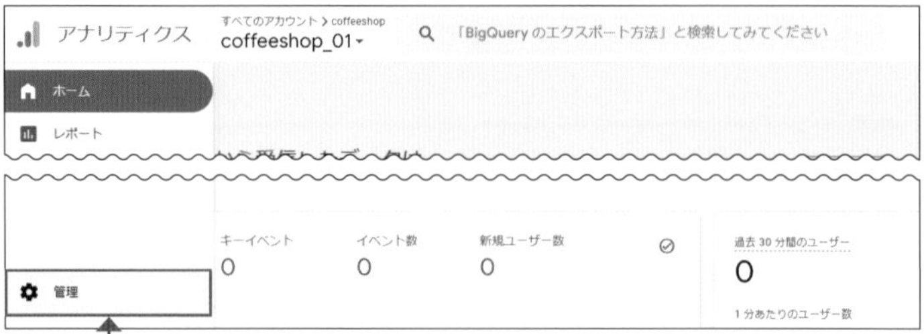

2 ここにマウスポインターを移動し、[管理]をクリックします。

3 [管理]をクリックします。

4 [データストリーム]をクリックします。

5 該当するストリームをクリックします。

6 ウェブストリームの詳細画面が表示されます。

7 測定IDをコピーするには、[測定ID]の[コピー]をクリックします。

8 Googleタグをコピーするには、[タグの実装手順を表示する]をクリックし、190ページ参照してGoogleタグをコピーします。

第 8 章

スマートフォンから更新しよう

Section 64　スマートフォンアプリでできること
Section 65　ジンドゥーのアプリをスマートフォンにインストールしよう
Section 66　アプリの画面を確認しよう
Section 67　スマートフォンでホームページの内容を編集しよう
Section 68　スマートフォンから写真を更新しよう
Section 69　スマートフォンからブログを更新しよう

Section

64 スマートフォンアプリでできること

ここで学ぶこと

- スマートフォン
- アプリ
- ホームページ

スマートフォンでジンドゥーのアプリを利用すると、ジンドゥークリエイターで作成したホームページをスマートフォンでかんたんに編集できます。スマートフォンで撮影した写真をアップロードしたり、外出先でブログを更新するのに便利です。アプリは、無料で利用できます。

1 ホームページを編集できる

解説

ホームページの編集

スマートフォンアプリ（アプリ）にログインすると、ホームページの編集ができます。アプリでページを表示したり修正したりできて便利です。

ヒント

ページの一覧

アプリではホームページの一覧から表示するページを切り替えられます。

TOKYO
Original Layout
ホーム
メニュー
周辺情報
アクセス
お問い合わせ
ブログ
周辺エリア
伊豆・箱根エリア
東北エリア

12:34
TOKYO
Original Layout
街角のカフェ「Coffee Shop」へようこそ！
Coffeeと焼きたてパンのお店
街角のカフェ「Coffee Shop」は、街角に佇む小さなカフェです。
Coffeeと焼きたてパンとともに、東京観光情報も提供しています。

ホームページの内容を確認できます。

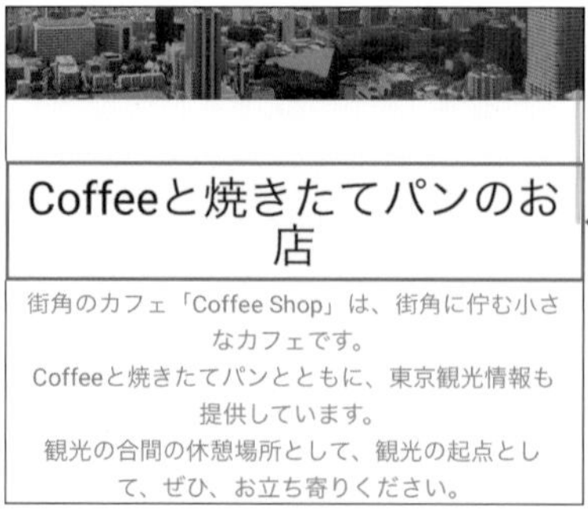
Coffeeと焼きたてパンのお店
街角のカフェ「Coffee Shop」は、街角に佇む小さなカフェです。
Coffeeと焼きたてパンとともに、東京観光情報も提供しています。
観光の合間の休憩場所として、観光の起点として、ぜひ、お立ち寄りください。

編集箇所をタップすると、編集をする画面に切り替わります。

② ホームページの構成を変更できる

ヒント

ナビゲーションも編集できる

アプリでは、ホームページの構成を決めるナビゲーションの編集もできます。ページの階層なども変更できます。

解説

ページを追加する

アプリでホームページにページを追加できます。ブログ記事を追加することもできます。

応用技

アクセス解析をする

ジンドゥークリエイターの有料プランの場合は、アプリでアクセス解析の機能を利用することもできます。

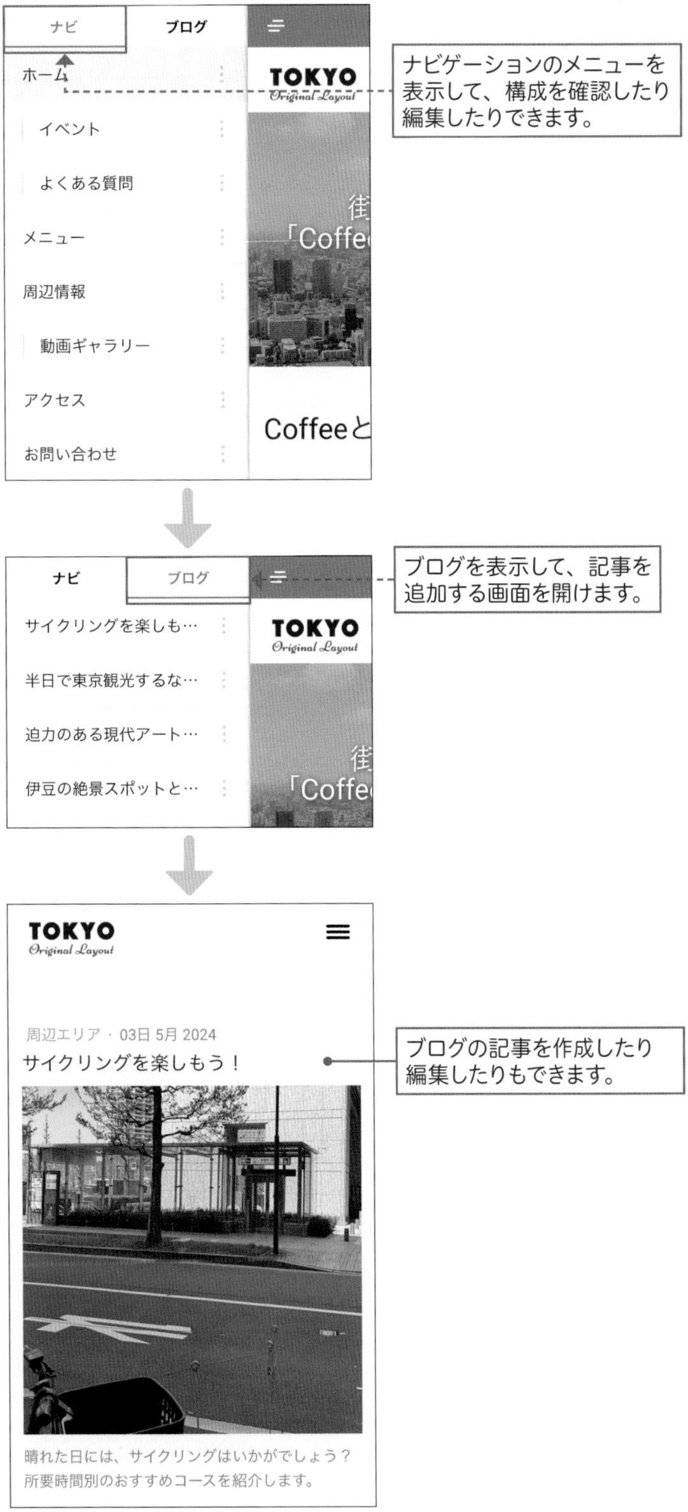

Section
65 ジンドゥーのアプリをスマートフォンにインストールしよう

ここで学ぶこと

- スマートフォン
- アプリ
- インストール

スマートフォンにジンドゥーアプリをインストールしてアプリを使う準備をします。iPhoneを使用している場合は、「App Store」からアプリをインストールします。Androidのスマートフォンを使用している場合は、「Google Play」からアプリをインストールします。

1 アプリをインストールする

解説

アプリのインストール

スマートフォンにアプリをインストールして使えるように準備します。ここでは、検索欄に「ジンドゥー」と入力してアプリを検索してインストールしています。インストールの途中で、利用規約やプライバシーポリシーに同意するかメッセージが表示された場合は、画面の指示に従って同意をタップして画面を進めます。

解説

Androidの場合

Androidスマートフォンにアプリをインストールする場合は、「Play ストア」アプリから検索してインストールします。

補足

入手済みの場合

スマートフォンにアプリを既にインストールしている場合は、スマートフォンの画面でジンドゥーのアプリを探してタップして起動します。

1 ここでは、iPhoneの画面を例に紹介します。「App Store」アプリを起動します。

2 ［検索］をタップします。

3 検索欄に「ジンドゥー」と入力して検索します。

4 「Jimdo」アプリが表示されたら［入手］をタップします。

5 Apple IDの入力が求められた場合は、Apple IDを入力してログインします。

6 次の画面が表示された場合は、サイドボタンをダブルクリックして画面を進めます。
インストールの方法は、機種などによって異なる場合があります。

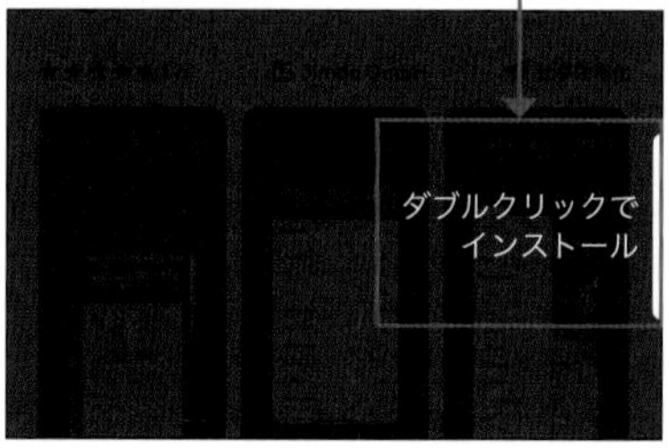

② アプリを起動する

1 アプリのアイコンをタップします。

2 アプリが起動します。

3 ［アカウントにログインする］をタップします。

4 このあと、利用規約やプライバシーポリシーの確認画面が表示された場合は、内容を確認して同意し、［次へ］をタップします。

5 ジンドゥーのアカウントとして登録したメールアドレスを入力します。

6 ジンドゥーのパスワードを入力します。

7 ［ログイン］をタップします。

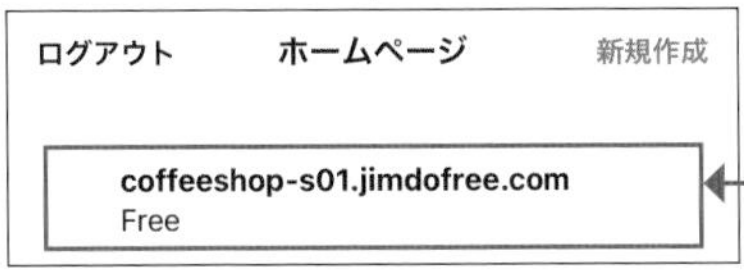

8 表示するホームページをタップします。

9 このあと、アプリの通知やCookieポリシーの同意の確認画面が表示された場合は、内容を確認して画面を勧めます。

10 ホームページが表示され、アプリを使う準備ができました。

解説

アプリを起動する

アプリのインストールが完了したら、起動してみましょう。アプリのアイコンをタップしてログインします。

解説

アプリの種類について

アプリを使用するには、お使いのスマートフォンに応じたアプリをインストールします。ジンドゥーのiOSアプリ「Jimdo」は、iOS14以降のバージョンが搭載されているiPadやiPhoneなどで使用できます。ジンドゥーのAndroidアプリ「Jimdo」は、Android5.0以降のバージョンのスマートフォンやタブレットなどで使用できます。

ヒント

ホームページの閲覧

アプリを使うと、ホームページを編集したり、ページを追加したりできます。単にホームページを閲覧したい場合はスマートフォンのブラウザーを起動して、ホームページのアドレスを指定するとホームページを見られます。

Section

66 アプリの画面を確認しよう

ここで学ぶこと

- スマートフォン
- アプリ
- ホームページ

アプリの画面構成を確認します。アプリ設定画面を表示する方法も知っておきましょう。設定画面では、現在ログインしているアカウントからログアウトできます。また、ホームページのページ一覧を表示して、ページを切り替えて表示する方法を覚えましょう。

1 アプリの画面を確認する

解説

画面を確認する

アプリの画面構成を確認します。画面をタップして操作します。

ヒント

設定を確認する

アプリにログインしたり、ログインしているアカウントを確認するには、画面上部の歯車の形の設定のアイコンをタップします。表示される設定で[ログアウト]をすると、ログアウトするか確認メッセージが表示されます。

199ページの方法で、アプリを起動します。

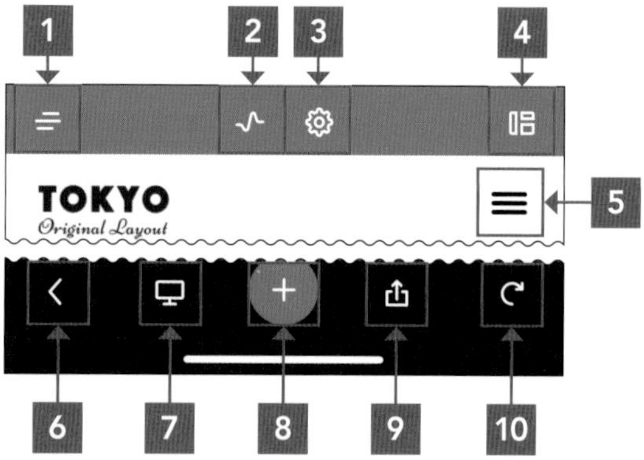

1	ナビゲーションの編集などができます。
2	アクセス解析の機能を利用できます（有料プランのみ）。 Androidの場合は、1をタップしたあと左上の をタップします。
2	設定画面を表示します。ログインやログアウト、ホームページ全体のレイアウトを変更したりします。Androidの場合は、1をタップしたあと左上の をタップします。
4	表示しているページの構成を確認し、コンテンツを移動できます。 ホームページのページタイトルやロゴの設定なども行えます。
5	表示するページを切り替えられます。
6	前のページに戻ります（iPhoneの場合）。
7	ページ全体を表示するか切り替えます。 Androidの場合、右上の をタップします。
8	コンテンツを追加します。
9	ホームページの情報を送ったりするメニューを表示します。 Androidの場合、右上の をタップします。
10	ホームページを更新して表示します（iPhoneの場合）。

2 ページを切り替える

解説

ページを切り替える

ページの一覧を表示して、表示するページを切り替えます。メニューの項目の下の階層のページを表示するには、項目の右側の + をタップして、下の階層のページをタップします。

1 ここをタップします。

2 表示するページをタップします。

3 ページが切り替わります。

補足

パスワード保護について

ホームページを閲覧するのに必要なパスワードを設定している場合、アプリでホームページを表示するときも、パスワードの入力が必要になります。パスワードを入力すると、ページが表示されます。

Section

67 スマートフォンでホームページの内容を編集しよう

ここで学ぶこと

- スマートフォン
- アプリ
- コンテンツを追加

スマートフォンを使用して、ホームページの内容を編集してみましょう。ここでは、あたらしい見出しや文章を追加したり、移動したりします。ます。ホームページを編集した後は、忘れずに保存をしましょう。また、コンテンツを削除する方法も紹介します。

1 既存のコンテンツを編集する

1 199ページの方法で、アプリを起動してジンドゥーにログインします。

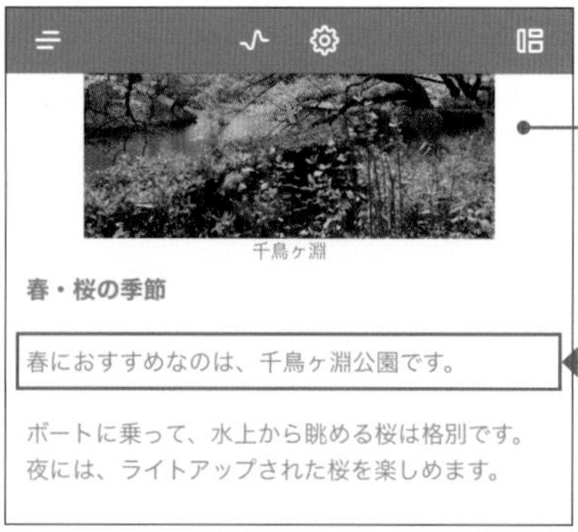
千鳥ヶ淵
春・桜の季節
春におすすめなのは、千鳥ヶ淵公園です。
ボートに乗って、水上から眺める桜は格別です。
夜には、ライトアップされた桜を楽しめます。

2 アプリで修正するページを表示します。

3 修正したいコンテンツをタップします。

4 文字カーソルが表示されたら、文字を編集します。

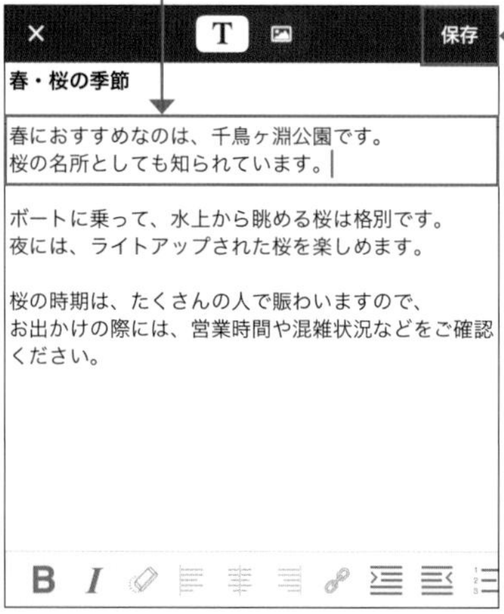
保存
春・桜の季節
春におすすめなのは、千鳥ヶ淵公園です。
桜の名所としても知られています。
ボートに乗って、水上から眺める桜は格別です。
夜には、ライトアップされた桜を楽しめます。
桜の時期は、たくさんの人で賑わいますので、
お出かけの際には、営業時間や混雑状況などをご確認ください。

5 ［保存］をタップします。

解説

文字を修正する

ここでは、コンテンツとして追加した文章の文字の内容を修正します。コンテンツ部分をタップして編集画面で操作します。写真を変更する操作は、206ページで紹介しています。

解説

Androidの場合

Androidの場合、編集後に保存をするには、画面左上の✓をタップします。

ヒント

書式を設定する

文字の書式を変更するには、文字をタップして選択し、画面中央に表示されるアイコンをタップします。たとえば、太字にするには［B］をタップします。

② コンテンツを追加する

解説

見出しを追加する

コンテンツを追加するには、[＋]（Androidの場合は、画面右下の[＋]）をタップして追加するコンテンツの種類を選択します。ここでは、[見出し]をタップして、見出しの文字を入力します。文字を入力後は[保存]（Androidの場合は[確認]）をタップします。

ヒント

見出しのレベルを指定する

見出しのレベルを指定するには、見出しを追加して文字を指定するときに、画面中央に表示される[A]をタップして指定します。左から[大][中][小]を選択できます。Androidの場合は、[小][中][大]から選択します。

1 コンテンツを追加するページを表示します。

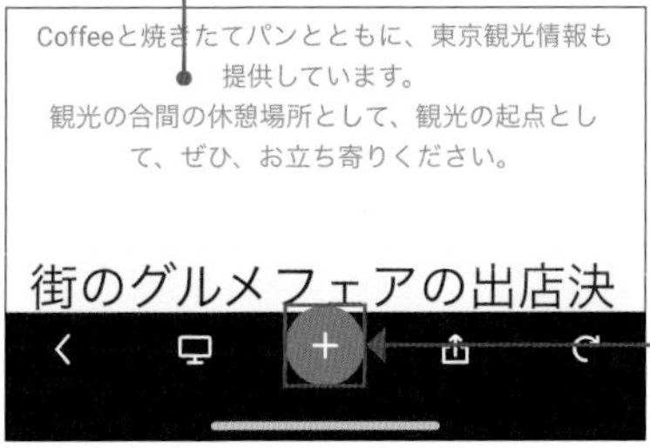

2 ⊕をタップします。

3 追加するコンテンツの種類をタップします。

4 コンテンツの内容を入力します。

5 [保存]（Androidの場合は[確認]）をタップします。

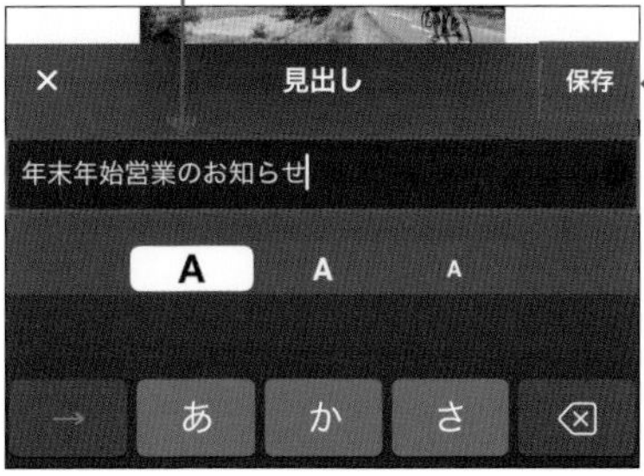

6 コンテンツが表示されます。必要に応じてほかのコンテンツを追加します。

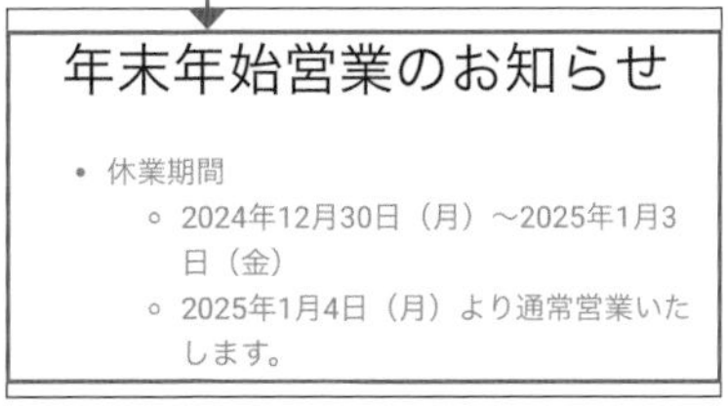

③ コンテンツを移動する

解説

コンテンツを移動する

コンテンツを移動するには、コンテンツの一覧を表示してコンテンツの右端のアイコンをドラッグします。移動するコンテンツの項目の右端のアイコンを長押しし、そのまま移動先にドラッグしましょう。移動先が決まってから画面から指を離すと目的の場所に移動できます。

解説

Androidの場合

Androidの場合は、手順**2**の後で移動するコンテンツの左端の☰を上下にドラッグします。

ヒント

元の表示に戻す

コンテンツの一覧を表示した画面から元の画面に戻るには、コンテンツの一覧以外の場所をタップします**1**。

1 タップします。

1 コンテンツを移動するページを表示します。

2 画面右上のアイコンをタップします。

3 鉛筆のマークをタップします。

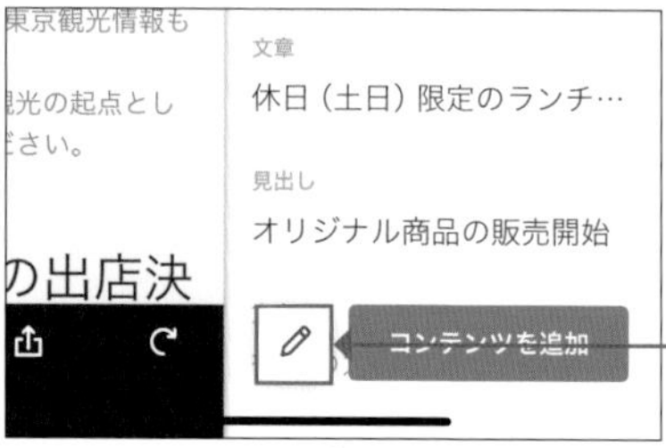

4 移動するコンテンツの右端をドラッグします。

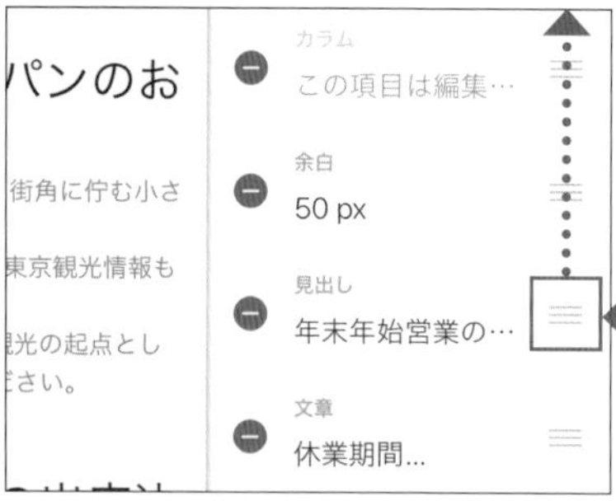

5 コンテンツが移動しました。
必要に応じてほかのコンテンツを移動します。

6 ［完了］をタップします（iPhoneの場合）。

④ コンテンツを削除する

1 コンテンツを削除するページを表示します。

2 画面右上のアイコンをタップします。

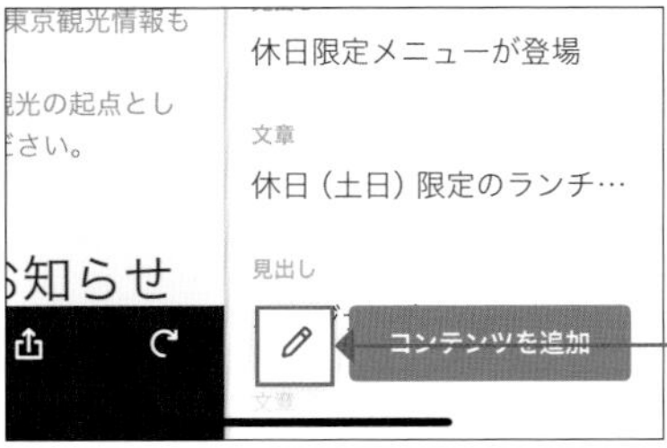

3 鉛筆のマークをタップします。

4 削除するコンテンツの左端の⊖をタップします。

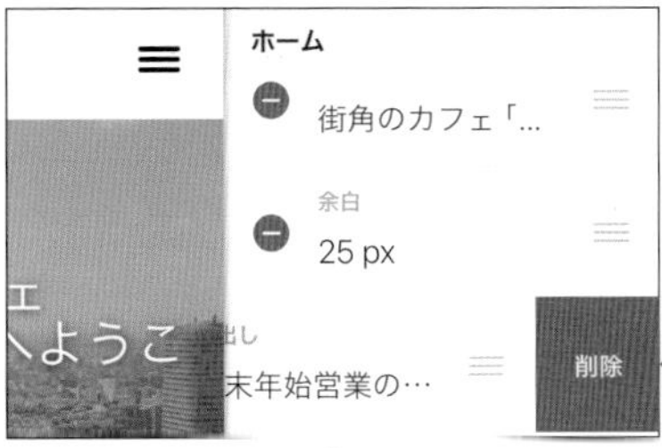

5 ［削除］をタップします。

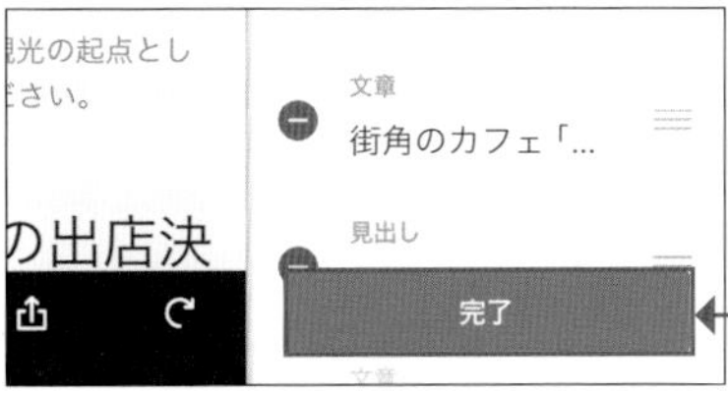

6 必要に応じてほかのコンテンツを削除します。

7 ［完了］をタップします（iPhoneの場合）。

解説

コンテンツの削除

コンテンツの一覧を表示して、不要なコンテンツを削除します。コンテンツの位置を調整する画面で操作します。

解説

Androidの場合

Androidの場合は、手順2の後、削除するコンテンツの項目を右から左にドラッグして表示される［削除］をタップします。

ヒント

元の画面に戻る

コンテンツの一覧を表示した画面から元の画面に戻るには、コンテンツの一覧以外の場所をタップします1。

1 タップします。

Section

68 スマートフォンから写真を更新しよう

ここで学ぶこと

- スマートフォン
- アプリ
- 画像

アプリを使用して、ホームページに掲載している画像を変更する方法を紹介します。ここでは、事前にスマートフォンで撮影した写真に変更します。写真をタップして操作します。アプリでホームページを編集した後は、保存を忘れないようにしましょう。

1 写真を選択する

解説

写真を選択する

アプリで、ホームページの画像を変更します。変更する写真をタップして操作します。スマートフォンに保存してある写真を選択するか、写真を撮影するか選択できます。

1 編集するページを開いておきます。

2 変更する写真をタップします。

3 画面右下のアイコンをタップします。

4 ここではスマートフォンに保存してある写真を利用します。［カメラロールから選ぶ］をタップします。

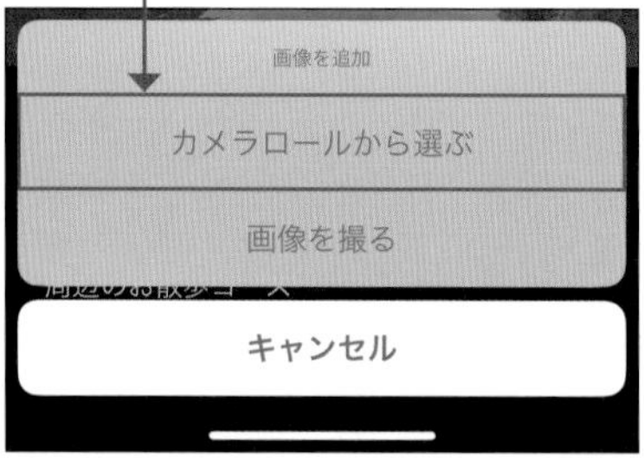

ヒント

Androidの場合

Androidの場合、変更する写真をタップしたあと、カメラの横の写真のアイコンをタップして、画面の指示に従って変更する写真を選択します。

② 写真を変更する

解説

変更を保存する

写真を変更したあと、変更を保存するには［保存］（Androidの場合は、）をタップします。変更をキャンセルする場合は、［×］（Androidの場合は、をタップして［変更せずに終了］）をタップします。

1 206ページの方法で、写真が保存されている場所を表示します。

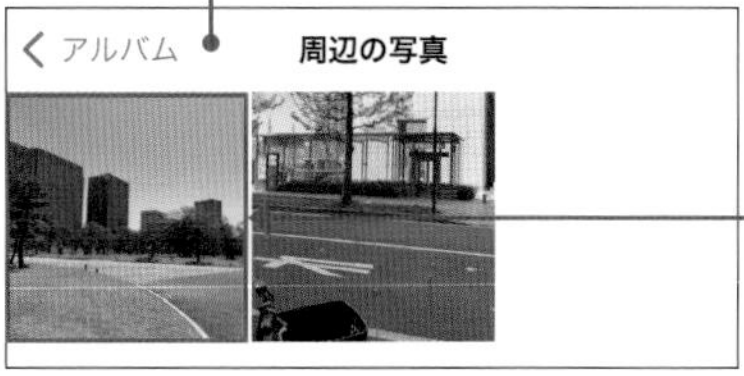

2 写真をタップします。

3 写真が表示されます。

4 ［保存］をタップします。

5 写真が表示されました。

Section

69 スマートフォンからブログを更新しよう

ここで学ぶこと

- スマートフォン
- アプリ
- ブログ

スマートフォンを使用してブログの記事を新規に作成します。スマートフォンを使用すれば、外出先からかんたんにブログの記事を追加したり、内容を更新したりできて便利です。ここでは､スマートフォンで撮影した写真を記事に追加します。

① 記事を追加する

解説

ブログの記事を追加する

アプリでブログの記事を追加します。記事の一覧を表示して新しいページを投稿する画面を開きます。

ヒント

ブログの記事を編集する

ブログの記事を編集するには、手順2のあとに、編集するブログの記事をタップします。

ヒント

Androidの場合

Androidの場合、画面を下にスクロールして[ブログ]の横の[+]をタップして、記事を追加します。また、記事を編集するには、画面を下にスクロールしてブログの記事の項目をクリックして編集します。

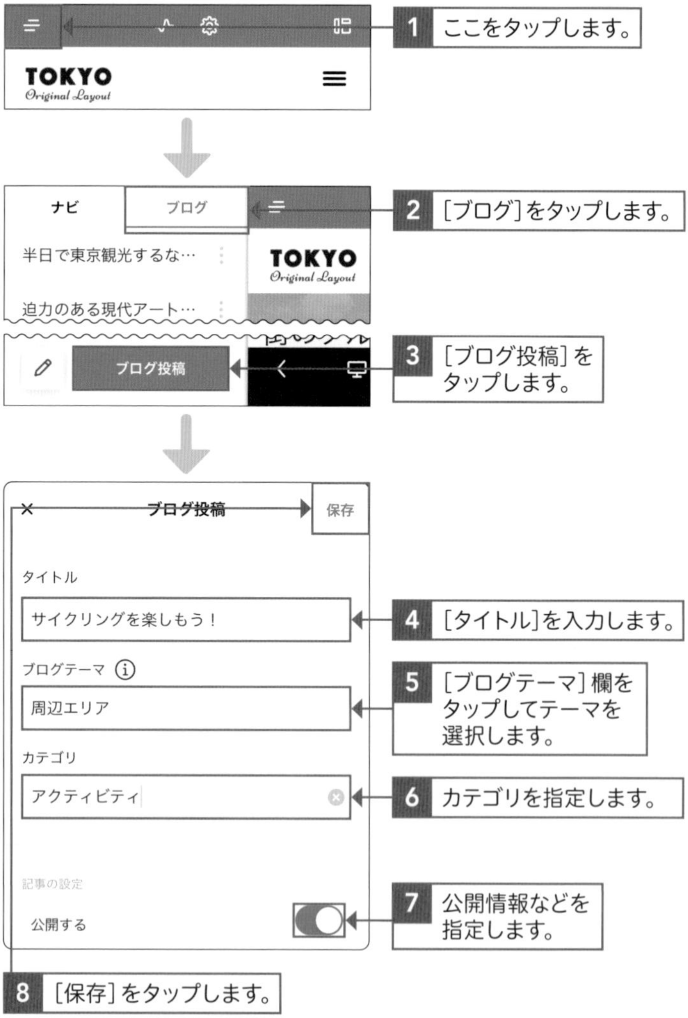
1 ここをタップします。
TOKYO
Original Layout
ナビ
ブログ
半日で東京観光するな…
迫力のある現代アート…
2 [ブログ]をタップします。
ブログ投稿
3 [ブログ投稿]をタップします。
ブログ投稿
保存
タイトル
サイクリングを楽しもう！
4 [タイトル]を入力します。
ブログテーマ
周辺エリア
5 [ブログテーマ]欄をタップしてテーマを選択します。
カテゴリ
アクティビティ
6 カテゴリを指定します。
記事の設定
公開する
7 公開情報などを指定します。
8 [保存]をタップします。

2 記事を作成する

解説

コンテンツを追加する

手順2のあとは、次のような画面が表示されます。追加したいコンテンツをタップして、内容を入力します。
写真を追加する場合は、表示される［写真］をタップします1。

1 タップします。

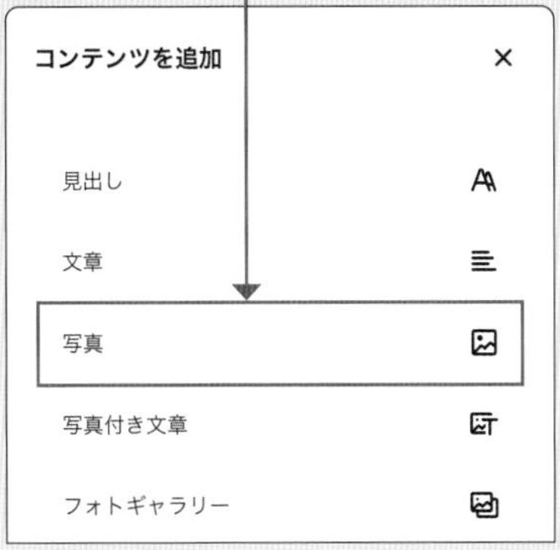

1 追加した記事をタップします。

2 ［+］をタップします。

3 表示される画面で、追加するコンテンツをタップして内容を指定します。

4 写真などを追加して記事を作成します。

3 記事を確認する

ヒント

記事を削除する

ブログの記事を削除したい場合は、ブログの記事の一覧を表示して、記事の右端のアイコンをタップします1。［記事を削除］をタップします2。Androidの場合は、画面を下にスクロールして、ブログの横の をタップして、記事の右端の をタップして［削除］をタップします。

1 タップします。

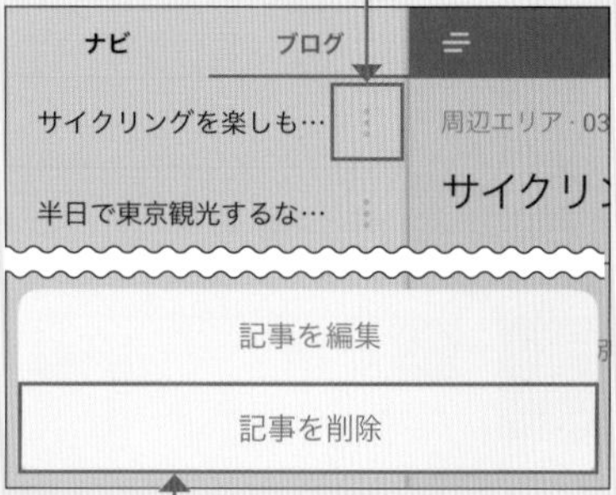

2 タップします。

1 201ページの方法で、ページの一覧を表示します。

2 ここをタップします。

3 ここでは、テーマをタップします。

4 ブログ記事の内容が表示されます。

応用技 記事を編集する

ブログの記事の内容を編集するには、ブログ記事を表示して、修正箇所をタップします。すると、文字を修正できます。また、写真を削除したい場合などは、画面右上のアイコンをタップします1。ページの構成を表示する画面が表示されたら、画面下部の鉛筆のアイコンをタップして2、削除する項目の先頭の［－］をタップして［削除］をタップします。Androidの場合は、ブログの記事を表示して写真をタップして右上の をタップし、［削除］をタップします。

1 タップします。

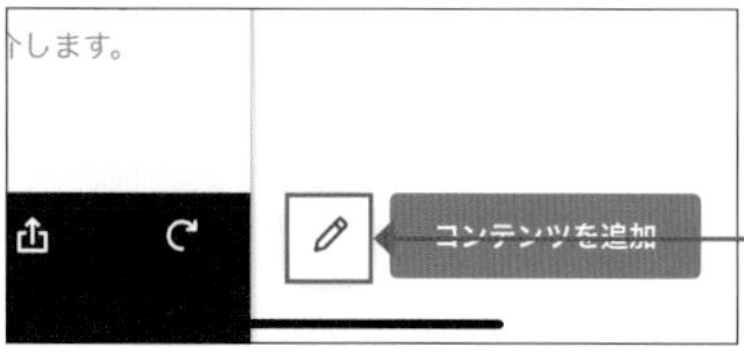

2 鉛筆のマークをタップします。

第 9 章

こんなときどうする？

Section 70　有料プランのコースについて知りたい！
Section 71　有料プランで独自ドメインを取得したい！
Section 72　パスワードを忘れてしまった！
Section 73　ホームページを削除したい！
Section 74　アカウントを削除したい！

Section

70 有料プランのコースについて知りたい！

ここで学ぶこと
- プラン
- ジンドゥーAIビルダー
- ジンドゥークリエイター

ジンドゥーでホームページを作成するときに利用できるサービスには、「ジンドゥーAIビルダー」と「ジンドゥークリエイター」の2種類があります。それぞれ無料と有料のプランがあります。有料プランは、広告を非表示にできたり、独自ドメインを利用できたり、SEO対策を充実させたりできます。

1 無料プランと有料プラン

ジンドゥーAIビルダー

本書では解説していませんが、ジンドゥーAIビルダーは、質問に答えるだけで、すぐにホームページを作成できるサービスです。無料版のPLAYでは、最大5ページまでのページを作成できます。有料プランには、STARTやGROWがあります。GROWはSTARTより大規模なホームページを作成できます。

ジンドゥークリエイター

無料プラン

ジンドゥークリエイターでも、かんたんにホームページを作成できます。また、ブログを開設したり、ショップ機能も利用できます。ジンドゥーAIビルダーと比べるとホームページをより自由にカスタマイズして利用できます。

有料プラン

有料プランを利用すると、次のような機能を利用できます。有料プランには、PRO、BUSINESS、SEO PLUS、PLATINUMがあります。PROよりBUSINESSの方が、より大規模なホームページを作成できます。また、SEO対策に関する充実した機能を利用できます。SEO PLUSやPLATINUMは、BUSINESSプランの内容に加えて、SEO対策に関する提案をしてくれるツールのrankingCoachを使用できます。PLATINUMは、さらに、ホームページに関するデザインアドバイスを受けられます。

有料プランでできることの例	内容
独自ドメインを利用できる	無料プランでは、ホームページのアドレスは、「https://XXXX. jimdofree.com」のような形になります。有料プランでは、独自ドメイン（214ページ参照）を使用することで、ホームページのアドレスを「https://www.example.com」のように独自に指定できます。また、カスタムURLの設定も可能です。
メールアドレスを取得できる	独自ドメインを使用することで、独自ドメインのメールアドレスを取得できます。
アクセス解析の機能を利用できる	管理メニューからアクセス解析の画面を表示して内容を確認できます。
SEO対策をより充実させられる	すべてのページのmetaタグ設定や、リダイレクト機能（BUSINESSプラン）などを利用できます。
多くの日本語フォントを利用できる	日本語のモリサワフォントを利用できます。
ショップ機能でより多くの商品を扱える	ショップ機能の利用時に、多くの商品を扱えます。PROプランでは15点まで扱えます。BUSINESS、SEO PLUS、PLATINUMでは商品点数は無制限、また、商品の割引券（クーポンコード）の機能を利用できます。

② プランの詳細について

解説

プランの違い

ジンドゥーAIビルダーとジンドゥークリエイターの各サービスには、複数のプランが用意されています。それぞれのプランには、右の表のような違いがあります。なお、有料プランの中には、オプション（有料）で追加して利用できる機能もあります。最新の情報は、ジンドゥーのホームページで確認してください。

ジンドゥーAIビルダー

	GROW	START	PLAY
価格（月額換算の場合）	¥1,590	¥990	¥0
独自ドメイン	✓	✓	—
ドメイン接続	✓	✓	—
メールアドレスの接続	✓	✓	—
転送用メールアドレス	5	1	—
サポート	優先	優先	—
サーバー容量	15GB	5GB	500MB
ページ数	最大50ページ	最大10ページ	最大5ページ
常時SSL	✓	✓	✓
高度なSEO	✓	✓	—
アクセス解析	✓	✓	—
広告非表示	✓	✓	—

ジンドゥークリエイター

	PLATINUM	SEO PLUS	BUSINESS	PRO	FREE
価格（月額換算）	¥5,330	¥4,250	¥2,600	¥1,200	¥0
独自ドメイン	✓	✓	✓	✓	—
サポート	最優先	最優先	最優先	優先	通常
アクセス解析	✓	✓	✓	✓	—
広告非表示	✓	✓	✓	✓	—
メールパッケージの追加	✓	✓	✓	✓	—
高度なSEO	✓	✓	✓	—	—
SEOツールの利用	✓	✓	—	—	—
デザインアドバイス	✓	—	—	—	—
モリサワフォント	176書体	176書体	176書体	15書体	—
（ショップ機能）商品数	無制限	無制限	無制限	15	5
（ショップ機能）クーポンコード	✓	✓	✓	—	—

ヒント

アップグレード

ジンドゥーAIビルダーとジンドゥークリエイターのサービスは、それぞれ、同じサービス内でプランのアップグレードを行えます。管理メニューから内容を確認できます。

ヒント

ショップ機能に関する違い

ジンドゥークリエイターのプランによってショップ機能に関する機能が異なります。商品数が多い場合は、有料版のプランを利用しましょう。

	PLATINUM、SEO PLUS、BUSINESS	PRO	FREE
登録できる商品の数	無制限	15商品	5商品
お支払方法	クレジットカード（PayPal、Stripe経由）、銀行振り込みなど	クレジットカード（PayPal、Stripe経由）、銀行振り込みなど	クレジットカード（PayPal経由）

Section

71 有料プランで独自ドメインを取得したい！

ここで学ぶこと

- ドメイン
- 独自ドメイン
- アップグレード

独自ドメインとは、自分で独自に決めたドメインの名前です。ジンドゥーの有料プランでは、独自ドメインを利用できます。独自ドメインを利用すると、ホームページのアドレスを覚えてもらいやすくなり、信頼性の向上も期待できます。

1 ドメイン名と独自ドメインについて

重要用語

ドメイン名

ドメイン名とは、インターネット上でホームページのアドレスを識別する住所のようなものです。ジンドゥーの有料プランでは、独自ドメインを利用できます。

ヒント

独自ドメインについて

一般的に、無料のホームページ公開サービスなどを利用してホームページを公開する場合などは、ドメイン名は利用業者によってある程度決められたものを使用します。また、オリジナルのドメイン名を利用したい場合は、ドメイン登録業者を通じて独自ドメインを取得して管理する必要があります。一方、ジンドゥーの有料プランを利用する場合、手軽に独自ドメインを取得できます。独自ドメインを利用するメリットは、ホームページのアドレスを覚えてもらいやすくなることや、ホームページの信頼性の向上などがあります。

ホームページのアドレス（例）

https://www.○○○○.jp

ドメイン

ホームページを表示するとアドレスバーにドメイン名が表示されます

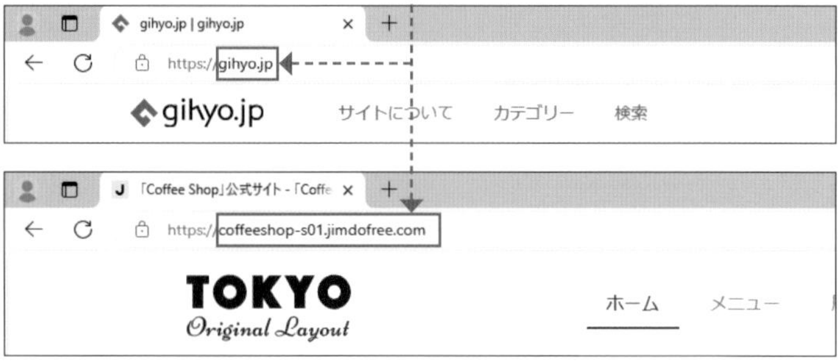

ヒント 「.jp」や「.com」って何？

ドメイン名の最後の「.jp」や「.com」などは、トップレベルドメイン（TDL）と言い、国や分野などを示します。トップレベルドメインには、多くの種類があります。ジンドゥーでは、次のような種類を指定できます。種類によってドメインの取得費用や維持費用は異なります。ジンドゥーのサポートページでご確認ください。

種類	用途
.com	主に商用向け
.net	主にネットワーク企業向け
.org	主に非営利団体向け
.jp	日本向け。日本に住所がある人なら取得可

② プランをアップグレードする

解説

アップグレードをする

独自ドメインを利用したり、ショップサイトで多くの商品を扱ったりする場合は、有料プランにアップグレードしましょう。既存のホームページの内容をそのまま引き継いでアップグレードできます。ダウングレードについては、ジンドゥーのホームページでご確認ください。

1 自分のホームページの編集画面を表示します。

2 管理メニューの［アップグレード］をクリックします。

3 続いて表示される画面でアップグレードするプランを選択します。

4 続いて、画面の指示に従って利用するプランなどを選択します。

ヒント

新規に登録する

既存のホームページの内容を引き継がずに新しく有料プランに登録するには、ホームページ一覧の画面から新しいホームページを作成し、［プラン］を選択する画面で有料のプランを指定します。

応用技

取得済みの独自ドメインを使用する

有料プランでは、ほかのドメイン登録業者などを通じて自分で取得した独自ドメインをジンドゥーで利用することもできます。ただし、一部利用できない場合もあります。最新情報や設定方法については、ジンドゥーのホームページでご確認ください。

Section

72 パスワードを忘れてしまった！

ここで学ぶこと

- パスワード
- 再設定
- ログイン

ジンドゥーにログインするときに使用するパスワードを忘れてしまった場合は、ジンドゥーにログインする画面からパスワードを再設定します。ジンドゥーに登録しているメールアドレスに届くメールを確認して、新しいパスワードを設定し直します。

1 パスワードを再設定する準備をする

補足

パスワードを変更する

パスワードを忘れたわけではなく、パスワードを変更したい場合は、66ページの方法で新しいパスワードを指定します。メールを確認したりせずにかんたんに変更できます。

1 30ページの方法で、ログイン画面を開きます。

2 ［パスワードをお忘れですか?］をクリックします。

3 ジンドゥーのアカウントのメールアドレスを入力します。

4 ［パスワードを再設定する］をクリックします。

5 続いて、［メールを送信しました］のメッセージが表示されます。

② パスワードを再設定する

解説

1時間以内に設定する

パスワードを再設定するための操作をしたあとは、指定したメールに届く受信メールを確認して、すみやかに再設定をしましょう。再設定のためのメールはすぐに届きます。メールの受信後1時間以内に再設定をします。

1 216ページで入力したメールアドレスに届いた受信メールを確認します。

2 ジンドゥーから届いたメールを開き、メールのリンクをクリックします。

3 新しいパスワードを入力します。

4 ［パスワードを変更する］をクリックします。

5 ジンドゥーのログイン画面が表示されます。

6 ジンドゥーのアカウントのメールアドレスを入力します。

7 新しいパスワードを入力します。

8 ［ログイン］をクリックしてログインします。

ヒント

パスワードの指定

ジンドゥーにログインするアカウントのパスワードは、8文字以上で設定します。アルファベットの小文字、大文字、数字、記号を含んだパスワードを指定します。

Section

73 ホームページを削除したい！

ここで学ぶこと

- ダッシュボード
- 設定
- 削除

ホームページは、ホームページ一覧やダッシュボードの画面から削除できます。ただし、削除したあとは元には戻せません。なお、削除できるホームページは、無料プランで作成したホームページです。有料プランのホームページを削除するには、先に有料プランを解約する必要があります。

1 ホームページを削除する準備をする

注意

元には戻せない

ホームページを削除したあと、ホームページを元の状態に戻すことはできないので注意してください。

1 35ページの方法で、ホームページ一覧の画面を開きます。

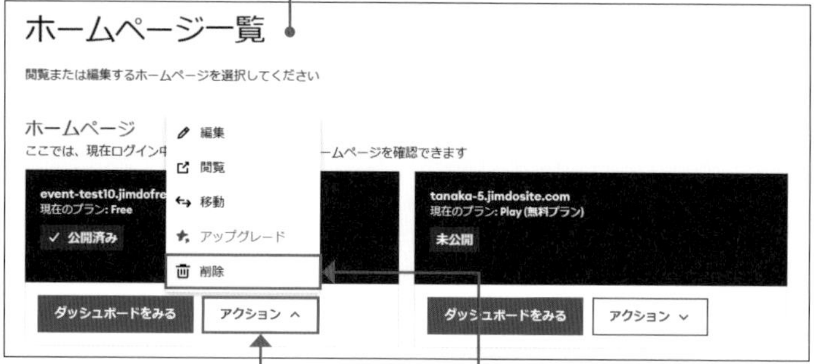

2 削除したいホームページの［アクション］をクリックします。

3 ［削除］をクリックします。

4 ダッシュボードの［設定］画面が表示されます。

5 ［ホームページを削除］が選択されています。

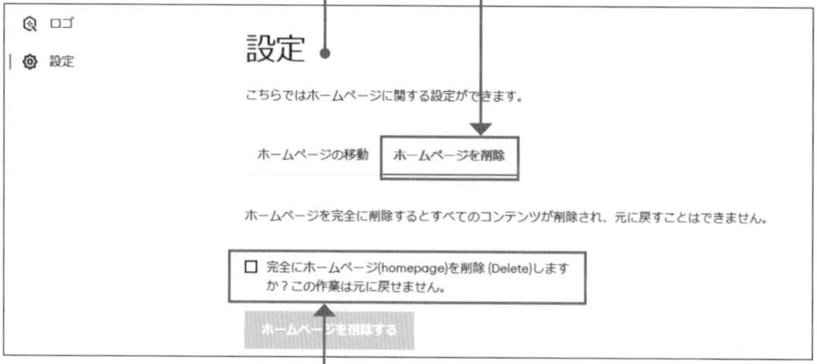

6 ［完全にホームページ（homepage）を削除（Delete）しますか？この作業は元に戻せません］をクリックします。

② ホームページを削除する

ヒント

非公開にする

ジンドゥークリエイターで、ホームページを閲覧されないようにするには、パスワードを使用してパスワードを知っている人のみが見られるようにする方法があります。それには、パスワード保護領域を設定します。また、有料プランの場合は、準備中のモードを指定する方法があります。

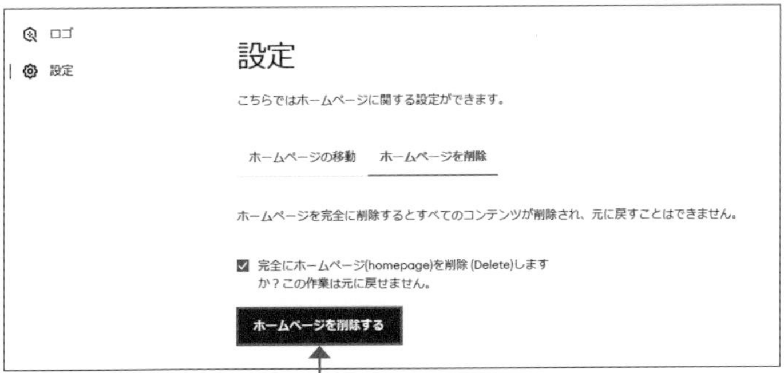

1 ［ホームページを削除する］をクリックします。

2 メッセージが表示されます。

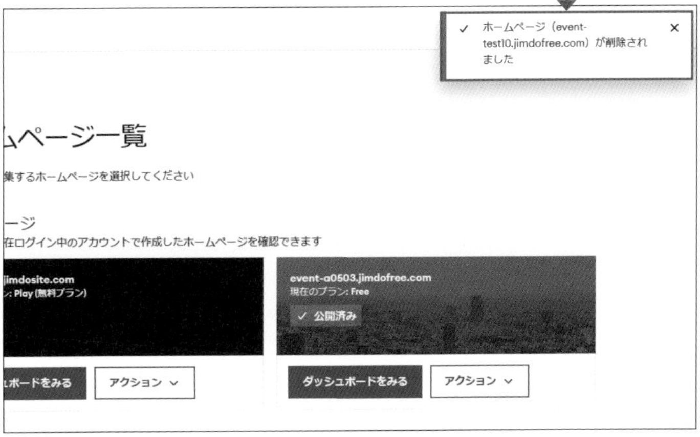

3 ホームページ一覧の画面を表示します。
削除したホームページが消えていることを確認します。

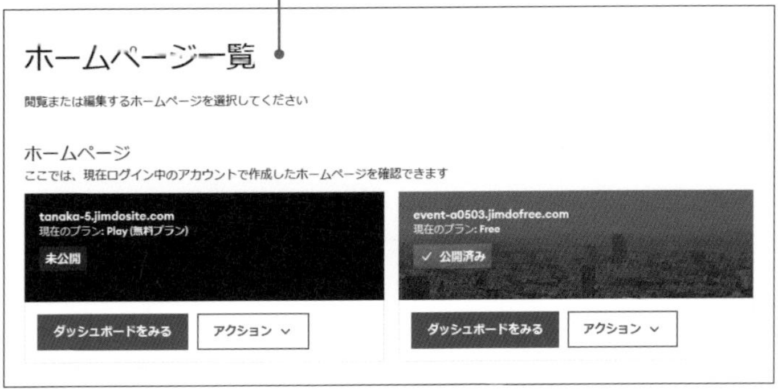

補足

アカウントを削除する

ジンドゥーに登録したアカウント自体を削除する方法は、220ページを参照してください。

Section

74 アカウントを削除したい！

ここで学ぶこと

- アカウント設定
- プロフィール
- 削除

無料のプランのホームページのみ作成している場合は、ジンドゥーのアカウントを削除できます。アカウントを削除すると、アカウント内のホームページもすべて削除されます。なお、有料のプランのホームページを作成している場合は、先に、有料プランを解約する必要があります。

1 アカウントの削除の画面を開く

補足

ホームページを削除する

ジンドゥーにログインするアカウントではなく、不要になったホームページを削除する方法は、218ページを参照してください。

1 30ページの方法で、ジンドゥーのアカウントにログインしておきます。

2 画面右上のアカウントのアイコンをクリックします。

3 ［アカウント設定］をクリックします。

4 ［プロフィール］が選択されていることを確認します。

5 画面をスクロールします。

② アカウントを削除する

解説

元の画面に戻る

アカウントを削除する画面で、操作をキャンセルにするには、[アカウント削除]の横の[キャンセル]をクリックします。または、[アカウントを削除する]の画面の右上の[×]をクリックします。すると、プロフィールの画面に戻ります。

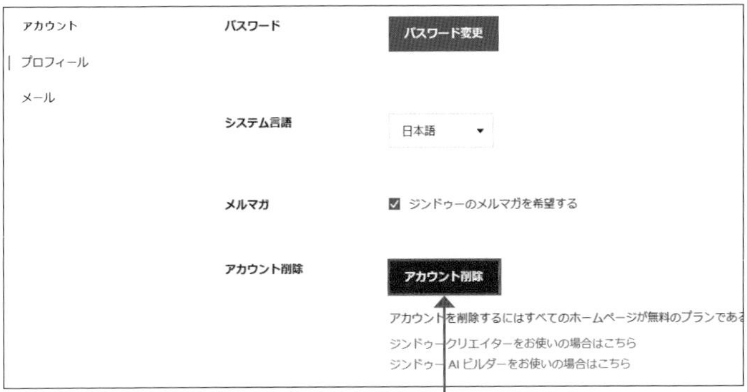
アカウント
プロフィール
メール
パスワード
パスワード変更
システム言語
日本語
メルマガ
ジンドゥーのメルマガを希望する
アカウント削除
アカウント削除
アカウントを削除するにはすべてのホームページが無料のプランである
ジンドゥークリエイターをお使いの場合はこちら
ジンドゥーAIビルダーをお使いの場合はこちら

1 [アカウント削除]をクリックします。

2 ジンドゥーのアカウントのメールアドレスを入力します。

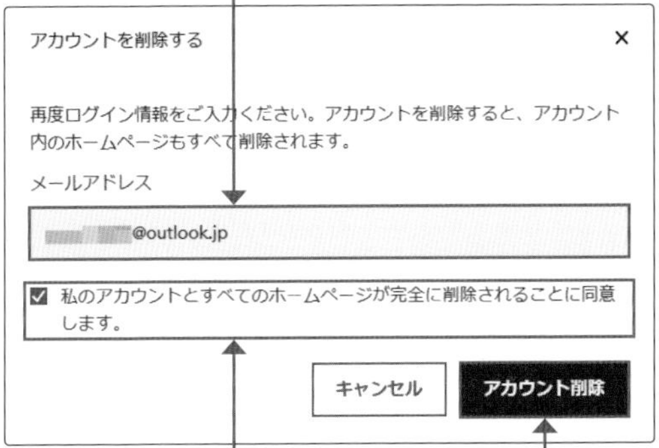
アカウントを削除する
×
再度ログイン情報をご入力ください。アカウントを削除すると、アカウント内のホームページもすべて削除されます。
メールアドレス
@outlook.jp
私のアカウントとすべてのホームページが完全に削除されることに同意します。
キャンセル
アカウント削除

3 内容を確認してクリックしてチェックします。

4 [アカウント削除]をクリックします。

5 「アカウントが削除されました」のメッセージが表示されます。

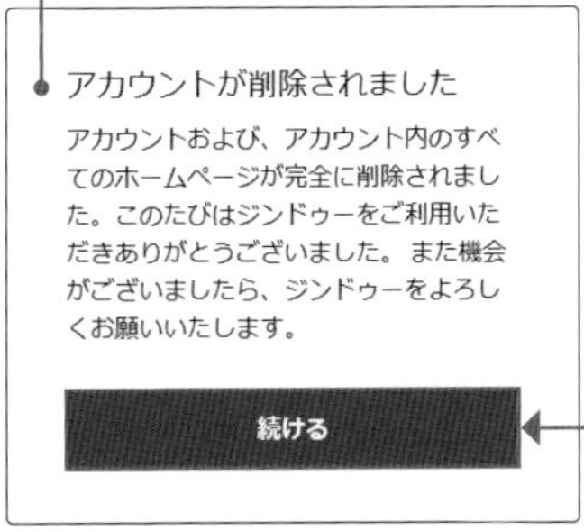
アカウントが削除されました
アカウントおよび、アカウント内のすべてのホームページが完全に削除されました。このたびはジンドゥーをご利用いただきありがとうございました。また機会がございましたら、ジンドゥーをよろしくお願いいたします。
続ける

6 [続ける]をクリックすると、ジンドゥーのホームページが表示されます。

応用技

メールアドレスを変更する

ジンドゥーにログインするメールアドレスを変更したい場合は、アカウントを削除する必要はありません。手順1の画面で左側の[メール]を選択し、新しいメールアドレスを追加する方法があります。新しいメールアドレスを追加すると、指定したメールアドレスにメールが自動的に送信されます。メールを確認して手続きを行います。詳細は、ジンドゥーのサポートページでご確認ください。

索引

アルファベット

App Store ……… 198
Cookie ……… 37
Facebook ……… 166
Gmail ……… 182
Google Search Console ……… 184
Googleアカウントの取得 ……… 180
Googleアナリティクス ……… 187
Googleカレンダー ……… 86
Googleカレンダーの表示方法 ……… 88
Googleビジネスプロフィール ……… 176
Googleマップ ……… 82
Instagram ……… 90
Jimdoアプリのインストール ……… 198
Jimdoアプリの画面 ……… 200
Playストア ……… 198
POWR ……… 92
px ……… 24
RGB値 ……… 26
SEO ……… 164
SNS ……… 166
X ……… 168
Xのフォローボタン ……… 169
Xのポスト ……… 170
YouTube ……… 172

あ行

アカウントの削除 ……… 220
アカウントの登録 ……… 28
アクセス解析 ……… 186
アップグレード ……… 213
アドオン ……… 98
アドレスの文字数 ……… 33
いいね！ ……… 166
一時保存 ……… 75
インデックス登録をリクエスト ……… 185
インデント ……… 51
お気に入り ……… 29

か行

改行 ……… 42
箇条書き ……… 48
箇条書きのレベル ……… 49
画像付き文章 ……… 114
画像の大きさの変更 ……… 112
画像のコマ送り表示 ……… 132
画像の追加 ……… 110
画像の配置の変更 ……… 113
画像のリスト表示 ……… 128
画像をタイル状に表示 ……… 124
カラーコード ……… 26
カラム ……… 102
管理メニュー ……… 38
管理メニューの表示／非表示 ……… 40
キャプション ……… 129
検索エンジン ……… 165
検索エンジンへのリクエスト ……… 185
コンテンツの移動 ……… 74
コンテンツのコピー ……… 72
コンテンツの削除 ……… 73
コンテンツの追加 ……… 70

さ行

サーバーの容量 ……… 121
サイドバー ……… 22
サイトマップの送信 ……… 185
シェアボタン ……… 167
斜体 ……… 52
準備中モード ……… 64
使用環境 ……… 16
ショップ機能 ……… 213
所有権の証明 ……… 184
ジンドゥー ……… 13
ジンドゥーAIビルダー ……… 14
ジンドゥークリエイター ……… 14
水平線 ……… 80
スタイル ……… 156
スタイルの詳細設定 ……… 156
スマートフォンアプリ ……… 196

た行

代替テキスト ……… 165
タイトル ……… 42

ダッシュボード 34
デザインフィルター 140
独自ドメイン 214
独自レイアウト 162
ドメイン名 214

な行

ナビゲーション 56
ナビゲーションメニュー 22

は行

背景画像 139, 146
背景画像のスライド表示 150
背景の色 154
パスワードの再設定 216
パスワード保護領域 64
バナー 25
ピクセル 24
表 76
表の行や列の追加／削除 78
表の罫線の表示 79
被リンク 184
ファイルダウンロード 84
ファビコン 63
フォトギャラリー 118
フォトギャラリーの画像の削除 121
フォトギャラリーの表示順の変更 120
フォントカラー（active） 161
フッター 22
太字 52
プリセット 137, 142
プレビュー 37
プレビュー画面 122
ブログ 12, 104
ブログ記事の作成 106
ブログ記事の表示 108
ブログテーマ 105
ブログのカテゴリ 105
文章 46
ペイント 24
ページタイトル 62
ページの移動 60
ページの階層 59
ページの削除 57
ページの追加 58
ページの非表示 57
ヘッダー 22
ホームページ 12
ホームページの公開 32
ホームページの削除 40, 218
保存 43

ま行

見出し 44
無料プラン 212
文字の色 53
文字の配置 50

や行

有料プラン 212
余白 81

ら行

リンク 54, 130
リンクの色 160
リンクの解除 55
レイアウト 32, 140
レイアウトの変更 136
ログアウト 68
ログイン 30
ログインパスワード 66
ロゴ 144

お問い合わせについて

本書に関するご質問については、本書に記載されている内容に関するもののみとさせていただきます。本書の内容と関係のないご質問につきましては、一切お答えできませんので、あらかじめご了承ください。また、電話でのご質問は受け付けておりませんので、必ずFAXか書面にて下記までお送りください。
なお、ご質問の際には、必ず以下の項目を明記していただきますようお願いいたします。

❶ お名前
❷ 返信先の住所またはFAX番号
❸ 書名（今すぐ使えるかんたん　ジンドゥー Jimdo 無料で作るホームページ［改訂6版］）
❹ 本書の該当ページ
❺ ご使用のOSとソフトウェア
❻ ご質問内容

お送りいただいたご質問には、できる限り迅速にお答えできるよう努力いたしておりますが、場合によってはお答えするまでに時間がかかることがあります。また、回答の期日をご指定なさっても、ご希望にお応えできるとは限りません。あらかじめご了承くださいますよう、お願いいたします。

● お問い合わせの例

FAX

❶ お名前

技術　太郎

❷ 返信先の住所またはFAX番号

03-××××-××××

❸ 書名

今すぐ使えるかんたん
ジンドゥー　Jimdo　無料で作る
ホームページ［改訂6版］

❹ 本書の該当ページ

89ページ

❺ ご使用のOSとソフトウェア

Windows 11、
Microsoft Edge

❻ ご質問内容

手順5の画面が表示されない

※ ご質問の際に記載いただきました個人情報は、回答後速やかに破棄させていただきます。

● 問い合わせ先

〒162-0846
東京都新宿区市谷左内町21-13
株式会社技術評論社　書籍編集部
「今すぐ使えるかんたん ジンドゥー Jimdo無料で作るホームページ［改訂6版］」質問係

［FAX］03-3513-6167
［URL］https://book.gihyo.jp/116

今《いま》すぐ使《つか》えるかんたん
ジンドゥー　Jimdo《ジンドゥー》
無料《むりょう》で作《つく》るホームページ［改訂《かいてい》6版《ばん》］

2013年2月25日　初　版　第1刷発行
2024年9月25日　第6版　第1刷発行

著　者 ● 門脇《かどわき》 香奈子《かなこ》
発行者 ● 片岡 巌
発行所 ● 株式会社 技術評論社
東京都新宿区市谷左内町21-13
電話　03-3513-6150　販売促進部
03-3513-6160　書籍編集部
製本／印刷 ● 株式会社シナノ

装丁 ● 田邉 恵里香
本文デザイン ● ライラック
DTP ● 五野上 恵美
編集 ● 宮崎 主哉

定価はカバーに表示してあります。

落丁・乱丁がございましたら、弊社販売促進部までお送りください。
交換いたします。

ISBN978-4-297-14349-7　C3055
Printed in Japan